# 典型精密零件机械加工工艺分析及实例

## 第 2 版

张宝珠  王冬生  纪海明  编著

机 械 工 业 出 版 社

本书系统地介绍了轴类零件、套类零件、活塞类零件、盘类零件、板类零件、轴承座类零件、圆柱齿轮类零件、锥齿轮类零件、端齿盘类零件、蜗杆蜗轮类零件、箱体类零件等各类典型精密零件的机械加工工艺，以及精密零件的检测。对于每类零件，首先介绍了零件的结构特点与技术要求、加工工艺分析和定位基准选择、材料及热处理等内容；然后以机械加工工艺过程为主线，通过零件图样分析、工艺分析、机械加工工艺过程三个方面介绍了一些典型加工实例。本书可使读者对各类典型精密零件的机械加工工艺有较全面的认识，由此可在生产实践中举一反三地应用，具有极强的实用性和针对性。

本书可供机械加工技术人员、技师阅读使用，也可供相关专业在校师生参考。

## 图书在版编目（CIP）数据

典型精密零件机械加工工艺分析及实例/张宝珠，王冬生，纪海明编著. —2版. —北京：机械工业出版社，2017.9（2024.7重印）
ISBN 978-7-111-57905-2

Ⅰ.①典… Ⅱ.①张… ②王… ③纪… Ⅲ.①机械元件-金属切削-生产工艺 Ⅳ.①TH13

中国版本图书馆 CIP 数据核字（2017）第 209816 号

机械工业出版社（北京市百万庄大街 22 号　邮政编码 100037）
策划编辑：陈保华　责任编辑：陈保华　责任校对：樊钟英
封面设计：马精明　责任印制：张　博
北京雁林吉兆印刷有限公司印刷
2024 年 7 月第 2 版第 7 次印刷
169mm×239mm・16.75 印张・319 千字
标准书号：ISBN 978-7-111-57905-2
定价：49.00 元

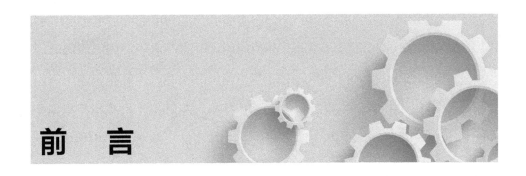

# 前　言

　　机械加工工艺是实现产品设计、保证产品质量、节约能源、降低消耗的重要手段。其中，工艺规程的编制是直接指导产品或零部件制造工艺过程和操作方法的工艺文件，它直接对企业的产品质量、效益、竞争能力起着重要的作用。为了帮助读者学习各类典型精密零件的机械加工工艺，更好地做好相关工艺规程的编制工作，我们从多年的生产实践中，精选了不同类型的典型精密零件，于2012年编写出版了《典型精密零件机械加工工艺分析及实例》一书。

　　《典型精密零件机械加工工艺分析及实例》自2012年出版以来，已经印刷4次，深受读者欢迎。5年多来，机械加工技术、加工手段有了较大的改变，为了适应读者的需求，我们决定对《典型精密零件机械加工工艺分析及实例》进行修订，出版第2版。第2版中，全面贯彻了机械加工行业的相关现行标准，更新了相关内容；增加了板类零件、轴承座类零件、精密零件的检测等内容；修正了第1版中的错误，调整了章节结构，更加方便读者阅读使用。

　　全书共分为12章，前11章系统地介绍了轴类零件、套类零件、活塞类零件、盘类零件、板类零件、轴承座类零件、圆柱齿轮类零件、锥齿轮类零件、端齿盘类零件、蜗杆蜗轮类零件、箱体类零件等各类典型精密零件的机械加工工艺。对于每类零件，首先介绍了零件的结构特点与技术要求、加工工艺分析和定位基准选择、材料及热处理等内容；然后以机械加工工艺过程为主线，通过零件图样分析、工艺分析、机械加工工艺过程三个方面介绍了一些典型加工实例。第12章介绍了精密零件的检测技术。本书内容新颖，大部分内容来源于实际生产，有较高的实用价值。本书可使读者对各类典型精密零件的机械加工工艺有较全面的认识，由此可在生产实践中举一反三地应用，具有极强的实用性和针对性。

　　本书由张宝珠、王冬生、纪海明编著。许文珍、高和平、杜景仁、郭春亮参与了本书书稿及图样的整理工作，在此表示感谢。在本书编写过程中，参考了国内外有关技术资料，一些生产一线的高级技师、技术人员对本书的内容提出了许多宝贵的意见，在此谨向这些技术资料的作者及提出宝贵意见的人员表示最诚挚的谢意。

　　由于作者水平有限，加之时间仓促，书中可能存在一些错误和不妥之处，敬请广大读者批评指正。

作　者

# 目　录

# 第1章

# 轴 类 零 件

## 1.1 一般轴类零件

### 1.1.1 一般轴类零件的结构特点与技术要求

一般轴类零件按其结构特点分为光轴、阶梯轴、空心轴和异形轴（包括曲轴、半轴、凸轮轴、偏心轴、十字轴和花键轴等）四类。若按轴的长度和直径的比例（$L/d$）来分，又可分为刚性轴（$L/d \leqslant 12$）和挠性轴（$L/d \geqslant 12$）两类。

**1. 一般轴类零件的结构特点**

轴类零件是旋转体零件，其长度大于直径，通常由外圆柱面、圆锥面、螺纹、花键、键槽、横向孔、沟槽等表面构成。

**2. 一般轴类零件的技术要求**

（1）尺寸公差 轴类零件的主要表面常分为两类：一类是与轴承的内圈配合的外圆轴颈，即支承轴颈，用于确定轴的位置并支承轴，尺寸公差等级要求较高，通常为IT5~IT7；另一类为与各类传动件配合的轴颈，即配合轴颈，其公差等级稍低，常为IT6~IT9。

（2）几何公差 几何公差包括形状公差、方向公差、位置公差、跳动公差。

1）形状公差主要指轴颈表面、外圆锥面、锥孔等重要表面的圆度公差、圆柱度公差。其误差一般应限制在尺寸公差范围内；对于精密轴，应在零件图上另行规定其形状公差。

2）方向公差主要指重要端面对轴心线的垂直度公差、端面间的平行度公差等。

3）位置公差主要指内外表面、重要轴面的同轴度公差等。

4）跳动公差主要指内外表面、重要轴面的径向圆跳动公差等。

（3）表面粗糙度 轴的加工表面都有表面粗糙度要求，一般根据加工的可能性和经济性来确定。支承轴颈的表面粗糙度常为 $Ra0.2 \sim 1.6\mu m$，传动件配合轴颈为 $Ra0.4 \sim 3.2\mu m$。

### 1.1.2 一般轴类零件的加工工艺分析和定位基准选择

**1. 一般轴类零件的加工工艺分析**

对精度要求较高的零件，其粗、精加工应分开，以保证零件的质量。轴类零件加工一般可分为三个阶段：粗车（粗车外圆、钻中心孔等），半精车（半精车各处外圆、台阶和修研中心孔及次要表面等），粗、精磨（粗、精磨各处外圆）。各阶段划分大致以热处理工序为界。

**2. 一般轴类零件的定位基准选择**

一般轴类零件的定位基准最常用的是两中心孔。因为轴类零件各外圆表面、螺纹表面的同轴度及端面对轴线的垂直度是几何公差的主要项目，而这些表面的设计基准一般都是轴的中心线，采用两中心孔定位就能符合基准重合原则；而且由于多数工序都采用中心孔作为定位基面，能最大限度地加工出多个外圆和端面，这也符合基准统一原则。但下列情况不能用两中心孔作为定位基准：

1）粗加工外圆时，为提高工件刚度，则采用轴外圆表面为定位基面，或以外圆和中心孔同作定位基面，即一夹一顶。

2）当轴为通孔零件时，在加工过程中，作为定位基面的中心孔因钻出通孔而消失，为了在通孔加工后还能用中心孔作为定位基面，工艺上常采用三种方法：

① 当中心通孔直径较小时，可直接在孔口倒出宽度不大于 2mm 的 60° 内锥面来代替中心孔。

② 当轴有圆柱孔时，可采用锥堵，锥度为 1∶500。当轴孔锥度较小时，锥堵锥度与工件两端定位孔锥度相同。

③ 若轴孔为锥度孔，当轴通孔的锥度较大时，可采用带锥堵的心轴，简称锥堵心轴。

使用锥堵或锥堵心轴时应注意，一般中途不得更换或拆卸，直到精加工完各处加工面，不再使用中心孔时才能拆卸。

### 1.1.3 一般轴类零件的材料及热处理

**1. 一般轴类零件的材料和毛坯**

（1）一般轴类零件的材料 常用 45 钢，精度较高的轴可选用 40Cr、GCr15、65Mn，也可选用球墨铸铁；对高速、重载的轴，选用 20CrMnTi、20Mn2B、20Cr 等渗碳钢或 38CrMoAl 渗氮钢。

（2）一般轴类零件的毛坯 常用圆棒料和锻件；大型轴或结构复杂的轴采用

铸件。毛坯经过加热锻造后，可使金属内部纤维组织沿表面均匀分布，获得较高的抗拉强度、抗弯强度及抗扭强度。

**2. 一般轴类零件的热处理**

1）锻造毛坯在加工前，均须安排正火或退火处理，使钢材内部晶粒细化，消除锻造应力，降低材料硬度，改善可加工性。

2）调质一般安排在粗车之后、半精车之前，以获得良好的综合力学性能。

3）表面淬火一般安排在精加工之前，这样可以纠正因淬火引起的局部变形。

4）精度要求的轴，在局部淬火或粗磨之后，还须进行低温时效处理。

## 1.1.4　一般轴类零件加工实例

**实例 1　花键轴**（见图 1-1）

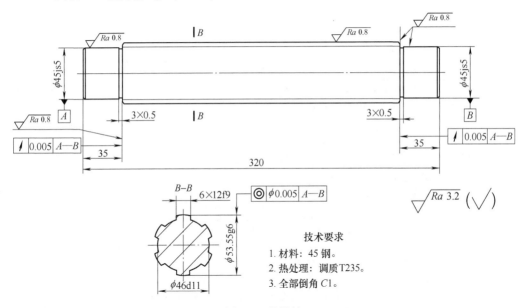

技术要求

1. 材料：45 钢。
2. 热处理：调质 T235。
3. 全部倒角 C1。

图 1-1　花键轴

**1. 零件图样分析**

1）图 1-1 所示花键轴以 $\phi45js5$ 两轴颈的公共轴线为基准，$\phi53.55g6$ 对基准的同轴度公差为 $\phi0.005mm$，两 $\phi53.55g6$ 端面对基准的轴向圆跳动公差为 $0.005mm$。

2）零件材料为 45 钢。

3）调质硬度为 220~250HBW。

**2. 工艺分析**

1）该零件为花键轴，定心方式为外径定心。

2）在加工工艺流程中，粗加工后整体进行调质处理，再精加工。

3）在单件或小批生产时，采用卧式车床加工，粗、精车可在一台车床上完成；批量较大时，粗、精车应在不同的车床上完成。

4）φ45js5、φ53.55g6 外圆精度要求较高，精车工序留磨削余量，最后用外圆磨床来磨削。

5）为了保证两端中心孔同心，该轴中心孔在开始时仅作为临时中心孔；最后在精加工时，修研中心孔或磨中心孔，再以精加工过的中心孔定位。

**3. 机械加工工艺过程**（见表 1-1）

表 1-1　花键轴机械加工工艺过程　　　　　　　　（单位：mm）

| 零件名称 | | 毛坯种类 | 材　料 | 生产类型 |
|---|---|---|---|---|
| 花键轴 | | 圆钢 | 45 钢 | 小批量 |
| 工序 | 工步 | 工　序　内　容 | 设　备 | 刀具、量具、辅具 |
| 10 | | 下料 φ60×325 | 锯床 | |
| 20 | | 粗车 | 卧式车床 | |
| | 1 | 夹坯料的外圆，车端面，见光即可 | | 45°弯头车刀 |
| | 2 | 钻一端中心孔 A2.5/5.3 | | 中心钻 |
| | 3 | 调头，夹坯料的外圆，车端面，保证总长 322 | | 45°弯头车刀 |
| | 4 | 钻另一端中心孔 A2.5/5.3 | | 中心钻 |
| | 5 | 夹坯料左端外圆，另一端用顶尖顶住中心孔，粗车 φ45js5 外圆至 φ47，长度至 35 | | 90°外圆车刀 |
| | 6 | 车 φ53.55g6 外圆至 φ56 | | 90°外圆车刀 |
| | 7 | 调头。用自定心卡盘夹 φ45js5 外圆处，另一端用顶尖顶住中心孔，夹紧，车 φ45js5 外圆至 φ47，长度至 35 | | 90°外圆车刀 |
| 30 | | 热处理：调质，硬度为 220~250HBW | 箱式炉 | |
| 40 | | 精车 | 卧式车床 | |
| | 1 | 用自定心卡盘夹 φ45js5 外圆处，另一端用顶尖顶住中心孔，夹紧，在 φ53.55g6 外圆车一段架位，表面粗糙度 Ra3.2μm | | 90°外圆车刀 |
| | 2 | 在 φ53.55g6 外圆架位处装上中心架，找正，移去顶尖。车端面，保证总长 321 | | 45°弯头车刀 |
| | 3 | 修中心孔至 A3.15/6.7 | | 中心钻 |
| | 4 | 调头，用自定心卡盘夹 φ45js5 外圆处，另一端用顶尖顶住中心孔，夹紧，在 φ53.55g6 架位处装处中心架，找正，移去顶尖。车端面，保证总长 320 | | 45°弯头车刀 |
| | 5 | 修中心孔至 A3.15/6.7 | | 中心钻 |
| | 6 | 顶住中心孔，夹紧，移去中心架，车 φ45js5 外圆留磨削余量 0.25，长至 35 | | 90°外圆车刀 |
| | 7 | 车 φ53.55g6 外圆，留磨削余量 0.25 | | 90°外圆车刀 |

（续）

| 工序 | 工步 | 工序内容 | 设备 | 刀具、量具、辅具 |
|---|---|---|---|---|
| | 8 | 车 35 尺寸,左面留磨削余量 0.10 | | 45°弯头车刀 |
| | 9 | 切 3×0.5 退刀槽至要求 | | 切槽刀 |
| | 10 | 车外圆倒角 C1 | | 45°弯头车刀 |
| | 11 | 调头,用自定心卡盘夹 φ45js5 外圆,另一端用顶尖顶住中心孔,夹紧,车 φ45js5,留磨削余量 0.25 | | 45°弯头车刀 |
| | 12 | 车 35 尺寸,右面留磨削余量 0.10 | | 45°弯头车刀 |
| | 13 | 切 3×0.5 退刀槽至要求 | | 切槽刀 |
| | 14 | 车外圆倒角 C1 | | 45°弯头车刀 |
| 50 | | 铣外花键至图样要求 | 立式加工中心 | |
| 60 | | 钳工去刺 | 钳工台 | |
| 70 | | 磨两端中心孔 | 中心孔磨床 | |
| 80 | | 磨外圆 | 外圆磨床 | |
| | 1 | 磨左端 φ45js5 外圆至要求,表面粗糙度 $Ra0.8\mu m$ | | |
| | 2 | 靠磨 35 尺寸右面至要求,表面粗糙度 $Ra0.8\mu m$ | | |
| | 3 | 磨右端 φ45js5 外圆至要求,表面粗糙度 $Ra0.8\mu m$ | | |
| | 4 | 靠磨 35 尺寸左面至要求,表面粗糙度 $Ra0.8\mu m$ | | |
| | 5 | 磨 φ53.55g6 外圆至要求,表面粗糙度 $Ra0.8\mu m$ | | |
| 90 | | 检验:检验各部尺寸、几何公差及表面粗糙度等 | 检验站 | |
| 100 | | 涂油、包装、入库 | 库房 | |

**实例 2　轴**（见图 1-2）

**1. 零件图样分析**

1）图 1-2 所示轴以 φ50h6、右端 φ60js6 两轴颈的公共轴线为基准,$\phi80^{-0.005}_{-0.020}$mm 外圆、φ60js6 外圆（中间位置）对基准的同轴度公差为 0.005mm。

2）零件材料为 45 钢。

3）调质硬度为 220~250HBW。

**2. 工艺分析**

1）在加工工艺过程中,粗加工后整体进行调质处理,再精加工。

2）在单件或小批生产时,采用普通车床加工,粗、精车可在一台车床上完成；批量较大时,粗、精车应在不同的车床上完成。

3）$\phi80^{-0.005}_{-0.020}$mm 外圆、φ60js6 外圆、φ50h6 外圆精度要求较高,精车工序留磨削磨量,最后用外圆磨床来磨削。

4）为了保证两端中心孔同心,该轴中心孔在开始时仅作为临时中心孔。最后在精加工时,修研中心孔或磨中心孔,再以精加工过的中心孔定位。

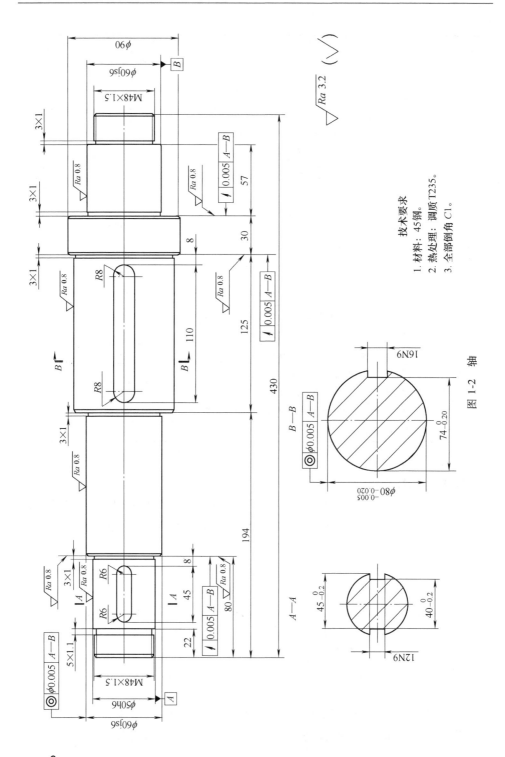

技术要求
1. 材料：45钢。
2. 热处理：调质T235。
3. 全部倒角C1。

图 1-2　轴

## 3. 机械加工工艺过程（见表1-2）

### 表1-2 轴机械加工工艺过程 （单位：mm）

| 零件名称 | | 毛坯种类 | 材料 | 生产类型 |
|---|---|---|---|---|
| 轴 | | 圆钢 | 45钢 | 小批量 |

| 工序 | 工步 | 工序内容 | 设备 | 刀具、量具、辅具 |
|---|---|---|---|---|
| 10 | | 下料 $\phi100\times435$ | 锯床 | |
| 20 | | 粗车 | 卧式车床 | |
| | 1 | 夹坯料的外圆，车端面，见光即可 | | 45°弯头车刀 |
| | 2 | 钻一端中心孔 A3.15/6.7 | | 中心钻 |
| | 3 | 调头，夹坯料的外圆，车端面，保证总长432 | | 45°弯头车刀 |
| | 4 | 钻另一端中心孔 A3.15/6.7 | | 中心钻 |
| | 5 | 夹坯料左端外圆，另一端用顶尖顶住中心孔，车 M48×1.5 外圆至 $\phi50$，长度至24 | | 90°外圆车刀 |
| | 6 | 车 $\phi60$js6 外圆至 $\phi62$，长度至57 | | 90°外圆车刀 |
| | 7 | 车 $\phi90$ 外圆至 $\phi92$，长度至32 | | 90°外圆车刀 |
| | 8 | 车 $\phi80^{-0.005}_{-0.020}$ 外圆至 $\phi82$，长度至125 | | 90°外圆车刀 |
| | 9 | 调头，用自定心卡盘夹 M48×1.5 外圆处，另一端用顶尖顶住中心孔，夹紧，车 M48×1.5 外圆至 $\phi50$，长度至22 | | 90°外圆车刀 |
| | 10 | 车 $\phi50$h6 外圆至 $\phi52$，长度至58 | | 90°外圆车刀 |
| | 11 | 车 $\phi60$js6 外圆至 $\phi62$，长度至114 | | 90°外圆车刀 |
| 30 | | 热处理：调质，硬度为220~250HBW | 箱式炉 | |
| 40 | | 精车 | 数控车床 | |
| | 1 | 用自定心卡盘夹 M48×1.5 外圆处，另一端用顶尖顶住中心孔，夹紧，在 $\phi60$js6 外圆车一段架位，表面粗糙度 $Ra3.2\mu m$ | | 35°机夹刀片 |
| | 2 | 在 $\phi60$js6 外圆架位上装上中心架，找正，移去顶尖。车端面，保证总长431 | | 35°机夹刀片 |
| | 3 | 修中心孔至 A4/8.5 | | 中心钻 |
| | 4 | 调头，用自定心卡盘夹 M48×1.5 外圆处，另一端用顶尖顶住中心孔，夹紧，在 $\phi60$js6 外圆架位上装上中心架，找正，移去顶尖。车端面，保证总长430 | | 35°机夹刀片 |
| | 5 | 修中心孔至 A4/8.5 | | 中心钻 |
| | 6 | 顶住中心孔，夹紧，移去中心架，车 M48×1.5 螺纹成 | | 螺纹车刀 |
| | 7 | 车 $\phi50$h6 外圆，留磨削余量 0.25 | | 35°机夹刀片 |
| | 8 | 车 $\phi60$js6 外圆，留磨削余量 0.25 | | 35°机夹刀片 |

（续）

| 工序 | 工步 | 工序内容 | 设备 | 刀具、量具、辅具 |
|---|---|---|---|---|
| | 9 | 车 $\phi80_{-0.020}^{-0.005}$ 外圆,留磨削余量 0.25 | | 35°机夹刀片 |
| | 10 | 车 80 尺寸,右面留磨削余量 0.10 | | 35°机夹刀片 |
| | 11 | 车 194 尺寸成 | | 35°机夹刀片 |
| | 12 | 车 125 尺寸,右面留磨削余量 0.10 | | 35°机夹刀片 |
| | 13 | 车 5×1.1 退刀槽至要求 | | 切槽刀 |
| | 14 | 切 3×1 的退刀槽至要求 | | 切槽刀 |
| | 15 | 车外圆倒角 C1 | | 35°机夹刀片 |
| | 16 | 铣 2×12N9 键槽至要求,表面粗糙度 Ra3.2μm | | 键槽铣刀 |
| | 17 | 铣 16N9 键槽至要求,表面粗糙度 Ra3.2μm | | 键槽铣刀 |
| | 18 | 调头,用自定心卡盘夹 M48×1.5 外圆,另一端用顶尖顶住中心孔,夹紧,车 M48×1.5 螺纹成 | | 螺纹车刀 |
| | 19 | 车 $\phi60js6$ 外圆,留磨削余量 0.25 | | 35°机夹刀片 |
| | 20 | 车 $\phi90$ 外圆至要求,表面粗糙度 Ra3.2μm | | 35°机夹刀片 |
| | 21 | 车 57 尺寸右面成,表面粗糙度 Ra3.2μm | | 35°机夹刀片 |
| | 22 | 车 57 尺寸,左面留磨削余量 0.10 | | 35°机夹刀片 |
| | 23 | 切 3×1 的退刀槽至要求 | | 切槽刀 |
| | 24 | 车外圆倒角 C1 | | 35°机夹刀片 |
| 50 | | 磨两端中心孔 | 中心孔磨床 | |
| 60 | | 磨外圆、靠端面 | 外圆磨床 | |
| | 1 | 磨 $\phi50h6$ 外圆至要求,表面粗糙度 Ra0.8μm | | |
| | 2 | 磨左端 $\phi60js6$ 外圆至要求,表面粗糙度 Ra0.8μm | | |
| | 3 | 磨 $\phi80_{-0.020}^{-0.005}$ 外圆至要求,表面粗糙度 Ra0.8μm | | |
| | 4 | 靠磨 80 尺寸右面至要求,表面粗糙度 Ra0.8μm | | |
| | 5 | 靠磨 125 尺寸右面至要求,表面粗糙度 Ra0.8μm | | |
| | 6 | 调头,磨右端 $\phi60js6$ 外圆至要求,表面粗糙度 Ra0.8μm | | |
| | 7 | 靠磨 57 尺寸左面至要求,表面粗糙度 Ra0.8μm | | |
| 70 | | 检验:检验各部尺寸、几何公差及表面粗糙度等 | 检验站 | |
| 80 | | 涂油、包装、入库 | 库房 | |

**实例 3　偏心轴**（见图 1-3）

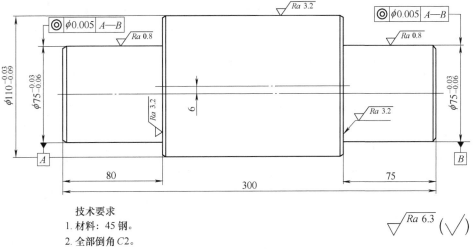

技术要求

1. 材料：45 钢。

2. 全部倒角 C2。

图 1-3　偏心轴

## 1. 零件图样分析

1）图 1-3 所示偏心轴以 $\phi75^{-0.03}_{-0.06}$mm 外圆两轴颈的公共轴线为基准。

2）零件材料为 45 钢。

## 2. 工艺分析

1）该零件为偏心轴，$\phi110^{-0.03}_{-0.09}$mm 外圆与 $\phi75^{-0.03}_{-0.06}$mm 外圆两轴颈的公共轴线偏心距为 6mm。为了保证偏心距 6mm，应在零件左右两个端面加工两个中心孔：一个是以 $\phi75$mm 外圆轴线为中心的中心孔，另一个是 $\phi110$mm 外圆轴线为中心的中心孔。

2）在单件或小批生产时，采用普通车床加工，粗、精车可在一台车床上完成；批量较大时，粗、精车应在不同的车床上完成。

3）$\phi75^{-0.03}_{-0.06}$mm 外圆精度要求较高，精车工序留磨削余量，最后用外圆磨床来磨削。

## 3. 机械加工工艺过程（见表 1-3）

表 1-3　偏心轴机械加工工艺过程　　　　（单位：mm）

| 零件名称 | 毛坯种类 | 材　料 | 生产类型 |
|---|---|---|---|
| 偏心轴 | 圆钢 | 45 钢 | 小批量 |

| 工序 | 工步 | 工序内容 | 设　备 | 刀具、量具、辅具 |
|---|---|---|---|---|
| 10 | | 下料 $\phi120\times305$ | 锯床 | |
| 20 | | 铣两端面，保证总长 300,钻中心孔和偏心中心孔 | 卧式加工中心 | |

（续）

| 工序 | 工步 | 工 序 内 容 | 设 备 | 刀具、量具、辅具 |
|---|---|---|---|---|
| 30 | | 车 $\phi110^{-0.03}_{-0.09}$ 外圆 | 数控车床 | |
| | 1 | 夹坯料的外圆一端，另一端用顶尖顶住中心孔，夹紧，粗车 $\phi110^{-0.03}_{-0.09}$ 外圆至 $\phi111$，长至卡爪 | | 35°机夹刀片 |
| | 2 | 精车 $\phi110^{-0.03}_{-0.09}$ 外圆至要求，长至卡爪，表面粗糙度 $Ra3.2\mu m$ | | 35°机夹刀片 |
| 40 | | 车 $\phi75^{-0.03}_{-0.06}$ 外圆、端面、倒角 | 数控车床 | |
| | 1 | 装上拨盘，两端用顶尖顶住偏心中心孔，工件外圆未加工端在外，将鸡心夹头装在已加工外圆端，用拨盘带动鸡心夹头和工件旋转，在偏心的对称方向上加配重，粗车 $\phi75^{-0.03}_{-0.06}$ 外圆至 $\phi76$，长 74.5 | | 35°机夹刀片 |
| | 2 | 精车 $\phi75^{-0.03}_{-0.06}$ 外圆，留磨削余量 0.50，长 74.5 | | 35°机夹刀片 |
| | 3 | 车 $\phi110^{-0.03}_{-0.09}$ 端面至要求，保证尺寸 75，表面粗糙度 $Ra3.2\mu m$ | | 35°机夹刀片 |
| | 4 | 车 $\phi75^{-0.03}_{-0.06}$ 外圆倒角 $C2$ | | 35°机夹刀片 |
| | 5 | 调头，装夹方法同上。粗车 $\phi75^{-0.03}_{-0.06}$ 外圆至 $\phi76$，长 79.5 | | 35°机夹刀片 |
| | 6 | 精车 $\phi75^{-0.03}_{-0.06}$ 外圆，留磨削余量 0.05，长 79.5 | | 35°机夹刀片 |
| | 7 | 车 $\phi110^{-0.03}_{-0.09}$ 端面至要求，保证尺寸 80，表面粗糙度 $Ra3.2\mu m$ | | 35°机夹刀片 |
| | 8 | 车 $\phi75^{-0.03}_{-0.06}$ 外圆倒角 $C2$ | | 35°机夹刀片 |
| | 9 | 重新装夹，两端用顶尖顶住中心孔；将鸡心夹头装在 $\phi75^{-0.03}_{-0.06}$ 外圆端，用拨盘带动鸡心夹头和工件旋转，$\phi110^{-0.03}_{-0.09}$ 外圆两端倒角 $C2$ | | 35°机夹刀片 |
| 50 | | 磨 $\phi75^{-0.03}_{-0.06}$ 外圆（2 处）至要求，表面粗糙度 $Ra0.8\mu m$ | | 外圆磨床 |
| 60 | | 检验 | 检验站 | |
| 70 | | 涂油、包装 | | |

## 实例 4 电动机轴（见图 1-4）

### 1. 零件图样分析

1）图 1-4 所示电动机轴以 1:12 锥圆、$\phi80mm\pm0.005mm$ 外圆两轴颈的公共轴线为基准。

2）零件材料为 20CrMnTi 钢。

3）渗碳层深度为 0.5~0.8mm，淬火并回火后硬度为 60~65HRC。

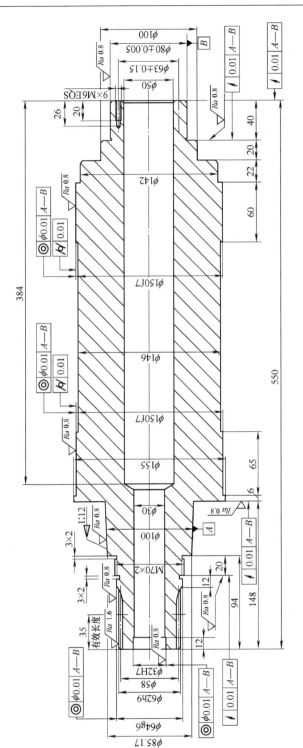

技术要求

1. 材料：20CrMnTi 钢。
2. 热处理：渗碳淬火S0.5—C60。
3. 全部倒角C2。
4. 模数2，齿数29，压力角20°，精度8级。

图 1-4　电动机轴

**2. 工艺分析**

1）该零件中 1∶12 锥圆、φ80mm±0.005mm 外圆、φ64g6 外圆、φ150f7 外圆的尺寸公差、几何公差及表面质量要求都很高，精车工序留磨削磨量，最后用外圆磨床来磨削。

2）齿轮工序安排在精车后加工，加工齿轮时，用自定心卡盘夹 φ80mm±0.005mm 外圆，找正 φ64g6 外圆。

3）在单件或小批生产时，采用普通车床加工，粗、精车可在一台车床上完成；批量较大时，粗、精车应在不同的车床上完成。

**3. 机械加工工艺过程**（见表 1-4）

表 1-4 电动机轴机械加工工艺过程     （单位：mm）

| 零件名称 | | 毛坯种类 | 材 料 | 生产类型 |
|---|---|---|---|---|
| 电动机轴 | | 圆钢 | 20CrMnTi 钢 | 小批量 |

| 工序 | 工步 | 工序内容 | 设 备 | 刀具、量具、辅具 |
|---|---|---|---|---|
| 10 | | 钻孔：自划线，在一端钻中心孔 A3.15/6.7 | 钻床 | 中心钻 |
| 20 | | 粗车 | 卧式车床 | |
| | 1 | 用自定心卡盘夹毛坯料的外圆一端，另一端用顶尖顶住，夹紧，车 φ80±0.005 外圆至 φ82 | | 90°外圆车刀 |
| | 2 | 车 φ100 外圆至 φ102 | | 90°外圆车刀 |
| | 3 | 车 φ142 外圆至 φ144 | | 90°外圆车刀 |
| | 4 | 车 φ150f7 至 φ152 | | 90°外圆车刀 |
| | 5 | 车 φ146 至 φ152 | | 90°外圆车刀 |
| | 6 | 车 φ155 外圆至 φ157 | | 90°外圆车刀 |
| | 7 | 用自定心卡盘夹 φ80±0.005 外圆处，找正，夹紧，车端面，保证总长 552 | | 45°弯头车刀 |
| | 8 | 车 φ62h9 外圆至 φ66 | | 90°外圆车刀 |
| | 9 | 车 φ64g6 外圆至 φ66 | | 90°外圆车刀 |
| | 10 | 车 M70×2 螺纹外圆至 φ76 | | 90°外圆车刀 |
| | 11 | 车 1∶12 锥圆至 φ103 | | 90°外圆车刀 |
| 30 | | 精车 | 数控车床 | |
| | 1 | 夹左端，顶右端。车 φ80±0.005 外圆，留磨削余量 0.8 | | 35°机夹刀片 |
| | 2 | 车 40 尺寸，左面留磨削余量 0.20 | | 35°机夹刀片 |
| | 3 | 车 φ100 外圆至要求，长 20，表面粗糙度 Ra3.2μm | | 35°机夹刀片 |
| | 4 | 车 φ142 外圆至要求，长 22，表面粗糙度 Ra3.2μm | | 35°机夹刀片 |

（续）

| 工序 | 工步 | 工序内容 | 设　备 | 刀具、量具、辅具 |
|---|---|---|---|---|
| | 5 | 车 φ150f7 外圆,留磨削余量 0.50 | | 35°机夹刀片 |
| | 6 | 车 φ146 外圆至要求,表面粗糙度 Ra3.2μm | | 35°机夹刀片 |
| | 7 | 车 φ155 外圆至要求,表面粗糙度 Ra3.2μm | | 35°机夹刀片 |
| | 8 | 车外圆倒角 C2 | | 35°机夹刀片 |
| | 9 | 夹左端,在 φ150f7 外圆处装中心架,车右端面,留磨削余量 0.10 | | 35°机夹刀片 |
| | 10 | 钻 φ50 孔至 φ40 | | φ40 麻花钻 |
| | 11 | 镗 φ50 孔成,表面粗糙度 Ra3.2μm | | 镗刀 |
| | 12 | 右端内孔倒角车成 1.5×30° | | 35°机夹刀片 |
| | 13 | 钻、攻 9×M6 螺纹孔 | | M6 丝锥 |
| | 14 | 调头。夹右端 φ80±0.005 外圆,中心架置于 φ150f7 外圆处,车左端面成,表面粗糙度 Ra3.2μm | | 35°机夹刀片 |
| | 15 | 在左端面 φ40 处钻、攻 6×M6 螺纹孔成(工艺用) | | M6 丝锥 |
| | 16 | 车 φ62h9 齿部外圆,留磨削余量 0.20 | | 35°机夹刀片 |
| | 17 | 车 φ64g6 外圆留磨削余量 0.8 | | 35°机夹刀片 |
| | 18 | 车 M70×2 螺纹外圆至 φ74 | | 35°机夹刀片 |
| | 19 | 车 94 尺寸,右面留磨削余量 0.20 | | 35°机夹刀片 |
| | 20 | 车 1:12 锥圆,留磨削余量 0.50 | | 35°机夹刀片 |
| | 21 | 车 148 尺寸,右面留磨削余量 0.10 | | 35°机夹刀片 |
| | 22 | 车外圆倒角 C2 | | 35°机夹刀片 |
| | 23 | 钻 φ30 孔成,表面粗糙度 Ra6.3μm | | φ30 麻花钻 |
| | 24 | 车 φ32H7 内孔,留磨削余量 0.50 | | 35°机夹刀片 |
| | 25 | 左端内孔倒角 1.5×30° | | 35°机夹刀片 |
| 40 | | 粗磨外圆 | 外圆磨床 | |
| | 1 | 两端上盘,找正 φ150f7 外圆 | | |
| | 2 | 磨 φ62h9 齿部外圆成 | | |
| | 3 | 磨 φ64g6 外圆,留磨削余量 0.40 | | |
| | 4 | 靠磨 94 尺寸右面成,表面粗糙度 Ra0.8μm | | |
| | 5 | 磨 φ80±0.005 外圆,留磨削余量 0.50 | | |
| | 6 | 靠磨 40 尺寸,左面留磨削余量 0.10 | | |
| 50 | | 滚齿:夹 φ80±0.005 外圆,中心架置于 φ150f7 外圆处,找正 φ64g6 外圆及端面 | 卧式滚齿机 | 模数 2,A 级齿轮滚刀 |

（续）

| 工序 | 工步 | 工 序 内 容 | 设 备 | 刀具、量具、辅具 |
|---|---|---|---|---|
| 60 | | 钳工 | 钳工台 | |
| | 1 | 去刺、倒棱 | | |
| | 2 | 卸两端盘 | | |
| | 3 | 装 9×M6 及 6×M6 螺钉 | | |
| | 4 | 打印年、月、顺序号 | | |
| 70 | | 热处理 | | |
| | 1 | 渗碳淬火:渗碳层深度为 0.5~0.8mm,淬火并回火后硬度为 60~65HRC<br>1) M70×2 螺纹外圆涂抹防渗碳涂料,φ100 外圆及 20 尺寸左面涂抹防渗碳涂料<br>2) 垂直码放装炉 | 多用炉 | |
| | 2 | 喷砂 | 喷砂机 | |
| | 3 | 矫直至 0.10 | 压力机 | |
| 80 | | 钳工:卸螺钉 | 钳工台 | |
| 90 | | 精磨外圆及端面 | 外圆磨床 | |
| | 1 | 磨 φ64g6 外圆成,表面粗糙度 Ra0.8μm | | |
| | 2 | 磨 1:12 锥圆成,表面粗糙度 Ra0.8μm<br>要求:1:12 锥圆按轴承配磨,保证轴向配磨尺寸 | | 1:12 锥度环规 |
| | 3 | 靠磨 148 尺寸右面成,表面粗糙度 Ra0.8μm | | |
| | 4 | 磨 φ80±0.005 外圆成,表面粗糙度 Ra0.8μm | | |
| | 5 | 磨 φ150f7 外圆(2 处)成,表面粗糙度 Ra0.8μm | | |
| | 6 | 靠磨 40 尺寸左面成 | | |
| | 7 | 靠磨 12 尺寸右面成,表面粗糙度 Ra0.8μm | | |
| 100 | | 车 | 数控车床 | |
| | 1 | 夹左端,架 φ150f7 外圆,顶右端,按 φ80±0.005 外圆找正 | | 35°机夹刀片 |
| | 2 | 车 3×2 退刀槽 | | 切槽刀 |
| | 3 | 车 M70×2 螺纹成 | | 螺纹车刀 |
| 110 | | 磨内孔 | 内圆磨床 | |
| | 1 | 夹右端,架 φ150f7 外圆,找正 φ64g6 外圆及端面 0.005,磨 φ32H7 内孔成,表面粗糙度 Ra0.8μm | | |
| | 2 | 靠磨 12 尺寸右面成,表面粗糙度 Ra3.2μm | | |
| | 3 | 夹左端,架 φ150f7 外圆,找正 φ80±0.005 外圆及端面 0.005,靠磨右端面成,表面粗糙度 Ra0.8μm | | |
| 120 | | 检验:填写检验记录 | | |
| 130 | | 涂油、包装 | | |

## 实例 5　细长轴（见图 1-5）

### 1. 零件图样分析

1）图 1-5 所示细长轴以 φ22f7 外圆、φ16h6 外圆两轴颈的公共轴线为基准。

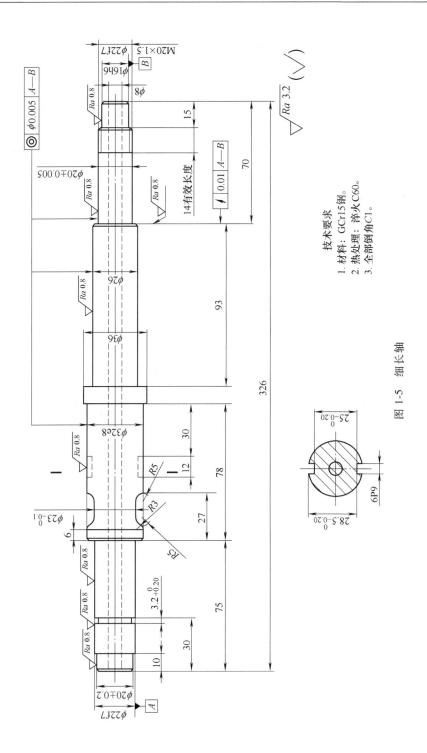

技术要求
1. 材料：GCr15钢。
2. 热处理：淬火C60。
3. 全部倒角C1。

图 1-5 细长轴

2) 零件材料为 GCr15 钢。

3) 热处理：淬火并回火后硬度为 60~65HRC。

**2. 工艺分析**

1) 该零件中 $\phi22f7$ 外圆、$\phi16h6$ 外圆、$\phi20mm\pm0.005mm$ 外圆的尺寸公差、几何公差及表面质量要求都很高，精车工序留磨削余量，最后用外圆磨床来磨削。

2) 铣 2×6P9 键槽工序安排在精车工序后加工。

3) 在单件或小批生产时，采用普通车床加工，粗、精车可在一台车床上完成；批量较大时，粗、精车应在不同的车床上完成。

**3. 机械加工工艺过程**（见表 1-5）

表 1-5 细长轴机械加工工艺过程　　　　　　（单位：mm）

| 零件名称 | 毛坯种类 | | 材　料 | 生产类型 |
|---|---|---|---|---|
| 细长轴 | 圆钢 | | GCr15 钢 | 小批量 |

| 工序 | 工步 | 工序内容 | 设　备 | 刀具、量具、辅具 |
|---|---|---|---|---|
| 10 | | 下料 $\phi40\times331$ | 锯床 | |
| 20 | | 车 | 卧式车床 | |
| | 1 | 各外圆车全 $\phi37$ | | 90°外圆车刀 |
| | 2 | 车总长车至 328 | | 45°弯头车刀 |
| 30 | | 钻 $\phi8$ 通孔 | 深孔钻 | |
| 40 | | 车 | 数控车床 | |
| | 1 | 夹已车过外圆,顶一端,车一架位 | | 35°机夹刀片 |
| | 2 | 夹已车过外圆,在外圆架位处装上中心架,找正,移去顶尖。车右端内孔 60°坡口,车右端面至要求 | | 35°机夹刀片 |
| | 3 | 车 $\phi16h6$ 外圆,留磨削余量 0.50 | | 35°机夹刀片 |
| | 4 | 车 M20×1.5 螺纹外圆至 $\phi23$ | | 35°机夹刀片 |
| | 5 | 车 $\phi20\pm0.005$ 外圆,留磨削余量 0.50 | | 35°机夹刀片 |
| | 6 | 车 $\phi26$ 外圆,留磨削余量 0.20 | | 35°机夹刀片 |
| | 7 | 车 $\phi36$ 外圆至图样要求,表面粗糙度 $Ra3.2\mu m$ | | 35°机夹刀片 |
| | 8 | 调头。夹 $\phi16h6$ 外圆,顶左端,在 $\phi22f7$ 外圆处车一架位 | | 35°机夹刀片 |
| | 9 | 夹已车过外圆,在外圆架位处装上中心架,找正,移去顶尖。车左端内孔 60°坡口,车左端面至要求,保证总长 326 | | 35°机夹刀片 |
| | 10 | 车 $\phi20\pm0.2$ 外圆,留磨削余量 0.20 | | 35°机夹刀片 |
| | 11 | 车 $\phi22f7$ 外圆,留磨削余量 0.50 | | 35°机夹刀片 |
| | 12 | 车 $\phi32e8$ 外圆,留磨削余量 0.30 | | 35°机夹刀片 |

（续）

| 工序 | 工步 | 工 序 内 容 | 设　备 | 刀具、量具、辅具 |
|---|---|---|---|---|
| | 13 | 车 $\phi23_{-0.1}^{\ 0}$ 尺寸至图样要求，表面粗糙度 $Ra3.2\mu m$ | | 35°机夹刀片 |
| | 14 | 车 $R3$、$R5$ 圆弧成，表面粗糙度 $Ra3.2\mu m$ | | 圆弧车刀 |
| | 15 | 车 3.2×1 槽，表面粗糙度 $Ra3.2\mu m$ | | 切槽刀 |
| | 16 | 车外圆倒角 $C1$ | | 35°机夹刀片 |
| | 17 | 铣 2×6P9 键槽至图样要求，表面粗糙度 $Ra3.2\mu m$ | | 键槽铣刀 |
| 50 | | 热处理 | | |
| | 1 | 淬火并回火后硬度为 60~65HRC | 多用炉 | |
| | 2 | 喷砂 | 喷砂机 | |
| | 3 | 矫直至 0.1 以内 | 压力机 | |
| 60 | | 磨两端 60°坡口 | 中心孔磨床 | |
| 70 | | 车 | 数控车床 | |
| | 1 | 车 M20×1.5 螺纹外圆至 $\phi20_{-0.15}^{-0.10}$ | | 35°机夹刀片 |
| | 2 | 车 M20×1.5 螺纹至图样要求 | | 螺纹车刀 |
| 80 | | 磨外圆 | 数控外圆磨床 | |
| | 1 | 磨 $\phi16h6$ 外圆至图样要求，表面粗糙度 $Ra0.8\mu m$ | | |
| | 2 | 磨 $\phi20\pm0.005$ 外圆至图样要求，表面粗糙度 $Ra0.8\mu m$ | | |
| | 3 | 磨 $\phi26$ 外圆至图样要求，表面粗糙度 $Ra0.8\mu m$ | | |
| | 4 | 磨 $\phi20\pm0.2$ 外圆至图样要求，表面粗糙度 $Ra0.8\mu m$ | | |
| | 5 | 磨 $\phi22f7$ 外圆至图样要求，表面粗糙度 $Ra0.8\mu m$ | | |
| | 6 | 磨 $\phi32e8$ 外圆至图样要求，表面粗糙度 $Ra0.8\mu m$ | | |
| | 7 | 靠磨 70 尺寸左面成，表面粗糙度 $Ra0.8\mu m$ | | |
| 90 | | $R3$、$R5$ 圆弧处抛光 | 车床 | |
| 100 | | 检验：填写检验记录 | 检验站 | |
| 110 | | 涂油、包装 | | |

## 1.2　主轴类零件

### 1.2.1　主轴类零件的结构特点与技术要求

主轴类零件按结构特点可分为光轴、阶梯轴、空心轴、花键轴和电主轴等。

**1. 主轴类零件的结构特点**

主轴类零件是旋转体零件，其长度大于直径，通常由外圆柱面、圆锥面、螺纹、花键、键槽等表面构成。

**2. 主轴类零件的技术要求**

（1）尺寸公差：主轴类零件的主要表面通常分为三种：第一种是与轴承内圈配合的外圆轴颈，即支承轴颈，用于确定轴的位置并支承轴，尺寸公差等级要求较高，通常为 IT5～IT7；第二种为与各类传动件配合的轴颈，即配合轴颈，其公差等级稍低，常为 IT6～IT9；第三种为主轴内锥孔与刀柄结合面。

（2）几何公差　几何公差包括形状公差、方向公差、位置公差、跳动公差。

1）形状公差主要指轴颈表面、外圆锥面、锥孔等重要表面的圆度公差、圆柱度公差。其误差一般应限制在尺寸公差范围内；对于精密轴，应在零件图上另行规定其形状公差。

2）方向公差主要指重要端面对轴心线的垂直度公差、端面间的平行度公差等。

3）位置公差主要指内外表面、重要轴面的同轴度公差等。

4）跳动公差主要指内外表面、重要轴面的径向圆跳动公差等。

（3）表面粗糙度　轴的加工表面都有表面粗糙度的要求，一般根据加工的可能性和经济性来确定。支承轴颈的表面粗糙度为 $Ra0.2～1.6\mu m$，传动件配合轴颈表面粗糙度为 $Ra\,0.4～3.2\mu m$。

### 1.2.2　主轴类零件的加工工艺分析和定位基准选择

**1. 主轴类零件的加工工艺分析**

主轴类零件加工一般可分为三个阶段：粗车（粗车外圆、钻中心孔等），半精车，粗、精磨（粗、精磨各处外圆）。各阶段的划分大致以热处理工序为界。

**2. 主轴类零件的定位基准选择**

定位基准选择常采用以下三种方法：

1）当中心通孔直径较小时，可直接在孔口倒出宽度不大于 2mm 的 60°内锥面来代替中心孔。

2）当轴有圆柱孔时，可采用锥堵，锥度为 1：500；当轴孔锥度较小时，锥堵锥度与工件两端定位孔锥度相同。

3）当轴的通孔的锥度较大时，可采用锥堵心轴。

使用锥堵或锥堵心轴时应注意，一般中途不得更换或拆卸，直到精加工完各处加工面，不再使用中心孔时才能拆卸。

### 1.2.3　主轴类零件的材料及热处理

**1. 主轴类零件的材料**

主轴类零件的材料应根据主轴的耐磨性、热处理方法和热处理后的变形来选择。

（1）主轴类零件的材料　常用钢种有：碳素结构钢 15 钢、20 钢、45 钢，合金结构钢 20Cr、40Cr、50Mn、60Mn，渗碳钢 20CrMnTi，渗氮钢 38CrMoAl。

（2）主轴毛坯　常用圆棒料和锻件。毛坯经过加热锻造后，可使金属内部纤维组织沿表面均匀分布，获得较高的抗拉强度、抗弯强度及抗扭强度。

**2. 主轴类零件的热处理**

主轴类零件的热处理包括以下内容：

1）锻造毛坯在加工前，均须安排正火或退火处理，使钢材内部晶粒细化，消除锻造应力，降低材料硬度，改善可加工性。

2）调质处理一般安排在粗车之后、半精车之前，以获得良好的综合力学性能。

3）表面淬火一般安排在精加工之前，这样可以纠正因淬火引起的局部变形。

4）精度要求高的主轴，在局部淬火或粗磨之后，还须进行低温时效处理。

### 1.2.4　主轴类零件加工实例

**实例 1　数控铣床主轴**（见图 1-6）

**1. 零件图样分析**

1）图 1-6 所示数控铣床主轴中，$\phi$90js5 外圆、$\phi$88g7 外圆、7∶24 锥孔对 A—B 的公共轴线同轴度公差为 $\phi$0.005mm。

2）左端面、齿部左右端面对 A—B 的公共轴线轴向圆跳动公差为 0.005mm。

3）零件材料为 15CrMn 钢。

4）渗碳层深度为 0.6~1.0mm，淬火并回火后硬度为 59~64HRC。

**2. 工艺分析**

1）该零件是数控铣床附件铣头中的一个主轴，各外圆的同轴度、圆度、圆柱度公差要求很高，其中两个支承轴颈 $\phi$90js5 外圆、7∶24 锥孔的同轴度、表面粗糙度尤其重要，必须保证。

2）在加工工艺过程中，零件锻造后进行正火，精车后进行渗碳淬火，再进行精加工。

3）$\phi$90js5 外圆、$\phi$88g7 外圆及 7∶24 锥孔精度要求高，精车工序留磨削余量，最后用外圆磨床来磨削。

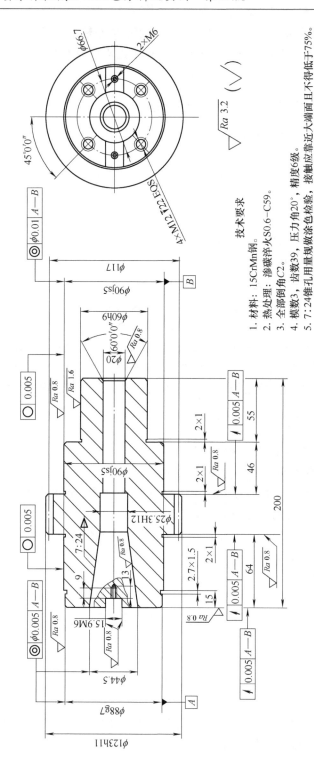

技术要求

1. 材料：15CrMn钢。
2. 热处理：渗碳淬火S0.6-C59。
3. 全部倒角C2。
4. 模数3，齿数39，压力角20°，精度6级。
5. 7:24锥孔用量规做涂色检验，接触应靠近大端面且不得低于75%。

图1-6　数控铣床主轴

4）为了保证 φ90js5 外圆、φ88g7 外圆与 7：24 锥孔同轴，加工时应先磨外圆，然后以磨过的外圆找正，再磨内孔。齿部的精加工安排在最后加工。

5）半精磨后，为了提高和保证主轴加工后的精度及稳定性，增加一道热处理时效工序，能更好地消除加工过程中产生的残余应力。

**3. 机械加工工艺过程**（见表 1-6）

表 1-6　数控铣床主轴机械加工工艺过程　　　　　（单位：mm）

| 零件名称 | 毛坯种类 | | 材　料 | 生产类型 |
|---|---|---|---|---|
| 数控铣床主轴 | 锻件 | | 15CrMn 钢 | 小批量 |

| 工序 | 工步 | 工序内容 | 设　备 | 刀具、量具、辅具 |
|---|---|---|---|---|
| 10 | | 锻造 | 锻压机床 | |
| 20 | | 热处理:正火 | 箱式炉 | |
| 30 | | 钻孔:自划线,在一端钻中心孔 A3.15/6.7 | 钻床 | 中心钻 |
| 40 | | 粗车 | 卧式车床 | |
| | 1 | 用自定心卡盘夹毛坯料的外圆一端,另一端用顶尖顶住,夹紧,车 φ60h9 外圆至 φ62 | | 90°外圆车刀 |
| | 2 | 车 φ90js5 外圆至 φ92 | | 90°外圆车刀 |
| | 3 | 车 φ123h11 外圆至 φ125 | | 90°外圆车刀 |
| | 4 | 调头。用自定心卡盘夹 φ60h9 外圆处,找正,夹紧,车端面,保证总长 202 | | 45°弯头车刀 |
| | 5 | 车 φ90js5 外圆至 φ92 | | 90°外圆车刀 |
| | 6 | 车 φ88g7 外圆至 φ90 | | 90°外圆车刀 |
| 50 | | 精车 | 数控车床 | |
| | 1 | 卡左端,顶右端。车 φ60h9 外圆,留磨削余量 0.30 | | 35°机夹刀片 |
| | 2 | 车 φ90js5 外圆,留磨削余量 0.50 | | 35°机夹刀片 |
| | 3 | 车 φ123h11 外圆至要求,表面粗糙度 Ra3.2μm | | 35°机夹刀片 |
| | 4 | 车 46 尺寸,左面留磨削余量 0.20 | | 35°机夹刀片 |
| | 5 | 切 2×1 槽成(2 处) | | 切槽刀 |
| | 6 | 卡左端,中心架置于 φ60h9 外圆处,车右端面至要求,表面粗糙度 Ra3.2μm | | 35°机夹刀片 |
| | 7 | 钻 φ20 通孔成 | | φ20 钻头 |
| | 8 | 车 60°坡口 | | 35°机夹刀片 |
| | 9 | 调头。卡右端 φ60h9 外圆,中心架置于 φ123h11 外圆处,车左端面,留磨削余量 0.20 | | 35°机夹刀片 |
| | 10 | 车 60°坡口 | | 35°机夹刀片 |
| | 11 | 车 φ90js5 外圆,留磨削余量 0.50 | | 35°机夹刀片 |
| | 12 | 车 φ88g7 外圆,留磨削余量 0.50 | | 35°机夹刀片 |
| | 13 | 车 64,右面留磨削余量 0.20 | | 35°机夹刀片 |
| | 14 | 切 2.7×1.5 槽成 | | 切槽刀 |

（续）

| 工序 | 工步 | 工序内容 | 设　备 | 刀具、量具、辅具 |
|---|---|---|---|---|
| | 15 | 切 2×1 槽成 | | 切槽刀 |
| | 16 | 镗 φ25.3H12 内孔成，表面粗糙度 $Ra3.2\mu m$ | | 镗刀 |
| | 17 | 车 7∶24 锥孔，留磨削余量 0.50 | | 35°机夹刀片 |
| | 18 | 铣 15.9M6 槽至 15.1，深度 6 | | 杆铣刀 |
| | 19 | 钻 4×M12 螺纹底孔至 φ10.2 | | φ10.2 麻花钻 |
| | 20 | 攻 4×M12 螺纹孔成 | | M12 丝锥 |
| | 21 | 钻 2×M6 螺纹底孔至 φ5 | | φ5 麻花钻 |
| | 22 | 攻 2×M6 螺纹孔成 | | M6 丝锥 |
| 60 | | 滚齿：夹 φ60h9 外圆，按 φ123h11 外圆找正至 0.01，滚齿，齿厚留磨削余量 0.25 | 滚齿机 | 模数 3 磨前齿轮滚刀 |
| 70 | | 钳工 | 钳工台 | |
| | 1 | 去毛刺、倒角 | | |
| | 2 | 装 2×M6 及 4×M12 螺钉 | | |
| | 3 | 打印：年、月、顺序号 | | |
| 80 | | 热处理 | | |
| | 1 | 渗碳淬火：渗碳层深度为 0.6~1.0mm，淬火并回火后硬度为 59~64HRC | 多用炉 | |
| | 2 | 矫直，控制各外圆径向圆跳动误差 ≤0.10 | 液压机 | |
| | 3 | 喷砂 | 喷砂机 | |
| | 4 | 检验：渗碳层、硬度、各外圆径向圆跳动 | 检验站 | |
| 90 | | 磨外圆及端面 | 数控外圆磨床 | |
| | 1 | 两端装堵头、上拉杆，找正 φ60h9 外圆及 φ88g7 外圆 | | |
| | 2 | 磨 φ88g7 外圆，留磨削余量 0.10~0.12 | | |
| | 3 | 磨 φ90js5 外圆（2 处），留磨削余量 0.10~0.12 | | |
| | 4 | 磨 φ60h9 外圆，留磨削余量 0.10~0.12 | | |
| | 5 | 靠磨 64 尺寸，右面留磨削余量 0.06~0.08 | | |
| | 6 | 靠磨 46 尺寸，左面留磨削余量 0.06~0.08 | | |
| 100 | | 磨内孔 | 数控内圆磨床 | |
| | 1 | 磨 7∶24 锥孔，留磨削余量 0.10~0.12 | | |
| | 2 | 靠磨左端面，留磨削余量 0.06~0.08 | | |
| 110 | | 磨 15.9M6 槽至 15.7 | 磨口机 | |

（续）

| 工序 | 工步 | 工 序 内 容 | 设　　备 | 刀具、量具、辅具 |
|---|---|---|---|---|
| 120 | | 热处理:时效 | 油炉 | |
| 130 | | 磨外圆、端面 | 数控外圆磨床 | |
| | 1 | 两端装堵头、上拉杆,找正 $\phi$60h9 外圆及 $\phi$88g7 外圆 | | |
| | 2 | 磨 $\phi$88g7 外圆至要求,表面粗糙度 Ra0.8μm | | |
| | 3 | 磨 $\phi$90js5 外圆(2 处)至要求,表面粗糙度 Ra0.8μm | | |
| | 4 | 磨 $\phi$60h9 外圆至要求,表面粗糙度 Ra1.6μm | | |
| | 5 | 靠磨 64 尺寸右面至要求,表面粗糙度 Ra0.8μm | | |
| | 6 | 靠磨 46 尺寸左面至要求,表面粗糙度 Ra0.8μm | | |
| 140 | | 磨齿成 | 数控磨齿机 | |
| 150 | | 磨内孔 | 数控内圆磨床 | |
| | 1 | 磨 7:24 锥孔成,表面粗糙度 Ra0.8μm | | |
| | 2 | 靠磨左端面至要求,表面粗糙度 Ra0.8μm | | |
| 160 | | 磨 15.9M6 槽成,表面粗糙度 Ra0.8μm | 磨口机 | |
| 170 | | 检验 | | |
| | 1 | 检验 7:24 锥孔精度、接触区 | | 锥度塞规 |
| | 2 | 检验各外圆尺寸 | | 千分尺等 |
| | 3 | 检验各几何公差 | | |
| | 4 | 检验表面粗糙度 | | 表面粗糙度仪 |
| 180 | | 涂油、包装 | | |
| 190 | | 入库 | | |

## 实例 2　数控镗床主轴（见图 1-7）

### 1. 零件图样分析

1）图 1-7 所示数控镗床主轴中，$\phi$128.57h5 外圆、$\phi$80js5 外圆、1:12 锥圆、7:24 锥孔及 $\phi$64.05h7 外圆对 A—B 公共轴线的同轴度公差为 $\phi$0.005mm。

2）左端面对 A—B 公共轴线的轴向圆跳动公差为 0.005mm。

3）M85×2 螺纹、M80×2 螺纹、M68×2 螺纹为精螺纹。

4）零件材料为 20Cr 钢。

5）渗碳层深度为 0.6~1.0mm，淬火并回火后硬度为 58~63HRC。

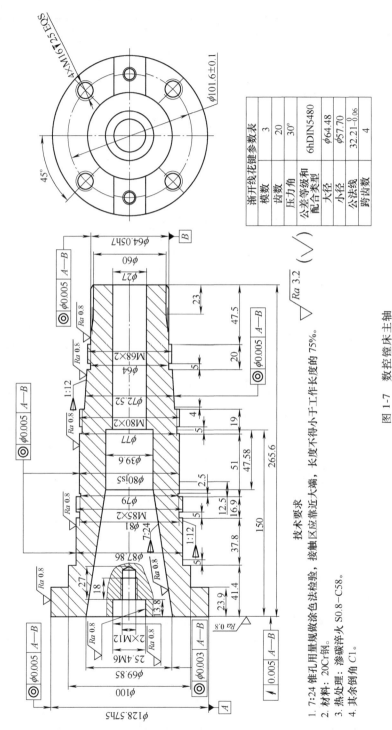

| 渐开线花键参数表 | |
|---|---|
| 模数 | 3 |
| 齿数 | 20 |
| 压力角 | 30° |
| 公差等级和配合类型 | 6hDIN5480 |
| 大径 | $\phi64.48$ |
| 小径 | $\phi57.70$ |
| 公法线 | $32.21^{0}_{-0.06}$ |
| 跨齿数 | 4 |

$\sqrt{Ra\ 3.2}\quad (\sqrt{\ })$

技术要求

1. 7:24 锥孔用量规做涂色法检验，接触区应靠近大端，长度不得小于工作长度的 75%。
2. 材料：20Cr 钢。
3. 热处理：渗碳淬火 S0.8—C58。
4. 其余倒角 C1。

图 1-7 数控镗床主轴

**2. 工艺分析**

1）该零件是数控镗床主轴，各外圆的同轴度、圆度、圆柱度公差要求很高，φ80js5 外圆、φ128.57h5 外圆、1∶12 锥圆、7∶24 锥孔的同轴度、表面粗糙度尤其重要，必须保证。

2）在加工工艺过程中，零件锻造后进行正火，精车后进行渗碳淬火，再进行精加工。

3）φ80js5 外圆、φ128.57h5 外圆、1∶12 锥圆、7∶24 锥孔精度要求高，精车工序留磨削余量，最后用外圆磨床磨削。为了保证 φ80js5 外圆、φ128.57h5 外圆、1∶12 锥圆、7∶24 锥孔的同轴度，加工时应先磨外圆，然后以磨过的外圆找正，再磨内孔。

4）半精磨后，为了提高和保证主轴加工后的精度及稳定性，增加一道热处理时效工序，能更好地消除加工中过程中产生的残余应力。

**3. 机械加工工艺过程**（见表 1-7）

表 1-7 　 数控镗床主轴机械加工工艺过程　　　　（单位：mm）

| 零件名称 | 毛坯种类 | 材料 | 生产类型 |
|---|---|---|---|
| 数控镗床主轴 | 锻件 | 20Cr 钢 | 小批量 |

| 工序 | 工步 | 工序内容 | 设备 | 刀具、量具、辅具 |
|---|---|---|---|---|
| 10 | | 锻造 | 锻压机床 | |
| 20 | | 热处理：正火 | 箱式炉 | |
| 30 | | 钻孔：自划线，在一端钻中心孔 A3.15/6.7 | 钻床 | 中心钻 |
| 40 | | 粗车 | 数控车床 | |
| | 1 | 用自定心卡盘夹毛坯料的外圆一端，另一端用顶尖顶住，夹紧，车 φ64.05h7 外圆至 φ67 | | 35°机夹刀片 |
| | 2 | 车 M68×2 螺纹外圆至 φ71 | | 35°机夹刀片 |
| | 3 | 车 φ72.52（1∶12）锥圆至 φ76 | | 35°机夹刀片 |
| | 4 | 车 M80×2 螺纹外圆至 φ83 | | 35°机夹刀片 |
| | 5 | 车 φ80js5 外圆至 φ83 | | 35°机夹刀片 |
| | 6 | 车 M85×2 螺纹外圆至 φ88 | | 35°机夹刀片 |
| | 7 | 车 φ87.86（1∶12）锥圆至 φ91 | | 35°机夹刀片 |
| | 8 | 车 φ100 外圆至 φ103 | | 35°机夹刀片 |
| | 9 | 调头。用自定心卡盘夹 φ64.05 外圆处，找正，夹紧，车端面，保证总长 269 | | 35°机夹刀片 |
| | 10 | 车 φ128.57h5 外圆至 φ132 | | 35°机夹刀片 |
| | 11 | 钻 φ20 通孔 | | φ20 麻花钻 |

（续）

| 工序 | 工步 | 工序内容 | 设备 | 刀具、量具、辅具 |
|---|---|---|---|---|
| | 12 | 镗 φ27 通孔 | | 镗刀 |
| | 13 | 车内孔倒角 2×60° | | 35°机夹刀片 |
| 50 | | 精车 | 数控车床 | |
| | 1 | 卡左端,顶右端。车 φ64.05h7,留磨削余量 0.30 | | 35°机夹刀片 |
| | 2 | 车 φ72.52(1:12)锥圆,留磨削余量 0.50~0.60 | | 35°机夹刀片 |
| | 3 | 车 φ80js5 外圆,留磨削余量 0.50~0.60 | | 35°机夹刀片 |
| | 4 | 车 φ87.86(1:12)锥圆,留磨削余量 0.50~0.60 | | 35°机夹刀片 |
| | 5 | 车 φ100 外圆至图样要求,表面粗糙度 Ra3.2μm | | 35°机夹刀片 |
| | 6 | 车右端面至图样要求,表面粗糙度 Ra3.2μm | | 35°机夹刀片 |
| | 7 | 调头。用自定心卡盘夹 φ64.05 外圆,找正,夹紧,车端面留磨削余量 0.20 | | 35°机夹刀片 |
| | 8 | 车 φ128.57h5 外圆,留磨削余量 0.50~0.60 | | 35°机夹刀片 |
| | 9 | 夹 φ64.05h7 外圆,装中心架,找正 φ128.57h5 外圆,镗 φ39.6 内孔至图样要求,表面粗糙度 Ra3.2μm | | 镗刀 |
| | 10 | 镗 7:24 锥孔留磨削余量 0.50~0.60 | | 镗刀 |
| | 11 | 铣 25.4M6 槽至 24.8,深度 13.8 | | 杆铣刀 |
| | 12 | 钻 4×M16 螺纹底孔至 φ13.9 | | φ13.9 麻花钻 |
| | 13 | 攻 4×M16 螺纹孔成 | | M16 丝锥 |
| | 14 | 钻 2×M12 螺纹底孔至 φ10.20 | | φ10.20 麻花钻 |
| | 15 | 攻 2×M12 螺纹孔成 | | M12 丝锥 |
| 60 | | 钳工 | 钳工台 | |
| | 1 | 去毛刺、倒角 | | |
| | 2 | 装 2×M12 及 4×M16 螺钉 | | |
| | 3 | 打印:年、月、顺序号 | | |
| 70 | | 热处理 | | |
| | 1 | 渗碳:渗碳层深度为 0.8~1.2mm | | 渗碳炉 |
| | 2 | 矫直,控制各外圆径向圆跳动误差≤0.10 | | 液压机 |
| 80 | | 精车 | 数控车床 | |
| | 1 | 车 M68×2 螺纹外圆至 $\phi 68^{-0.10}_{-0.15}$ | | 35°机夹刀片 |
| | 2 | 车 M80×2 螺纹外圆至 $\phi 80^{-0.10}_{-0.15}$ | | 35°机夹刀片 |
| | 3 | 车 M85×2 螺纹外圆至 $\phi 85^{-0.10}_{-0.15}$ | | 35°机夹刀片 |
| | 4 | 车 φ64×5 空刀槽至要求 | | 切槽刀 |

（续）

| 工序 | 工步 | 工序内容 | 设备 | 刀具、量具、辅具 |
|---|---|---|---|---|
| | 5 | 车 φ77×5 空刀槽至要求 | | 切槽刀 |
| | 6 | 车 φ81×5 空刀槽至要求 | | 切槽刀 |
| 90 | | 滚齿成:夹 φ128.57h5 外圆,顶右端坡口,找正 φ64.05h7 | 滚齿机 | 模数为3、压力角为30°的滚刀 |
| 100 | | 钳工:去刺、倒齿部角 C0.4 | 钳工台 | |
| 110 | | 热处理 | | |
| | 1 | 淬火并回火后硬度为 58~63HRC | 盐浴炉、回火炉 | |
| | 2 | 矫直,控制各外圆径向圆跳动误差≤0.10 | 液压机 | |
| | 3 | 喷砂 | 喷砂机 | |
| | 4 | 检验:渗碳层、硬度、各外圆径向跳动 | 检验站 | |
| 120 | | 磨外圆、端面 | 数控外圆磨床 | |
| | 1 | 两端装堵头、上拉杆,找正 φ128.57h5 及 M68×2 外圆 | | |
| | 2 | 磨 φ128.57h5 外圆,留磨削余量 0.10~0.12 | | |
| | 3 | 磨 φ87.86(1:12)锥圆,留磨削余量 0.10~0.12 | | |
| | 4 | 磨 φ80js5 外圆,留磨削余量 0.10~0.12 | | |
| | 5 | 磨 φ72.52(1:12)锥圆,留磨削余量 0.10~0.12 | | |
| | 6 | 磨 φ64.05h7 外圆,留磨削余量 0.10~0.12 | | |
| 130 | | 磨内孔 | 数控内圆磨床 | |
| | 1 | 磨 7:24 锥孔,留磨削余量 0.10~0.12 | | |
| | 2 | 靠磨左端面,留磨削余量 0.06~0.08 | | |
| 140 | | 磨 25.4M6 槽至 25.20 | 磨口机 | |
| 150 | | 热处理:时效 | 油炉 | |
| 160 | | 磨外圆、端面 | 数控外圆磨床 | |
| | 1 | 两端装堵头、上拉杆,找正 φ128.57h5 及 M68×2 外圆 | | |
| | 2 | 磨 φ128.57h5 外圆成,表面粗糙度 Ra0.8μm | | |
| | 3 | 磨 φ87.86(1:12)锥圆成,表面粗糙度 Ra0.8μm | | |
| | 4 | 磨 φ80js5 外圆成,表面粗糙度 Ra0.8μm | | |
| | 5 | 磨 φ64.05h7 外圆成,表面粗糙度 Ra0.8μm | | |
| | 6 | 磨 φ72.52(1:12)锥圆成,表面粗糙度 Ra0.8μm | | |
| 170 | | 磨内孔 | 数控内圆磨床 | |

（续）

| 工序 | 工步 | 工序内容 | 设　备 | 刀具、量具、辅具 |
|------|------|----------|--------|------------------|
|      | 1    | 磨 7：24 锥孔成，表面粗糙度 $Ra0.8\mu m$ |        |          |
|      | 2    | 靠磨左端面成，表面粗糙度 $Ra0.8\mu m$ |        |          |
| 180  |      | 磨 25.4M6 槽成，表面粗糙度 $Ra0.8\mu m$ | 磨口机 |         |
| 190  |      | 车 | 数控车床 |           |
|      | 1    | 车 M68×2 螺纹成 |        | 螺纹车刀 |
|      | 2    | 车 M80×2 螺纹成 |        | 螺纹车刀 |
|      | 3    | 车 M85×2 螺纹成 |        | 螺纹车刀 |
| 200  |      | 检验 |        |           |
|      | 1    | 检验 7：24 锥孔精度、接触区 |        | 锥度塞规 |
|      | 2    | 检验 1：12 锥圆精度 |        | 轴承 |
|      | 3    | 检验各外圆尺寸 | 千分尺等 |      |
|      | 4    | 检验各几何公差 |        |          |
|      | 5    | 检验表面粗糙度 | 表面粗糙度仪 |   |
| 210  |      | 涂油、包装 |        |           |
| 220  |      | 入库 |        |           |

### 实例 3　磨床主轴 （见图 1-8）

**1. 零件图样分析**

1）图 1-8 所示磨床主轴中，1：5 锥圆、$\phi55h6$ 外圆的圆度公差和对 A—B 公共轴线的径向圆跳动公差为 0.001mm。

2）$\phi72mm$ 端面对 A—B 公共轴线的轴向圆跳动公差为 0.005mm。

3）零件材料为 38CrMoAlA 钢。

4）渗氮层深度为 0.45～0.65mm，硬度≥900HV。

**2. 工艺分析**

1）该零件为磨床主轴，1：5 锥圆、$\phi55h6$ 外圆精度要求很高。

2）该零件较细又长，加工时应使用中心架，以磨过的两端中心孔定位来磨削各外圆。

3）为了减少变形、消除应力，零件粗车后进行调质处理，然后精车，时效，粗磨后再进行渗氮，最后精磨各外圆。

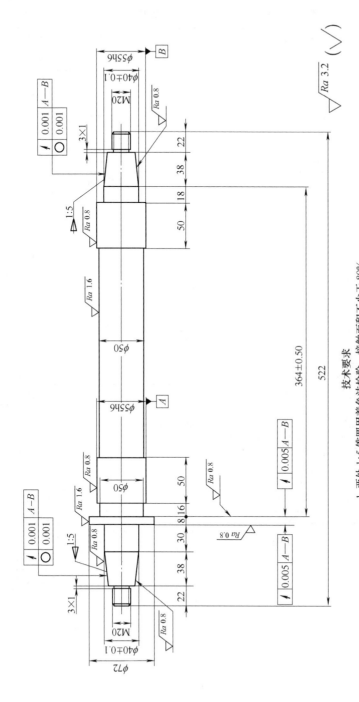

技术要求
1. 两处 1:5 锥圆用着色法检验，接触面积不少于 80‰。
2. 材料：38CrMoAlA 钢。
3. 热处理：渗氮 D0.50~900。
4. 倒角 C1。

图 1-8　磨床主轴

## 3. 机械加工工艺过程（见表1-8）

### 表1-8　磨床主轴机械加工工艺过程 （单位：mm）

| 零件名称 | 毛坯种类 | | 材　料 | 生产类型 |
|---|---|---|---|---|
| 磨床主轴 | 锻件 | | 38CrMoAlA 钢 | 小批量 |

| 工序 | 工步 | 工序内容 | 设　备 | 刀具、量具、辅具 |
|---|---|---|---|---|
| 10 | | 锻造 | 锻压机床 | |
| 20 | | 热处理:正火 | 箱式炉 | |
| 30 | | 钻孔:自划线,在一端钻中心孔 A2.5/5.3 | 钻床 | 中心钻 |
| 40 | | 粗车 | 卧式车床 | |
| | 1 | 用自定心卡盘夹毛坯料的外圆一端,另一端用顶尖顶住,夹紧,车 M20 外圆至 φ25 | | 90°外圆车刀 |
| | 2 | 车 φ40±0.1 外圆至 φ43 | | 90°外圆车刀 |
| | 3 | 车锥圆至 φ43 | | 90°外圆车刀 |
| | 4 | 车 φ55h6 外圆至 φ58(两处) | | 90°外圆车刀 |
| | 5 | 车 φ50 外圆至 φ58 | | 90°外圆车刀 |
| | 6 | 车 φ72 外圆至 φ75 | | 90°外圆车刀 |
| | 7 | 调头。用自定心卡盘夹 φ40±0.1 外圆处,找正,夹紧,车端面,保证总长 526 | | 45°弯头车刀 |
| | 8 | 车 M20 外圆至 φ25 | | 90°外圆车刀 |
| | 9 | 车 φ40±0.1 外圆至 φ43 | | 90°外圆车刀 |
| | 10 | 车锥圆至 φ43 | | 90°外圆车刀 |
| | 11 | 夹 φ40±0.1 外圆,中心架置于 φ55h6 处,找正,车左端面 | | 45°弯头车刀 |
| 50 | | 精车 | 数控车床 | |
| | 1 | 夹左端,顶右端。车 M20 外圆至 $\phi20_{-0.15}^{-0.10}$ | | 35°机夹刀片 |
| | 2 | 车 M20 螺纹成 | | 螺纹车刀 |
| | 3 | 车 φ40±0.1 外圆,留磨削余量 0.60 | | 35°机夹刀片 |
| | 4 | 车 1:5 锥圆,留磨削余量 0.60 | | 35°机夹刀片 |
| | 5 | 车 φ55h6 外圆,留磨削余量 0.60(两处) | | 35°机夹刀片 |
| | 6 | 车 φ50 外圆至要求,表面粗糙度 Ra1.6μm | | 35°机夹刀片 |
| | 7 | 车 φ72 外圆至要求,表面粗糙度 Ra1.6μm | | 35°机夹刀片 |
| | 8 | 车尺寸 8,右面留磨削余量 0.10 | | 35°机夹刀片 |
| | 9 | 调头。用自定心卡盘夹 φ40±0.1 外圆处,中心架置于 φ55h6 外圆处,找正,夹紧,车端面,保证总长 522 | | 35°机夹刀片 |
| | 10 | 钻中心孔 A2.5/5.3 | | 中心钻 |
| | 11 | 用自定心卡盘夹 φ40±0.1 外圆处,另一端用顶尖顶住,夹紧,车 M20 至 $\phi20_{-0.15}^{-0.10}$ | | 35°机夹刀片 |

（续）

| 工序 | 工步 | 工序内容 | 设　备 | 刀具、量具、辅具 |
|---|---|---|---|---|
| | 12 | 车 M20 螺纹成 | | 螺纹车刀 |
| | 13 | 车 $\phi$40±0.1 外圆,留磨削余量 0.60 | | 35°机夹刀片 |
| | 14 | 车 1:5 锥圆,留磨削余量 0.60 | | 35°机夹刀片 |
| | 15 | 车尺寸 8,左面留磨削余量 0.10 | | 35°机夹刀片 |
| 60 | | 磨两端中心孔 | 中心孔磨床 | |
| 70 | | 磨外圆 | 数控外圆磨床 | |
| | 1 | 磨 $\phi$40±0.1 外圆,留磨削余量 0.10~0.12(两处) | | |
| | 2 | 磨 1:5 锥圆,留磨削余量 0.10~0.12(两处) | | |
| | 3 | 磨 $\phi$55h6 外圆,留磨削余量 0.10~0.12(两处) | | |
| | 4 | 靠磨尺寸 8 左面至要求,表面粗糙度 $Ra$0.8μm | | |
| | 5 | 靠磨尺寸 8 右面至要求,表面粗糙度 $Ra$0.8μm | | |
| 80 | | 热处理:渗氮层深度为 0.45~0.65mm,硬度 ≥900HV 要求:M20 螺纹防渗氮 | 渗氮炉 | |
| 90 | | 磨两端中心孔 | 中心孔磨床 | |
| 100 | | 精磨外圆 | 数控外圆磨床 | |
| | 1 | 磨 $\phi$40±0.1 外圆,留磨削余量 0.05 | | |
| | 2 | 磨 1:5 锥圆,留磨削余量 0.05 | | |
| | 3 | 磨 $\phi$55h6 外圆,留磨削余量 0.05 | | |
| 110 | | 热处理:油煮定性 | 油炉 | |
| 120 | | 精磨外圆 | 数控外圆磨床 | |
| | 1 | 磨 $\phi$40±0.1 外圆至要求,表面粗糙度 $Ra$0.8μm | | |
| | 2 | 磨 1:5 锥圆(两处)至要求,表面粗糙度 $Ra$0.8μm | | |
| | 3 | 磨 $\phi$55h6 外圆(两处)至要求,表面粗糙度 $Ra$0.8μm | | |
| 130 | | 检验 | | |
| | 1 | 检验各外圆尺寸 | 千分尺等 | |
| | 2 | 检验各几何公差 | | |
| | 3 | 检验表面粗糙度 | 表面粗糙度仪 | |
| 140 | | 涂油、包装 | | |
| 150 | | 入库 | | |

**实例 4　滚齿机主轴**（见图 1-9）

**1. 零件图样分析**

1）图 1-9 所示滚齿机主轴中，$\phi$115h6 外圆、$\phi$100h7 外圆、$\phi$140h6 外圆、1:12 锥圆对 A—B 公共轴线的同轴度公差为 $\phi$0.002mm。

2）尺寸 22 左端面对 A—B 公共轴线的轴向圆跳动公差为 0.005mm。

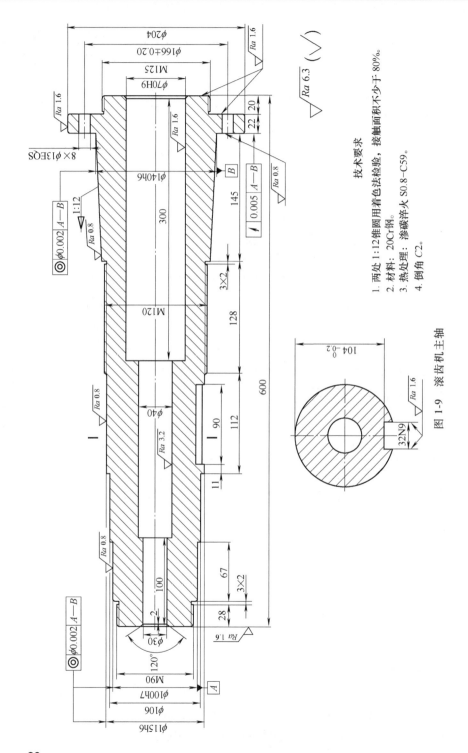

技术要求
1. 两处 1:12 锥圆用着色法检验，接触面积不少于 80%。
2. 材料：20Cr 钢。
3. 热处理：渗碳淬火 S0.8-C59。
4. 倒角 C2。

图 1-9　滚齿机主轴

3）零件材料为 20Cr 钢。

4）渗碳层深度为 0.8~1.2mm，淬火并回火后硬度为 59~64HRC。

**2. 工艺分析**

1）该零件为滚齿机主轴，1：12 锥圆、$\phi$140h6 外圆、$\phi$115h6 外圆精度要求很高，加工时 $\phi$115h6 外圆、1：12 锥圆、$\phi$140h6 外圆一次装夹加工，才能满足图样要求。

2）该零件粗车前加正火处理，精车后进行渗碳淬火。

**3. 机械加工工艺过程**（见表 1-9）

表 1-9　滚齿机主轴机械加工工艺过程　　　　（单位：mm）

| 零件名称 | 毛坯种类 | | 材　料 | | 生产类型 |
|---|---|---|---|---|---|
| 滚齿机主轴 | 锻件 | | 20Cr 钢 | | 小批量 |

| 工序 | 工步 | 工序内容 | 设　备 | 刀具、量具、辅具 |
|---|---|---|---|---|
| 10 | | 锻造 | 锻压机床 | |
| 20 | | 热处理：正火 | 箱式炉 | |
| 30 | | 钻孔：自划线，在一端钻中心孔 A2.5/5.3 | 钻床 | 中心钻 |
| 40 | | 粗车 | 卧式车床 | |
| | 1 | 用自定心卡盘夹毛坯料外圆的一端，另一端用顶尖顶住，夹紧，车 M125 外圆至 $\phi$135 | | 90°外圆车刀 |
| | 2 | 车 $\phi$204 外圆至 $\phi$207 | | 90°外圆车刀 |
| | 3 | 调头。车 1：12 锥圆至 $\phi$145 | | 90°外圆车刀 |
| | 4 | 车 M120 外圆至 $\phi$130 | | 90°外圆车刀 |
| | 5 | 车 $\phi$115h6 外圆至 $\phi$118 | | 90°外圆车刀 |
| | 6 | 车 $\phi$106 外圆至 $\phi$109 | | 90°外圆车刀 |
| | 7 | 车 $\phi$100h7 外圆至 $\phi$103 | | 90°外圆车刀 |
| | 8 | 夹 M125 外圆，中心架置于 $\phi$106 处，找正，车左端面，保证 600 尺寸至 606 | | 45°弯头车刀 |
| | 9 | 车 M90 外圆至 $\phi$96 | | 90°外圆车刀 |
| 50 | | 精车 | 数控车床 | |
| | 1 | 夹左端，顶右端。车 M125 外圆至 $\phi$130 | | 35°机夹刀片 |
| | 2 | 车 $\phi$204 外圆至要求，表面粗糙度 $Ra$1.6μm | | 35°机夹刀片 |
| | 3 | 车 1：12 锥圆，留磨削余量 0.60 | | 35°机夹刀片 |
| | 4 | 车尺寸 22，左面留磨削余量 0.10 | | 35°机夹刀片 |
| | 5 | 车 M120 外圆至 $\phi$125 | | 35°机夹刀片 |
| | 6 | 车 $\phi$115h6 外圆，留磨削余量 0.60 | | 35°机夹刀片 |

（续）

| 工序 | 工步 | 工序内容 | 设备 | 刀具、量具、辅具 |
|---|---|---|---|---|
| | 7 | 车 φ106 外圆,留磨削余量 0.30 | | 35°机夹刀片 |
| | 8 | 车 φ100h7 外圆,留磨削余量 0.60 | | 35°机夹刀片 |
| | 9 | 夹左端,中心架在 M120 外圆处,找正,车右端面,留车削余量 2 | | 35°机夹刀片 |
| | 10 | 调头。夹 M125 外圆,中心架置于 φ100h7 处,找正,车左端面,保证 600 尺寸至 604 | | 35°机夹刀片 |
| | 11 | 车 M90 外圆至 φ93 | | 35°机夹刀片 |
| | 12 | 钻 φ30 内孔(两端钻孔) | | φ30 麻花钻 |
| | 13 | 车左端 60° 坡口 | | 35°机夹刀片 |
| | 14 | 镗 φ40 内孔至要求,表面粗糙度 $Ra3.2\mu m$ | | 镗刀 |
| | 15 | 镗 φ70H9 至要求,表面粗糙度 $Ra1.6\mu m$ | | 镗刀 |
| | 16 | 铣 32N9 键槽至要求,表面粗糙度 $Ra1.6\mu m$ | | 键槽铣刀 |
| 60 | | 热处理:渗碳层深度为 0.8~1.2mm | 渗碳炉 | |
| 70 | | 精车 | 数控车床 | |
| | 1 | 夹左端,中心架置于 M120 外圆处,找正,车右端面至要求,表面粗糙度 $Ra1.6\mu m$ | | 35°机夹刀片 |
| | 2 | 车 M125 外圆留磨削余量 0.30 | | 35°机夹刀片 |
| | 3 | 调头。夹 M125 外圆,中心架置于 φ100h7 处,找正,车左端面至要求,表面粗糙度 $Ra1.6\mu m$ | | 35°机夹刀片 |
| | 4 | 车 M90 外圆,留磨削余量 0.30 | | 35°机夹刀片 |
| | 5 | 车 M120 外圆,留磨削余量 0.30 | | 35°机夹刀片 |
| | 6 | 钻 8×φ13 孔成 | | φ13 麻花钻 |
| 80 | | 热处理:淬火并回火后硬度为 59~64HRC | 盐浴炉、回火炉 | |
| 90 | | 磨外圆 | 数控外圆磨床 | |
| | 1 | 两端装堵头,按 M125 外圆及 φ100h7 外圆找正 | | |
| | 2 | 磨 M125 外圆至 $\phi125^{-0.10}_{-0.15}$ | | |

（续）

| 工序 | 工步 | 工序内容 | 设　　备 | 刀具、量具、辅具 |
|---|---|---|---|---|
| | 3 | 磨 1∶12 锥圆至要求，表面粗糙度 $Ra0.8\mu m$ | | |
| | 4 | 磨 M120 外圆至 $\phi120^{-0.10}_{-0.15}$ | | |
| | 5 | 磨 $\phi115h6$ 外圆至要求，表面粗糙度 $Ra0.8\mu m$ | | |
| | 6 | 磨 $\phi106$ 外圆至要求 | | |
| | 7 | 磨 $\phi100h7$ 外圆至要求，表面粗糙度 $Ra0.8\mu m$ | | |
| | 8 | 磨 M90 外圆至 $\phi90^{-0.10}_{-0.15}$ | | |
| | 9 | 靠磨尺寸 22 左面至要求，表面粗糙度 $Ra0.8\mu m$ | | |
| 100 | | 精车 | 数控车床 | |
| | 1 | 车 M125 螺纹成 | | 螺纹车刀 |
| | 2 | 车 M120 螺纹成 | | 螺纹车刀 |
| | 3 | 车 M90 螺纹成 | | 螺纹车刀 |
| 110 | | 检验 | | |
| | 1 | 检验各外圆尺寸 | | 千分尺等 |
| | 2 | 检验各几何公差 | | |
| | 3 | 检验表面粗糙度 | | 表面粗糙度仪 |
| 120 | | 涂油、包装 | | |
| 130 | | 入库 | | |

**实例 5　数控车床主轴**（见图 1-10）

**1. 零件图样分析**

1）图 1-10 所示数控车床主轴中，$\phi80h6$ 外圆、1∶12 锥圆、$7°7'30''$ 锥圆、$\phi103h6$ 外圆、1∶10 锥孔对 $A$ 的同轴度公差为 $\phi0.002mm$。

2）零件材料为 20CrMo 钢。

3）渗碳层深度为 $0.8\sim1.2mm$，淬火并回火后硬度为 59～64HRC。

**2. 工艺分析**

1）该零件为数控车床主轴，$\phi80h6$ 外圆、1∶12 锥圆、$7°7'30''$ 锥圆、$\phi103h6$ 外圆、1∶10 锥孔、$\phi100h5$ 外圆精度要求很高，加工时应分粗车、精车、粗磨及精磨工序，外圆加工后，按加工过的外圆、端面找正，再加工内孔。

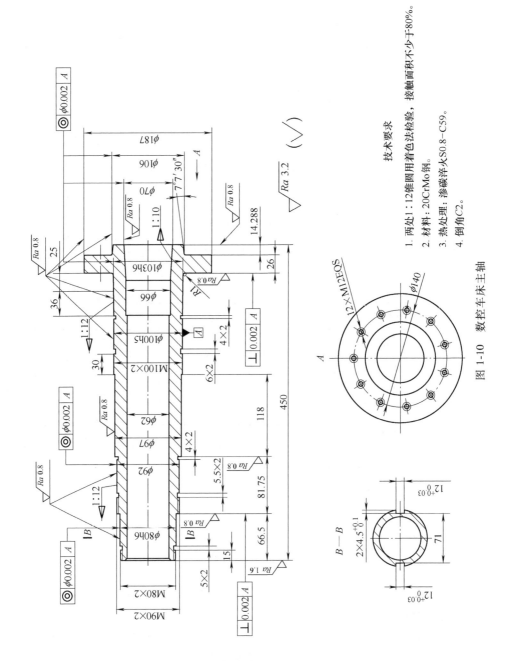

技术要求

1. 两处1:12锥圆用着色法检验，接触面积不少于80%。
2. 材料：20CrMo钢。
3. 热处理：渗碳淬火S0.8-C59。
4. 倒角C2。

图 1-10 数控车床主轴

2）该零件粗车前加正火处理，精车后进行渗碳淬火，粗磨内、外圆后进行油煮定性，消除加工中产生的应力。

**3. 机械加工工艺过程**（见表1-10）

表1-10 数控车床主轴机械加工工艺过程 （单位：mm）

| 零件名称 | | 毛坯种类 | 材 料 | 生产类型 |
|---|---|---|---|---|
| 数控车床主轴 | | 锻件 | 20CrMo 钢 | 小批量 |
| 工序 | 工步 | 工序内容 | 设 备 | 刀具、量具、辅具 |
| 10 | | 锻造 | 锻压机床 | |
| 20 | | 热处理:正火 | 箱式炉 | |
| 30 | | 钻孔:自划线,在一端钻中心孔 A2.5/5.3 | 钻床 | 中心钻 |
| 40 | | 粗车 | 卧式车床 | |
| | 1 | 用自定心卡盘夹毛坯料的外圆一端,另一端用顶尖顶住,夹紧,车 φ106 外圆至 φ110 | | 90°外圆车刀 |
| | 2 | 车 φ187 外圆至 φ190 | | 90°外圆车刀 |
| | 3 | 调头。车 φ103h6 外圆至 φ106 | | 90°外圆车刀 |
| | 4 | 车 1:12 锥圆至 φ106 | | 90°外圆车刀 |
| | 5 | 车 φ100h5 外圆至 φ103 | | 90°外圆车刀 |
| | 6 | 车 M100×2 外圆至 φ106 | | 90°外圆车刀 |
| | 7 | 车 φ97 外圆至 φ100 | | 90°外圆车刀 |
| | 8 | 车 φ92 外圆至 φ95 | | 90°外圆车刀 |
| | 9 | 车 M90 外圆至 φ96 | | 90°外圆车刀 |
| | 10 | 调头。夹 φ106 外圆,中心架置于 M90 外圆处,找正,车左端面,保证 450 尺寸至 454 | | 45°弯头车刀 |
| | 11 | 车 M80×2 外圆至 φ86 | | 90°外圆车刀 |
| | 12 | 车 φ80h6 外圆至 φ83 | | 90°外圆车刀 |
| | 13 | 钻 φ62 通孔至 φ58 | | φ58 麻花钻 |
| | 14 | 车内孔倒角 2×30° | | 30°弯头车刀 |
| 50 | | 精车 | 数控车床 | |
| | 1 | 夹左端,顶右端。车 φ106 外圆,留磨削余量 0.60 | | 35°机夹刀片 |
| | 2 | 车 7°7′30″锥圆,留磨削余量 0.60 | | 35°机夹刀片 |
| | 3 | 车 φ187 外圆,留磨削余量 0.60 | | 35°机夹刀片 |
| | 4 | 车 φ103h6 外圆,留磨削余量 0.60 | | 35°机夹刀片 |
| | 5 | 车 1:12 锥圆,留磨削余量 0.60 | | 35°机夹刀片 |
| | 6 | 车 φ100h5 外圆,留磨削余量 0.60 | | 35°机夹刀片 |

（续）

| 工序 | 工步 | 工序内容 | 设　备 | 刀具、量具、辅具 |
|---|---|---|---|---|
| | 7 | 车 4×2 空刀槽至要求（φ100h5 外圆处） | | 切槽刀 |
| | 8 | 车 M100×2 外圆至 φ104 | | 35°机夹刀片 |
| | 9 | 车 φ97 外圆，留磨削余量 0.60 | | 35°机夹刀片 |
| | 10 | 车 φ92 外圆，留磨削余量 0.60 | | 35°机夹刀片 |
| | 11 | 车 4×2 空刀槽至要求（φ92 外圆处） | | 切槽刀 |
| | 12 | 车 M90×2 外圆至 φ94 | | 35°机夹刀片 |
| | 13 | 车尺寸 26，左面留磨削余量 0.20 | | 35°机夹刀片 |
| | 14 | 车尺寸 81.75，右面留磨削余量 0.20 | | 35°机夹刀片 |
| | 15 | 夹左端，中心架置于 φ100h5 外圆处，找正，夹紧，车右端面，留磨削余量 0.20 | | 35°机夹刀片 |
| | 16 | 镗 φ66 内孔至要求，表面粗糙度 $Ra3.2\mu m$ | | 镗刀 |
| | 17 | 车 1：10 锥孔，留磨削余量 0.60 | | 35°机夹刀片 |
| | 18 | 钻 12×M12 螺纹底孔至 φ10.20 | | φ10.20 麻花钻 |
| | 19 | 攻 12×M12 螺纹至要求 | | M12 丝锥 |
| | 20 | 调头，夹右端，顶左端，车 φ80h6 至 φ84 | | 35°机夹刀片 |
| | 21 | 车 M80×2 外圆至 φ84 | | 35°机夹刀片 |
| | 22 | 夹右端，中心架置于 M80×2 外圆处，找正，车左端面要求，表面粗糙度 $Ra1.6\mu m$ | | |
| | 23 | 镗 φ62 内孔至要求，表面粗糙度 $Ra3.2\mu m$ | | 镗刀 |
| 60 | | 热处理 | | |
| | 1 | 渗碳淬火：渗碳层深度为 0.8~1.2mm，淬火并回火后硬度为 59~64HRC<br>要求：零件装炉前，螺纹外圆涂防渗碳涂料，防止渗碳 | 多用炉 | |
| | 2 | 矫直至 0.10 以内 | 液压机 | |
| | 3 | 喷砂 | 喷砂机 | |
| 70 | | 粗磨外圆 | 普通外圆磨床 | |
| | 1 | 两端装堵头，按 φ103h6 外圆及 φ80h6 外圆找正 | | |
| | 2 | 磨 φ106 外圆至要求，表面粗糙度 $Ra0.8\mu m$ | | |
| | 3 | 磨 7°7′30″锥圆，留磨削余量 0.10 | | |
| | 4 | 磨 φ187 外圆至要求，表面粗糙度 $Ra0.8$ | | |
| | 5 | 磨 φ103h6 外圆，留磨削余量 0.10 | | |
| | 6 | 磨 1：12 锥圆，留磨削余量 0.10 | | |

（续）

| 工序 | 工步 | 工序内容 | 设　备 | 刀具、量具、辅具 |
|---|---|---|---|---|
| | 7 | 磨 φ100h5 外圆,留磨削余量 0.10 | | |
| | 8 | 磨 M100×2 外圆至 $\phi100^{-0.10}_{-0.15}$ | | |
| | 9 | 磨 φ97 外圆,留磨削余量 0.10 | | |
| | 10 | 磨 φ92 外圆,留磨削余量 0.10 | | |
| | 11 | 磨 M90×2 外圆至 $\phi90^{-0.10}_{-0.15}$ | | |
| | 12 | 磨 φ80h6 外圆,留磨削余量 0.10 | | |
| | 13 | 磨 M80×2 外圆至 $\phi80^{-0.10}_{-0.15}$ | | |
| 80 | | 粗磨内孔 | 普通内圆磨床 | |
| | 1 | 夹左端,中心架置于 φ103h6 外圆处,找正,靠磨右端面,留磨削余量 0.10 | | |
| | 2 | 磨 1∶10 锥孔,留磨削余量 0.10 | | |
| 90 | | 热处理:油煮定性 | 油炉 | |
| 100 | | 精车:两端上堵,按 φ103h6 外圆及 φ80h6 外圆找正至 0.01 | 数控车床 | |
| | 1 | 车 M80×2 螺纹成 | | 螺纹车刀 |
| | 2 | 车 M90×2 螺纹成 | | 螺纹车刀 |
| | 3 | 车 M100×2 螺纹成 | | 螺纹车刀 |
| | 4 | 车 5×2 空刀槽 | | 切槽刀 |
| | 5 | 车 5.5×2 空刀槽 | | 切槽刀 |
| | 6 | 车 6×2 空刀槽 | | 切槽刀 |
| | 7 | 铣 $2\times12^{+0.03}_{0}$ 键槽至要求,表面粗糙度 $Ra3.2\mu m$ | | 键槽铣刀 |
| 110 | | 精磨外圆、端面 | 数控外圆磨床 | |
| | 1 | 两端装堵头,按 φ103h6 外圆及 φ80h6 外圆找正 | | |
| | 2 | 磨 7°7′30″ 锥圆至要求,表面粗糙度 $Ra0.8\mu m$ | | |
| | 3 | 磨 φ103h6 外圆至要求,表面粗糙度 $Ra0.8\mu m$ | | |

（续）

| 工序 | 工步 | 工序内容 | 设 备 | 刀具、量具、辅具 |
|---|---|---|---|---|
| | 4 | 磨1:12锥圆（2处）至要求,表面粗糙度 $Ra0.8\mu m$ | | |
| | 5 | 磨$\phi100h5$外圆至要求,表面粗糙度 $Ra0.8\mu m$ | | |
| | 6 | 磨$\phi97$外圆至要求,表面粗糙度 $Ra0.8\mu m$ | | |
| | 7 | 磨$\phi92$外圆至要求,表面粗糙度 $Ra0.8\mu m$ | | |
| | 8 | 磨$\phi80h6$外圆至要求,表面粗糙度 $Ra0.8\mu m$ | | |
| | 9 | 靠磨尺寸26左面成,表面粗糙度 $Ra0.8\mu m$ | | |
| | 10 | 靠磨尺寸81.75右面成,表面粗糙度 $Ra0.8\mu m$ | | |
| 120 | | 精磨内孔、端面 | 数控内圆磨床 | |
| | 1 | 夹左端,中心架在$\phi103h6$外圆处,找正,靠磨右端要求,表面粗糙度 $Ra0.8\mu m$ | | |
| | 2 | 磨1:10锥孔至要求,表面粗糙度 $Ra0.8\mu m$ | | |
| 130 | | 钳工:印年、月、顺序号 | 钳工台 | |
| 140 | | 检验 | | |
| | 1 | 检验各外圆尺寸 | | 千分尺等 |
| | 2 | 检验各几何公差 | | |
| | 3 | 检验表面粗糙度 | 表面粗糙度仪 | |
| 150 | | 涂油、包装 | | |

## 实例6 立式加工中心主轴（见图1-11）

### 1. 零件图样分析

1）图1-11所示立式加工中心主轴中,$\phi46h5$外圆、$\phi50h5$外圆、$\phi77h6$外圆、$\phi85h5$外圆、$\phi140js6$外圆、7:24锥孔对$A$—$B$公共轴线的同轴度公差为$\phi0.002mm$。

2）左端面对$A$—$B$公共轴线的轴向圆跳动公差为0.005mm。

3）零件材料为38CrMoAlA钢。

4）调质硬度为220~250HBW；渗氮层深度为0.55~0.75mm,硬度≥850HV。

### 2. 工艺分析

1）该零件为立式加工中心主轴,$\phi46h5$外圆、$\phi50h5$外圆、$\phi77h6$外圆、$\phi85h5$外圆、$\phi140js6$外圆、7:24锥孔精度要求很高。加工时应分粗车、精车、粗磨及精磨工序,外圆加工后,按加工过的外圆、端面找正,再加工内孔。

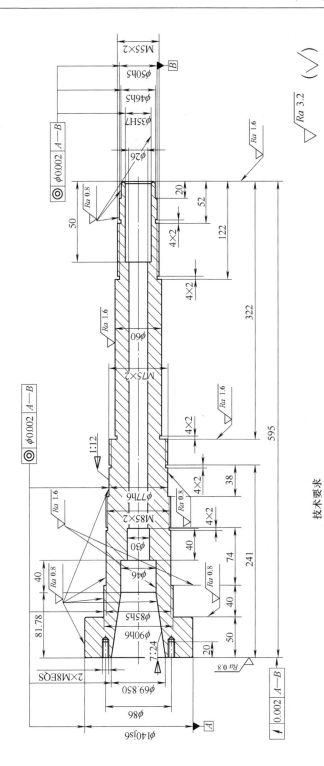

$\sqrt{Ra\,3.2}$　$\left(\sqrt{}\right)$

**技术要求**

1. 两处1:12锥圆及7:24锥孔用着色法检验，接触面积不少于 80%。
2. 材料：38CrMoAlA钢。
3. 热处理：T235-D0.6~850。
4. 倒角 C1。

图 1-11　立式加工中心主轴

2）该零件粗车后调质处理，精车后进行时效处理，粗磨内孔、外圆后进行渗氮处理，然后再精磨内孔、外圆。

**3. 机械加工工艺过程**（见表 1-11）

表 1-11　立式加工中心主轴机械加工工艺过程　　　　　（单位：mm）

| 零件名称 | | 毛坯种类 | 材　料 | 生产类型 |
|---|---|---|---|---|
| 立式加工中心主轴 | | 锻件 | 38CrMoAlA 钢 | 小批量 |

| 工序 | 工步 | 工序内容 | 设　备 | 刀具、量具、辅具 |
|---|---|---|---|---|
| 10 | | 锻造 | 锻压机床 | |
| 20 | | 钻孔：自划线，在一端钻中心孔 A2.5/5.3 | 钻床 | 中心钻 |
| 30 | | 粗车 | 卧式车床 | |
| | 1 | 用自定心卡盘夹毛坯料的一端，另一端用顶尖顶住，夹紧，车 φ46h5 外圆至 φ49 | | 90°外圆车刀 |
| | 2 | 车 φ50h5 外圆至 φ53 | | 90°外圆车刀 |
| | 3 | 车 M55×2 外圆至 φ58 | | 90°外圆车刀 |
| | 4 | 车 φ60 外圆至 φ63 | | 90°外圆车刀 |
| | 5 | 车 M75×2 外圆至 φ78 | | 90°外圆车刀 |
| | 6 | 车 φ77h6 外圆至 φ80 | | 90°外圆车刀 |
| | 7 | 车 M85×2 外圆至 φ88 | | 90°外圆车刀 |
| | 8 | 车 φ85h5 外圆至 φ88 | | 90°外圆车刀 |
| | 9 | 车 φ90h6 外圆至 φ93 | | 90°外圆车刀 |
| | 10 | 调头。夹 φ46h5 外圆，中心架置于 φ90h6 外圆处，找正，车左端面，保证 595 尺寸至 601 | | 45°弯头车刀 |
| | 11 | 车 φ140js6 外圆至 φ143 | | 90°外圆车刀 |
| 40 | | 热处理：调质，硬度为 220~250HBW | 箱式炉 | |
| 50 | | 精车 | 数控车床 | |
| | 1 | 用自定心卡盘夹毛坯料的一端，另一端用顶尖顶住，夹紧，车 φ46h5 外圆，留磨削余量 0.60 | | 35°机夹刀片 |
| | 2 | 车 φ50h5 外圆，留磨削余量 0.60 | | 35°机夹刀片 |
| | 3 | 车 M55×2 螺纹至要求 | | 螺纹车刀 |
| | 4 | 车 φ60 外圆，留磨削余量 0.20 | | 35°机夹刀片 |
| | 5 | 车 M75×2 螺纹至要求 | | 螺纹车刀 |
| | 6 | 车 φ77h6 外圆，留磨削余量 0.60 | | 35°机夹刀片 |
| | 7 | 车 1：12 锥圆，留磨削余量 0.60 | | 35°机夹刀片 |
| | 8 | 车 M85×2 螺纹至要求 | | 螺纹车刀 |

（续）

| 工序 | 工步 | 工序内容 | 设　备 | 刀具、量具、辅具 |
|---|---|---|---|---|
|  | 9 | 车 φ85h5 外圆,留磨削余量 0.60 |  | 35°机夹刀片 |
|  | 10 | 车 φ90h6 外圆,留磨削余量 0.60 |  | 35°机夹刀片 |
|  | 11 | 车 4×2 空刀槽(5 处)至要求 |  | 切槽刀 |
|  | 12 | 车尺寸 50,右面留磨削余量 0.20 |  | 35°机夹刀片 |
|  | 13 | 调头。夹 φ46h5 外圆,中心架置于 φ90h6 外圆处,找正,车左端面,留磨削余量 0.60 |  | 35°机夹刀片 |
|  | 14 | 车 φ140js6 外圆,留磨削余量 0.60 |  | 35°机夹刀片 |
|  | 15 | 钻 2×M8 螺纹底孔至 φ6.7 |  | φ6.7 麻花钻 |
|  | 16 | 攻 2×M8 螺纹至要求 |  | M8 丝锥 |
| 60 |  | 钻 φ26 通孔 | 深孔钻 |  |
| 70 |  | 车内孔 | 数控车床 |  |
|  | 1 | 夹左端 φ140js6 外圆,中心架置于 φ50h5 外圆处,找正,夹紧,车右端面,留磨削余量 0.20 |  | 35°机夹刀片 |
|  | 2 | 镗 φ35H7 内孔,留磨削余量 0.60 |  | 镗刀 |
|  | 3 | 调头。夹右端 φ46h5 外圆,中心架置于 φ85h5 外圆处,找正,夹紧,车左端面,留磨削余量 0.20,保证 595 尺寸至 595.40 |  | 35°机夹刀片 |
|  | 4 | 镗 φ30 内孔至要求,表面粗糙度 $Ra3.2\mu m$ |  | 镗刀 |
|  | 5 | 镗 φ46 内孔至要求,表面粗糙度 $Ra3.2\mu m$ |  | 镗刀 |
|  | 6 | 车 7:24 锥孔,留磨削余量 0.60 |  | 35°机夹刀片 |
| 80 |  | 时效 | 箱式炉 |  |
| 90 |  | 粗磨外圆 | 普通外圆磨床 |  |
|  | 1 | 两端装堵头,按 φ140js6 外圆及 φ46h5 外圆找正 |  |  |
|  | 2 | 磨 φ46h5 外圆,留磨削余量 0.12 |  |  |
|  | 3 | 磨 φ50h5 外圆,留磨削余量 0.12 |  |  |
|  | 4 | 磨 φ77h6 外圆,留磨削余量 0.12 |  |  |
|  | 5 | 磨 1:12 锥圆,留磨削余量 0.12 |  |  |
|  | 6 | 磨 φ85h5 外圆,留磨削余量 0.12 |  |  |
|  | 7 | 磨 φ90h6 外圆,留磨削余量 0.12 |  |  |
|  | 8 | 靠磨尺寸 50 右面,留磨削余量 0.12 |  |  |
|  | 9 | 磨 φ140js6 外圆,留磨削余量 0.12 |  |  |

（续）

| 工序 | 工步 | 工序内容 | 设　备 | 刀具、量具、辅具 |
|---|---|---|---|---|
| 100 |  | 粗磨内孔 | 普通内圆磨床 |  |
|  | 1 | 夹左端 φ140js6 外圆，中心架置于 φ50h5 外圆处，找正，前后外圆径向圆跳动公差为 0.002，夹紧；磨 φ35H7 内孔，留磨削余量 0.12 |  |  |
|  | 2 | 靠磨右端面，留磨削余量 0.10 |  |  |
|  | 3 | 夹右端 φ46h5 外圆，中心架置于 φ85h5 外圆处，找正，前后外圆径向圆跳动公差为 0.002，夹紧；磨 7∶24 锥孔，留磨削余量 0.12 |  |  |
|  | 4 | 靠磨左端面，留磨削余量 0.10 |  |  |
| 110 |  | 热处理：渗氮，渗氮层深度为 0.55～0.75mm，硬度≥850HV<br>要求：2×M8 螺纹、各螺纹外圆及 φ60 外圆防渗氮 | 渗氮炉 |  |
| 120 |  | 精磨外圆、端面 | 数控外圆磨床 |  |
|  | 1 | 两端装堵头，按 φ140js6 外圆及 φ46h5 外圆找正 |  |  |
|  | 2 | 磨 φ46h5 外圆至要求，表面粗糙度 Ra0.8μm |  |  |
|  | 3 | 磨 φ50h5 外圆至要求，表面粗糙度 Ra0.8μm |  |  |
|  | 4 | 磨 φ77h6 外圆至要求，表面粗糙度 Ra0.8μm |  |  |
|  | 5 | 磨 1∶12 锥圆至要求，按轴承配磨，表面粗糙度 Ra0.8μm |  |  |
|  | 6 | 磨 φ85h5 外圆至要求，表面粗糙度 Ra0.8μm |  |  |
|  | 7 | 磨 φ90h6 外圆至要求，表面粗糙度 Ra0.8μm |  |  |
|  | 8 | 磨 φ140js6 外圆至要求，表面粗糙度 Ra0.8μm |  |  |
|  | 9 | 靠磨尺寸 50 右面至要求，表面粗糙度 Ra0.8μm |  |  |
|  | 10 | 磨 φ60 外圆至要求，表面粗糙度 Ra1.6μm |  |  |
| 130 |  | 精磨内孔 | 数控内圆磨床 |  |
|  | 1 | 夹左端 φ140js6 外圆，中心架置于 φ50h5 外圆处，找正，前后外圆径向圆跳动公差为 0.001，夹紧；磨 φ35H7 内孔至要求，表面粗糙度 Ra0.8μm |  |  |
|  | 2 | 靠磨右端面至要求，表面粗糙度 Ra1.6μm |  |  |
|  | 3 | 夹右端 φ46h5 外圆，中心架置于 φ85h5 外圆处，找正，前后外圆径向圆跳动公差为 0.001，夹紧；磨 7∶24 锥孔至要求，表面粗糙度 Ra0.8μm |  |  |

（续）

| 工序 | 工步 | 工 序 内 容 | 设  备 | 刀具、量具、辅具 |
|------|------|------------|--------|------------------|
|      | 4    | 靠磨左端面至要求,表面粗糙度 $Ra0.8\mu m$ |        |                  |
| 140  |      | 钳工:印年、月、顺序号 | 钳工台 |                  |
| 150  |      | 检验 |        |                  |
|      | 1    | 检验各外圆尺寸 |        | 千分尺等 |
|      | 2    | 检验各几何公差 |        |                  |
|      | 3    | 检验表面粗糙度 | 表面粗糙度仪 |                  |
| 160  |      | 涂油、包装 |        |                  |

# 第2章

# 套 类 零 件

## 2.1 套类零件的结构特点与技术要求

套类零件按结构特点分为：有支承回转体的各种轴承圈、轴套，夹具上的钻套和导向套，内燃机上的气缸套，液压系统中的液压缸、电液伺服阀的阀套，电主轴内的冷却套等。

**1. 套类零件的结构特点**

套类零件的结构与尺寸随用途不同而异，但结构一般都具有以下特点：

1）外圆直径 $d$ 一般小于其长度 $L$，通常 $L/d<5$。

2）内孔与外圆直径之差较小。

3）内外圆回转面的同轴度要求较高。

4）结构比较简单。

**2. 套类零件的主要技术要求**

孔与外圆一般具有较高的同轴度要求；端面与孔轴线的垂直度要求高；内孔表面的尺寸公差、形状公差及表面质量要求高；外圆表面的尺寸公差、形状公差及表面质量要求高等。

套类零件各主要表面在机器中所起的作用不同，其技术要求差别较大，主要技术要求如下：

（1）内孔的技术要求　内孔是套类零件起支承或导向作用最主要的表面，通常与运动着的轴、刀具或活塞相配合。其直径尺寸公差等级一般为IT7，精密轴承套为IT6；形状公差一般应控制在孔径公差以内，较精密的套筒应控制在孔径公差的 1/3~1/2，甚至更小；对长套筒除了有圆度要求外，还应对孔的圆柱度有要求。为了保证套类零件的使用要求，内孔表面粗糙度为 $Ra0.16~2.5\mu m$，某些精密套类零件要求更高，可达 $Ra0.04\mu m$。

（2）外圆的技术要求　外圆表面常以过盈配合或过渡配合与箱体或体架上的孔相配合起支承作用。其直径尺寸公差等级为 IT6～IT7；形状公差应控制在外径公差以内；表面粗糙度为 $Ra0.63～5\mu m$。

（3）各主要表面间的位置精度

1）内外圆之间的同轴度。若套筒是装入机器上的孔之后再进行最终加工，这时对套筒内外圆的同轴度要求较低；若套筒是在装入机器前进行最终加工，则同轴度要求较高，公差一般为 0.005～0.02mm。

2）孔轴线与端面的垂直度。套筒端面如果在工作中承受轴向载荷，或是作为定位基准和装配基准，这时端面与孔轴线有较高的垂直度或轴向圆跳动要求，公差一般为 0.005～0.02mm。

## 2.2　套类零件的加工工艺分析和定位基准选择

**1. 套类零件的加工工艺分析**

套类零件加工的主要工序多为内孔与外圆表面的粗、精加工，尤以内孔的粗、精加工最为重要。通常采用的加工方法有钻孔、扩孔、铰孔、镗孔、磨孔、拉孔及研磨孔等。其中，钻孔、扩孔、镗孔一般作为孔的粗加工与半精加工，铰孔、磨孔、拉孔及研磨孔为孔的精加工。在确定孔的加工方案时一般按以下原则进行。

1）孔径较小的孔，大多采用钻—扩—铰的方案。

2）孔径较大的孔，大多采用钻孔后镗孔及进一步精加工的方案。

3）淬火钢或精度要求较高的套筒类零件，则应采用磨孔的方案。

**2. 薄套类零件的加工工艺分析**

（1）由装夹工件引起的变形　薄套类零件的内外圆直径差很小，强度较低，如果在卡盘上夹紧时用力过大，就会使薄壁零件产生变形，造成零件的圆度、圆柱度及同轴度超差。在车削、磨削时如果夹得不紧，有可能使零件松动而报废。一般通过控制夹紧力的大小来控制零件的变形，粗车时夹紧力要大一些，精车、磨削时夹紧力要小一点。如果零件是在自定心卡盘上直接装夹，零件只受到卡爪的夹紧力，受力不均衡，从而使零件变形。如果将零件上的每一点的夹紧力都保持均衡，换句话说，就是增大零件的装夹接触面，从而减少每一点的夹紧力，零件的变形就会好得多。在加工薄壁零件时，工艺上可采用开缝套筒或扇形软卡爪来装夹工件。

在装夹零件的过程中，零件形状不同，结构不同，受力的大小及作用点不同，都可能对零件的形状精度产生影响。一般情况下，零件是利用径向力夹紧的，因此加工后零件的变形部位也在直径方向。如果转移夹紧力的作用点，由径向夹紧改为轴向夹紧，这样有利于承载夹紧力，而不致使零件变形。

（2）切削用量对薄壁零件的影响　薄壁零件车削时的变形是多方面的。装夹工件时的夹紧力，切削工件时的切削力，工件阻碍刀具切削时产生的弹性变形和塑性变形，使切削区温度升高而产生热变形。

切削力的大小与切削用量是密切相关的。背吃刀量 $a_p$、进给量 $f$、切削速度 $v_c$ 是切削用量的三个要素。合理选用三要素就能减少切削力，从而减少变形。一般来说，背吃刀量增加，切削力就成正比增加；而进给量的增加，切削力只增加 70% 左右。根据切削力的近似公式，加工钢件时的切削力 $F_z = 2000a_p f$，也就是说切削力与背吃刀量、进给量成正比。如果背吃刀量和进给量同时增大，那么切削力也增大，对防止薄壁零件变形极为不利；如果减少背吃刀量，增大进给量，切削力虽然有所下降，但工件表面残留面积增大，表面粗糙度值大，使强度不好的薄壁零件的内应力增加，同样也会导致零件的变形。因此，在粗加工时，背吃刀量和进给量可以取大些；精加工时，背吃刀量一般为 0.2 ~ 0.5mm，进给量一般为 0.1 ~ 0.2mm/r，甚至更小。切削速度对切削力的影响不大，但要根据工件材料、工件直径、刀具材料及角度，控制在一定范围内，一般取切削速度 $v_c = 6 \sim 120$m/min。精车时尽量用高的切削速度，但要采取一定的措施，防止工件产生共振而增大工件的表面粗糙度值。切削速度同时也是影响刀具寿命的主要因素，如果切削速度高，刀具容易磨损，刀具锋利程度减弱，也同样会引起切削力的增加，引起零件的变形。

（3）合理选择刀具的几何角度　在薄壁零件的车削中，刀具的合理几何角度对车削时切削力的大小、产生的热变形、工件表面的微观质量都是至关重要的。刀具前角的大小，决定着切削变形与刀具前角的锋利程度。刀具前角大，切削变形和摩擦减小，切削力减小。但前角太大，会使刀具的楔角减小，刀具强度减弱，刀具散热情况差，磨损加快。一般用高速钢刀具车削薄壁钢件时，前角取 5° ~ 30°；车削铸铁件时，前角取 0° ~ 10°；用硬质合金刀具时，前角取 5° ~ 20°。精车时取较大前角，粗车时取较小前角。工件材料强度好、硬度高时，取较小前角；反之，取较大前角。

刀具后角的大小决定着刀具后面与工件表面的摩擦情况。后角大，摩擦力小，切削力也相应减少；但后角过大也会使刀具强度减弱。用高速钢车刀车削薄壁零件时，刀具后角取 6° ~ 12°，加工铸铁类薄壁件时后角取 6° ~ 8°；用硬质合金刀具时，后角取 4° ~ 12°。精车时可取较大的后角，粗车时取较小的后角。

刀具主偏角的大小，决定着轴向切削力和径向切削力的分配情况。主偏角增大，径向切削力减小，而轴向切削力增大；反之，径向切削力增大，轴向切削力减少。主偏角一般为 30° ~ 90°。车削薄壁零件的内外圆时，取大的主偏角为好。

刀具副偏角的大小影响着刀具和已加工表面间的摩擦情况和工件表面粗糙度值的大小。车薄壁零件时，副偏角一般取 8° ~ 15°。粗车时取较大的副偏角，精车时取较小的副偏角。

（4）切削液对薄壁零件的影响　在车削过程中，由于切削变形及切屑、刀具与工件之间的摩擦，产生大量的热，它传到刀具上，使刀具的硬度降低，加速刀具磨损，并使工件表面粗糙度值提高；它传到工件上，使工件产生热变形。切削热的存在，对车削薄壁零件十分不利。在车削过程中充分使用切削液不仅减少了切削力，刀具寿命得到提高，工件表面粗糙度值也降低了；同时工件不受切削热的影响，保证了零件的加工尺寸和几何公差。

加工薄套零件除了采取以上措施外，在加工中还可以利用一些弹性卡圈、辅助支承、心轴等工装夹具。

**3. 套类零件的定位基准选择**

根据套类零件不同的作用，其主要基准会有所不同。一是以端面为主（如支承块），其零件加工中的主要定位基准为平面；二是以内孔为主，由于盘的轴向尺寸小，往往在以孔为定位基准（径向）的同时，辅以端面的配合；三是以外圆为主定位基准。

套类零件的主要定位基准应为内外圆中心。外圆表面与内孔中心有较高的同轴度要求，加工中常互为基准、反复加工，以保证图样要求。

零件以外圆定位时，可直接采用自定心卡盘安装。当壁厚较小时，直接采用自定心卡盘装夹会引起工件变形，可通过径向夹紧、软爪安装、刚性开口环夹紧或适当增大卡爪面积等方法解决。当外圆轴向尺寸较小时，可与已加工过的端面组合定位，如采用反爪安装。工件较长时，可采用"一夹一托"法安装。

零件以内孔定位时，可采用心轴安装（圆柱心轴、可胀式心轴）。当零件的内、外圆同轴度要求较高时，可采用小锥度心轴和液塑心轴安装。当零件较长时，可在两端孔口各加工出一小段 60° 锥面，用两个圆锥对顶定位。当零件的尺寸较小时，尽量在一次安装下加工出较多表面，既减小装夹次数及装夹误差，又容易获得较高的位置精度。零件也可根据其具体的结构形状及加工要求设计专用夹具安装。

## 2.3 套类零件的材料及热处理

套类零件毛坯材料的选择主要取决于零件的功能要求、结构特点及使用时的工作条件。套类零件一般用钢、铸铁、青铜或黄铜和粉末冶金等材料制成。有些特殊要求的套类零件可采用双层金属结构或选用优质合金钢，双层金属结构是应用离心铸造法在钢或铸铁轴套的内壁上浇注一层巴氏合金等轴承合金材料，采用这种制造方法虽增加了一些工时，但能节省有色金属，而且又提高了轴承的使用寿命。

套类零件的毛坯制造方式的选择与毛坯结构尺寸、材料和生产批量的大小等因素有关。孔径较大（一般直径大于 20mm）时，常采用型材（如无缝钢管）、带孔的锻件或铸件；孔径较小（一般小于 20mm）时，一般多选择热轧或冷拉棒料，也可采用实心铸件；大批量生产时，可采用冷挤压、粉末冶金等先进工艺，不仅节约原材料，而且生产率及毛坯质量精度均可提高。套筒类零件的功能要求和结构特点决定了套筒类零件的热处理方法主要有调质、高温时效、表面淬火、渗碳淬火及渗氮等。

## 2.4　套类零件加工实例

**实例 1　衬套**（见图 2-1）

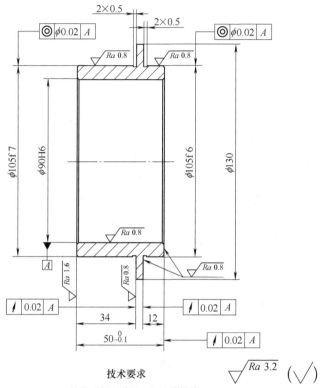

图 2-1　衬套

**1. 零件图样分析**

1）该零件为薄壁衬套，特点是孔壁较薄，尺寸公差、几何公差和表面质量要求都很高。

2）零件材料为 ZCuSn5Zn5Pb5。

**2. 工艺分析**

1）该零件内孔是基准，尺寸精度和表面质量要求都很高，孔壁又较薄。在精镗时，用专用夹具以外圆定位，用螺母压盖轴向压在 φ130mm 端面上，使夹紧力为轴向作用，以避免内孔的变形。

2）为保证衬套上各端面的垂直度、外圆与内孔的同轴度，应把工件安装在心轴上，以内孔作为定位基准，磨削外圆和端面。

**3. 机械加工工艺过程**（见表2-1）

表 2-1　衬套机械加工工艺过程　　　　　　　（单位：mm）

| 零件名称 | 毛坯种类 | | 材　料 | 生产类型 |
|---|---|---|---|---|
| 衬套 | 铸件 | | ZCuSn5Zn5Pb5 | 小批量 |

| 工序 | 工步 | 工序内容 | 设备 | 刀具、量具、辅具 |
|---|---|---|---|---|
| 10 | | 铸造 | | |
| 20 | | 粗车 | 卧式车床 | |
| | 1 | 用自定心卡盘夹毛坯外圆，找正，夹紧，车端面，车平即可 | | 45°弯头车刀 |
| | 2 | 车 $\phi$105f7×34 至 $\phi$107×34 | | 90°外圆车刀 |
| | 3 | 车 $\phi$130 外圆至 $\phi$133 | | 90°外圆车刀 |
| | 4 | 钻 $\phi$90H6 孔至 $\phi$50 | | $\phi$50 麻花钻 |
| | 5 | 车 $\phi$90H6 孔至 $\phi$88 | | 内孔车刀 |
| | 6 | 调头，用软爪夹住 $\phi$105f7 外圆处，车端面，保证总长 54 | | 45°弯头车刀 |
| | 7 | 车 $\phi$105f6×12 至 $\phi$107×12 | | 90°外圆车刀 |
| 30 | | 精车 | 数控车床 | |
| | 1 | 车左端面至要求，表面粗糙度 $Ra$1.6$\mu$m | | 35°机夹刀片 |
| | 2 | 车 $\phi$105f7，留磨削余量 0.40 | | 35°机夹刀片 |
| | 3 | 车尺寸 34，右面留磨削余量 0.10 | | 35°机夹刀片 |
| | 4 | 车 $\phi$130 外圆至要求，表面粗糙度 $Ra$3.2$\mu$m | | 35°机夹刀片 |
| | 5 | 车孔和外圆倒角 $C$1 | | 35°机夹刀片 |
| | 6 | 调头。车右端面，留磨削余量 0.10，保证总长 50.1 | | 35°机夹刀片 |
| | 7 | 车 $\phi$105f6，留磨削余量 0.40 | | 35°机夹刀片 |
| | 8 | 车尺寸 12，左面留磨削余量 0.10 | | 35°机夹刀片 |
| | 9 | 镗 $\phi$90H6 孔，留磨削余量 0.40 | | 镗刀 |
| | 10 | 车孔和外圆倒角 $C$1 | | 35°机夹刀片 |
| 40 | | 磨内孔 | 内圆磨床 | |
| | 1 | 将工件置于专用夹具中，以 $\phi$105f7×34 外圆和端面定位，用螺母压盖轴向压在尺寸 12 左面上，磨 $\phi$90H6 孔至要求，表面粗糙度 $Ra$0.8$\mu$m | | |

（续）

| 工序 | 工步 | 工序内容 | 设备 | 刀具、量具、辅具 |
|---|---|---|---|---|
| | 2 | 靠磨右端面至要求,表面粗糙度 $Ra0.8\mu m$ | | |
| 50 | | 磨外圆 | 外圆磨床 | |
| | 1 | 工件套在锥度心轴上,磨 $\phi105f7$ 外圆至要求,表面粗糙度 $Ra0.8\mu m$ | | |
| | 2 | 磨 $\phi105f6$ 外圆至要求,表面粗糙度 $Ra0.8\mu m$ | | |
| | 3 | 靠磨尺寸 34 右面至要求,表面粗糙度 $Ra0.8\mu m$ | | |
| | 4 | 靠磨尺寸 12 左面至要求,表面粗糙度 $Ra0.8\mu m$ | | |

### 实例2 薄壁套 （见图2-2）

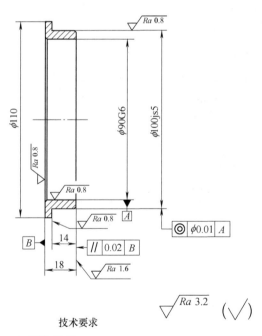

**技术要求**

1. 材料:45 钢。
2. 全部倒角 C1。
3. 热处理:左端面 G48。

图 2-2 薄壁套

**1. 零件图样分析**

1) 该零件的特点是孔壁很薄。

2) 该零件以 $\phi90G6$ 孔为基准 $A$，$\phi100js5$ 外圆对基准 $A$ 的同轴度公差为 $\phi0.01mm$。

3) 右端面对基准 $B$ 的平行度公差为 $0.02mm$。

4) $\phi90G6$ 孔、$\phi100js5$ 外圆表面的圆度公差为 $0.005mm$。

5) 零件材料为 45 钢。

6) 左端面高频感应淬火硬度为 $48\sim53HRC$。

**2. 工艺分析**

1) 该零件属于薄壁零件。由于刚性差，在车削过程中受切削力和夹紧力的作用极易产生变形，影响工件尺寸精度和形状精度。因此，合理地选择装夹方法、刀具几何角度、切削用量及充分地进行冷却润滑，都是保证加工精度的关键。

2) 该零件外圆与内孔的精度要求较高，加工时应将粗加工与精加工分开。

**3. 机械加工工艺过程**（见表 2-2）

表 2-2 薄壁套机械加工工艺过程 （单位：mm）

| 零件名称 | 毛坯种类 | 材　料 | 生产类型 |
|---|---|---|---|
| 薄壁套 | 圆钢 | 45 钢 | 小批量 |

| 工序 | 工步 | 工序内容 | 设备 | 刀具、量具、辅具 |
|---|---|---|---|---|
| 10 | | 下料 $\phi120\times26$ | 锯床 | |
| 20 | | 热处理:正火 | 箱式炉 | |
| 30 | | 车 | 卧式车床 | |
| | 1 | 用自定心卡盘夹毛坯外圆一端，找正，夹紧，车端面，见平即可 | | 45°弯头车刀 |
| | 2 | 钻 $\phi90G6$ 孔至 $\phi50$ | | $\phi50$ 麻花钻 |
| | 3 | 车 $\phi90G6$ 孔，留磨削余量 0.50 | | 内孔车刀 |
| | 4 | 车 $\phi100js5$ 外圆留磨削余量 0.50 | | 90°外圆车刀 |
| | 5 | 车尺寸 14,左面留磨削余量 0.10 | | 90°外圆车刀 |
| | 6 | 车孔和外圆倒角 $C1$ | | 45°弯头车刀 |
| | 7 | 调头，夹住 $\phi100js5$ 外圆，车端面，留磨削余量 0.10,保证总长 18.20 | | 45°弯头车刀 |

（续）

| 工序 | 工步 | 工 序 内 容 | 设备 | 刀具、量具、辅具 |
|---|---|---|---|---|
| | 8 | 车 φ110 外圆至要求,表面粗糙度 Ra3.2μm | | 90°外圆车刀 |
| | 9 | 车孔和外圆倒角 C1 | | 45°弯头车刀 |
| 40 | | 热处理:高频感应淬火并回火,硬度为 48~53HRC | 高频感应淬火机床、回火炉 | |
| 50 | | 内孔磨削 | 内孔磨床车床 | |
| | 1 | 找正左端面、内孔,磨 φ90G6 孔至要求,表面粗糙度 Ra0.8μm | | |
| | 2 | 靠磨左端面至要求,表面粗糙度 Ra0.8μm,保证尺寸 18 | | |
| 60 | | 外圆磨削 | 外圆磨床 | |
| | 1 | 工件套在锥度心轴上,磨 φ100js5 外圆至要求,表面粗糙度 Ra0.8μm | | φ90 锥度心轴 |
| | 2 | 靠磨尺寸 14 左面至要求,表面粗糙度 Ra0.8μm | | |
| 70 | | 检验 | | |
| | 1 | 检验 φ100js5 外圆、φ90G6 内孔尺寸,各几何公差 | | 三坐标测量仪、千分尺等 |
| | 2 | 检验表面粗糙度 | | 表面粗糙度仪 |
| 80 | | 涂油、包装、入库 | 库房 | |

**实例 3　套筒**（见图 2-3）

**1. 零件图样分析**

1）零件材料为 45 钢。

2）以左端 φ140H6 内孔轴线为基准,φ147g6 外圆对基准的同轴度公差为 φ0.04mm。

3）右端 φ140H6 内孔对基准的同轴度公差为 φ0.01mm。

**2. 工艺分析**

1）该零件长而壁薄,为保证内外圆的同轴度,加工 φ147g6、φ169s7 外圆时,利用螺母压紧心轴的装夹方式加工外圆。加工 φ140H6 内孔,多采用夹一头,另一端用中心架托住外圆的方法。

2）φ140H6 内孔表面质量要求高,磨削加工时,应选用合适的砂轮和切削用量。

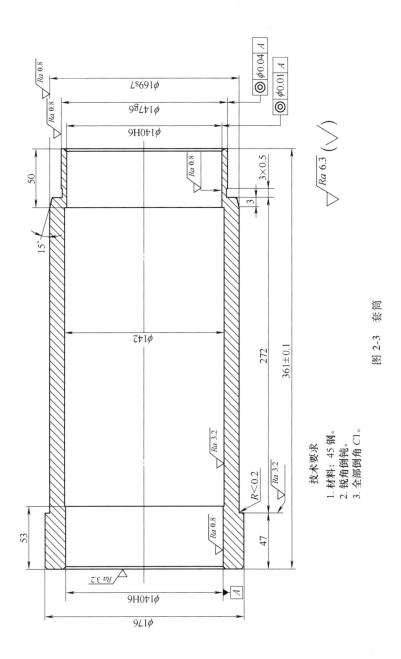

图 2-3　套筒

技术要求
1. 材料：45 钢。
2. 锐角倒钝。
3. 全部倒角 C1。

### 3. 机械加工工艺过程（见表 2-3）

**表 2-3　套筒机械加工工艺过程**　　　　　　　　　　　　（单位：mm）

| 零件名称 | 毛坯种类 | 材料 | 生产类型 |
|---|---|---|---|
| 套筒 | 锻件 | 45 钢 | 小批量 |

| 工序 | 工步 | 工序内容 | 设备 | 刀具、量具、辅具 |
|---|---|---|---|---|
| 10 | | 锻造 | 锻压机床 | |
| 20 | | 热处理:正火 | 箱式炉 | |
| 30 | | 粗车 | 数控车床 | |
| | 1 | 用自定心卡盘夹毛坯外圆一端,找正,夹紧,车端面,见平即可 | | 80°机夹刀片 |
| | 2 | 车 $\phi176$ 外圆至 $\phi179$ | | 80°机夹刀片 |
| | 3 | 调头;用自定心卡盘夹 $\phi176$ 外圆,找正,夹紧;车端面,保证总长 366 | | 80°机夹刀片 |
| | 4 | 右端面钻一个中心孔 | | 中心钻 |
| | 5 | 用自定心卡盘夹 $\phi176$ 外圆,顶中心孔,车 $\phi169s7$ 外圆至 $\phi172$ | | 80°机夹刀片 |
| | 6 | 车 $\phi147g6$ 外圆至 $\phi172$ | | 80°机夹刀片 |
| | 7 | 用自定心卡盘夹 $\phi176$ 外圆,中心架托住 $\phi169s7$ 外圆,镗内孔至 $\phi135$ | | 镗刀 |
| 40 | | 精车 | 数控车床 | |
| | 1 | 用自定心卡盘夹右端外圆,中心架托住 $\phi169s7$ 外圆,车左端面成 | | 35°机夹刀片 |
| | 2 | 车 $\phi176$ 外圆成,表面粗糙度 $Ra3.2\mu m$ | | 35°机夹刀片 |
| | 3 | 调头,夹 $\phi176$ 外圆,中心架托住 $\phi169s7$ 外圆,找正,车右端面,留磨削余量 0.10,保证总长 361.10 | | 35°机夹刀片 |
| | 4 | 车 $\phi147g6$ 外圆,留磨削余量 0.50 | | 35°机夹刀片 |
| | 5 | 车 3×0.5 空刀槽成,表面粗糙度 $Ra3.2\mu m$ | | 切槽刀 |
| | 6 | 车 $R<0.2$ 成 | | 圆弧刀 |
| | 7 | 车外圆 3×15°倒角成 | | 35°机夹刀片 |

（续）

| 工序 | 工步 | 工序内容 | 设备 | 刀具、量具、辅具 |
|---|---|---|---|---|
| | 8 | 夹 $\phi$147g6 外圆,中心架托住 $\phi$169s7 外圆,找正,精镗左边 $\phi$140H6 内孔,留磨削余量 0.50 | | 精镗刀 |
| | 9 | 调头。夹 $\phi$176 外圆,中心架托住 $\phi$169s7 外圆,找正,精镗右端 $\phi$140H6 内孔,留磨削余量 0.50 | | 精镗刀 |
| | 10 | 镗 $\phi$142 内孔成,表面粗糙度 $Ra3.2\mu m$ | | 精镗刀 |
| | 11 | 车内外圆倒角 C1 | | 35° 机夹刀片 |
| 50 | | 平磨右端面成,表面粗糙度 $Ra1.6\mu m$ | 平磨磨床 | |
| 60 | | 磨外圆 | 外圆磨床 | |
| | 1 | 装螺母压紧心轴,磨 $\phi$169s7 外圆成,表面粗糙度 $Ra0.8\mu m$ | | |
| | 2 | 磨 $\phi$147g6 外圆成,表面粗糙度 $Ra0.8\mu m$ | | |
| 70 | | 磨内孔 | 内圆磨床 | |
| | 1 | 夹 $\phi$176 外圆,中心架托住 $\phi$169s7 外圆,在磨过外圆上找正至 0.005,磨左端 $\phi$140H6 内孔成,表面粗糙度 $Ra0.8\mu m$ | | |
| | 2 | 磨右端 $\phi$140H6 内孔成,表面粗糙度 $Ra0.8\mu m$ | | |
| 80 | | 检验 $\phi$140H6 内孔、$\phi$169s7 外圆、$\phi$147g6 外圆尺寸,几何公差及表面粗糙度 | 检验站 | |
| 90 | | 涂油、包装、入库 | 库房 | |

## 实例 4　冷却套（见图 2-4）

### 1. 零件图样分析

1）零件材料为 45 钢。

2）调质硬度为 220～250HBW。

3）基准为 $\phi$175h6 外圆轴线。

### 2. 工艺分析

1）该零件壁薄,外圆上环形槽多,车削加工较为困难,一定要注意装夹变形。

2）$\phi$175h6 外圆尺寸公差、同轴度要求较高,工艺安排此外圆为磨削加工。

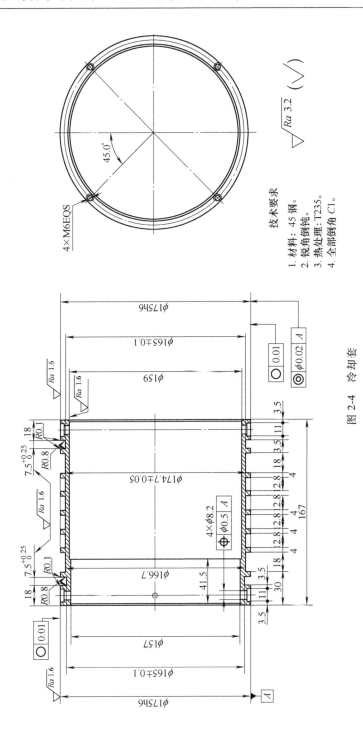

技术要求
1. 材料：45 钢。
2. 锐角倒钝。
3. 热处理：T235。
4. 全部倒角 C1。

图 2-4 冷却套

## 3. 机械加工工艺过程（见表2-4）

### 表2-4 冷却套机械加工工艺过程 （单位：mm）

| 零件名称 | | 毛坯种类 | 材 料 | 生产类型 |
|---|---|---|---|---|
| 冷却套 | | 锻件 | 45 钢 | 小批量 |

| 工序 | 工步 | 工 序 内 容 | 设备 | 刀具、量具、辅具 |
|---|---|---|---|---|
| 10 | | 锻造 | 锻压机床 | |
| 20 | | 粗车 | 卧式车床 | |
| | 1 | 用自定心卡盘夹毛坯外圆一端，找正，夹紧，车端面，见平即可 | | 45°弯头车刀 |
| | 2 | 车内孔至 $\phi150$ | | 内孔车刀 |
| | 3 | 车外圆至 $\phi184$ | | 90°外圆车刀 |
| 30 | | 热处理：调质，硬度为220~250HBW | 箱式炉 | |
| 40 | | 精车 | 数控车床 | |
| | 1 | 用自定心卡盘夹 $\phi175h6$ 外圆，找正，夹紧，车端面见光 | | 35°机夹刀片 |
| | 2 | 车 $\phi175h6$ 外圆，留磨削余量 0.50 | | 35°机夹刀片 |
| | 3 | 车 $7.5_0^{+0.25}$ 外圆槽成，表面粗糙度 $Ra3.2\mu m$ | | 切槽刀 |
| | 4 | 车 11 外圆槽成，表面粗糙度 $Ra3.2\mu m$ | | 切槽刀 |
| | 5 | 车 $\phi174.7\pm0.05$ 外圆成，表面粗糙度 $Ra3.2\mu m$ | | 35°机夹刀片 |
| | 6 | 车 $2\times18$ 外圆槽成，表面粗糙度 $Ra3.2\mu m$ | | 切槽刀 |
| | 7 | 车 $4\times12.8$ 外圆槽成，表面粗糙度 $Ra3.2\mu m$ | | 切槽刀 |
| | 8 | 车 $\phi159$ 内孔成，表面粗糙度 $Ra1.6\mu m$ | | 35°机夹刀片 |
| | 9 | 车内外圆倒角成 | | 35°机夹刀片 |
| | 10 | 调头。用自定心卡盘夹 $\phi175h6$ 外圆，找正，夹紧，车左端面，留磨量 0.10 | | 35°机夹刀片 |
| | 11 | 车左端 $\phi175h6$ 外圆，留磨削余量 0.50 | | 35°机夹刀片 |
| | 12 | 车左端 $7.5_0^{+0.25}$ 外圆槽成，表面粗糙度 $Ra3.2\mu m$ | | 切槽刀 |
| | 13 | 车左端 11 外圆槽成，表面粗糙度 $Ra3.2\mu m$ | | 切槽刀 |
| | 14 | 车 $\phi157$ 内孔成，表面粗糙度 $Ra1.6\mu m$ | | 35°机夹刀片 |
| | 15 | 车内外圆倒角成 | | 35°机夹刀片 |
| 50 | | 钻、铣、攻螺纹 | 数控加工中心 | |
| | 1 | 钻 $4\times M6$ 螺纹底孔至 $\phi5$ | | $\phi5$ 麻花钻 |
| | 2 | 攻 $4\times M6$ 螺纹孔成 | | M6 丝锥 |
| | 3 | 铣 $4\times8.2$ 透孔成 | | $\phi8$ 铣刀 |
| 60 | | 平磨左端面成，表面粗糙度 $Ra3.2\mu m$ | 平面磨床 | |
| 70 | | 磨外圆：装螺母压紧心轴磨 $\phi175h6$ 外圆成，表面粗糙度 $Ra0.8\mu m$ | 外圆磨床 | |
| 80 | | 检验：$\phi175h6$ 外圆尺寸及同轴度 | 检验站 | |
| 90 | | 涂油、包装、入库 | 库房 | |

| 齿数 | $z$ | 31 |
|---|---|---|
| 模数 | $m$ | 5 |
| 压力角 | $\alpha$ | 30°平齿根 |
| 公差等级 | | 7H |
| 大径 | $D_{ei}$ | $\phi162.5^{+0.4}_{0}$ |
| 渐开线终止圆直径最小值 | $D_{Fimin}$ | $\phi161$ |
| 小径 | $D_{ii}$ | $\phi150.35^{+0.4}_{0}$ |
| 实际齿槽宽最大值 | $E_{max}$ | 8.101 |
| 作用齿槽宽最小值 | $E_{vmin}$ | 7.854 |
| 实际齿槽宽最小值 | $E_{min}$ | 7.948 |
| 作用齿槽宽最大值 | $E_{vmax}$ | 8.007 |
| 齿根圆弧最小曲率半径 | $R_{imin}$ | $R1$ |
| 周节累积误差 | $F_p$ | 0.129 |
| 齿形公差 | $f_f$ | 0.084 |
| 齿向公差 | $F_\beta$ | 0.025 |
| 棒间距 | $M_{Ri}$ | $\phi141.372^{+0.073}_{+0.01}$ |
| 量棒直径 | $D_{Ri}$ | $\phi9$ |

技术要求
1. 材料: 40Cr钢。
2. 热处理: T235。

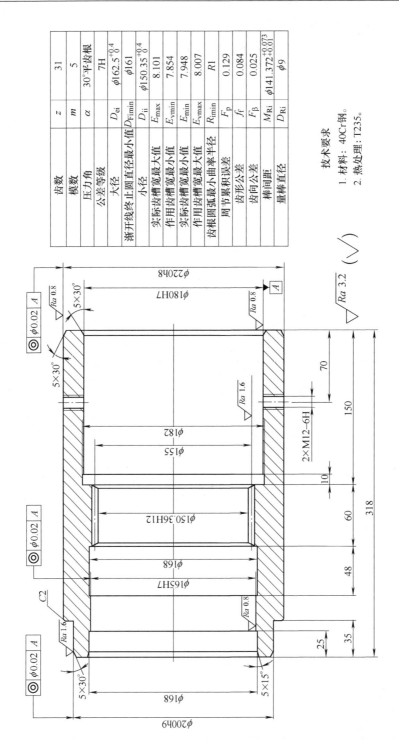

图 2-5　内齿套

**实例 5 内齿套**（见图 2-5）

**1. 零件图样分析**

1）零件材料为 40Cr 钢。

2）调质硬度为 220～250HBW。

3）以 $\phi$180H7 内孔轴线为基准，$\phi$200h9 外圆、$\phi$165H7 内孔及 $\phi$220h8 外圆对基准的同轴度公差为 $\phi$0.02mm。

**2. 工艺分析**

1）该内齿套的齿部在中间部位，加工较为困难。

2）$\phi$180H7 内孔、$\phi$165H7 内孔尺寸公差要求高，表面质量要求也很高，磨削加工时要选择合适的砂轮及合理的切削用量。

**3. 机械加工工艺过程**（见表 2-5）

表 2-5 内齿套机械加工工艺过程　　　　　（单位：mm）

| 零件名称 | | 毛坯种类 | 材　料 | 生产类型 |
|---|---|---|---|---|
| 内齿套 | | 锻件 | 40Cr 钢 | 小批量 |

| 工序 | 工步 | 工序内容 | 设备 | 刀具、量具、辅具 |
|---|---|---|---|---|
| 10 | | 锻造:锻件为空心圆柱,内径为 $\phi$100 | 锻压机床 | |
| 20 | | 粗车 | 卧式车床 | |
| | 1 | 用自定心卡盘夹毛坯外圆一端,找正,夹紧,车端面,见平即可 | | 45°弯头车刀 |
| | 2 | 车各内孔至 $\phi$145 | | 内孔车刀 |
| | 3 | 车各外圆至 $\phi$225 | | 90°外圆车刀 |
| 30 | | 热处理:调质,硬度为 220～250HBW | 箱式炉 | |
| 40 | | 精车 | 数控车床 | |
| | 1 | 用自定心卡盘夹已车过外圆,找正,夹紧,车端面见光 | | 35°机夹刀片 |
| | 2 | 车 $\phi$220h8 外圆,留磨削余量 0.30 | | 35°机夹刀片 |
| | 3 | 车 $\phi$180H7 内孔,留磨削余量 0.40 | | 35°机夹刀片 |
| | 4 | 车 10×$\phi$182 槽成,表面粗糙度 $Ra$3.2μm | | 切槽刀 |
| | 5 | 车 150.36H12 内孔成,表面粗糙度 $Ra$3.2μm | | 35°机夹刀片 |
| | 6 | 车内外圆倒角成 | | 35°机夹刀片 |
| | 7 | 钻、攻 2×M12 螺纹孔成 | | M12 丝锥 |
| | 8 | 调头,用自定心卡盘夹 $\phi$220h8 外圆,找正,夹紧,车左端面留磨量 0.10 | | 35°机夹刀片 |
| | 9 | 车 $\phi$200h9 外圆,留磨削余量 0.30 | | 35°机夹刀片 |
| | 10 | 车 $\phi$168 内孔成,表面粗糙度 $Ra$3.2μm | | 35°机夹刀片 |
| | 11 | 车 $\phi$165H7 内孔,留磨削余量 0.40 | | 35°机夹刀片 |
| | 12 | 车内外圆倒角成 | | 35°机夹刀片 |

（续）

| 工序 | 工步 | 工 序 内 容 | 设备 | 刀具、量具、<br>辅具 |
|---|---|---|---|---|
| 50 | | 平磨左端面成,表面粗糙度 Ra3.2μm | 平面磨床 | |
| 60 | | 磨外圆 | 外圆磨床 | |
| | 1 | 装螺母压紧心轴按 φ220h8 外圆找正,磨 φ220h8 外圆成,表<br>面粗糙度 Ra0.8μm | | |
| | 2 | 磨 φ200h9 外圆成,表面粗糙度 Ra1.6μm | | |
| | 3 | 靠磨尺寸 35 左面成 | | |
| 70 | | 磨内孔 | 内圆磨床 | |
| | 1 | 用自定心卡盘夹 φ220h8 外圆,找正左端 φ220h8 外圆及尺寸<br>35 左面至 0.01,磨 φ165H7 内孔成,表面粗糙度 Ra0.8μm | | |
| | 2 | 调头。用自定心卡盘夹 φ200h9 外圆,找正 φ200h9 外圆<br>0.01,磨 φ180H7 内孔成,表面粗糙度 Ra0.8μm | | |
| 80 | | 插齿:按 φ200h9 外圆找正,用压板压住右端面,插内齿成 | 插齿机 | M5 插齿刀 |
| 90 | | 检验:φ180H7 内孔、φ165H7 内孔尺寸及两孔同轴度 | 检验站 | |
| 100 | | 涂油、包装、入库 | 库房 | |

## 实例 6  挡套（见图 2-6）

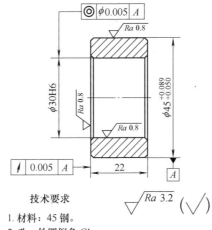

技术要求
1. 材料：45 钢。
2. 孔、外圆倒角 C1。
3. 热处理：C45。

图 2-6  挡套

## 1. 零件图样分析

1）图 2-6 所示挡套中，以 $\phi 45^{+0.089}_{+0.050}$ mm 外圆轴线为基准，$\phi 30H6$ 孔轴线对

基准的同轴度公差为 $\phi0.005$mm。

2）左端面对基准的轴向圆跳动公差为 0.005mm。

3）零件材料为 45 钢。

4）淬火并回火后硬度为 45~50HRC。

**2. 工艺分析**

1）该零件的长度较短，可用长料加工，然后切断。

2）该零件在热处理以前为粗加工阶段，可一次装夹直接加工出端面、外圆与孔。热处理以后为精加工阶段，以外圆定位磨孔，再以孔定位磨外圆，以保证同轴度要求。

**3. 机械加工工艺过程**（见表 2-6）

表 2-6　挡套机械加工工艺过程　　　　　　　　（单位：mm）

| 零件名称 | | 毛坯种类 | 材料 | | 生产类型 |
|---|---|---|---|---|---|
| 挡套 | | 圆钢 | 45 钢 | | 小批量 |
| 工序 | 工步 | 工序内容 | | 设备 | 刀具、量具、辅具 |
| 10 | | 下料 $\phi50\times300$ | | 锯床 | |
| 20 | | 粗车 | | 卧式车床 | |
| | 1 | 夹坯料外圆，伸出长度 30~50，车端面，见平即可 | | | 45°弯头车刀 |
| | 2 | 钻孔 $\phi20$ | | | $\phi20$ 麻花钻 |
| | 3 | 车孔至 $\phi29.70$ | | | 内孔车刀 |
| | 4 | 车外圆至 $\phi45.30$ | | | 45°弯头车刀 |
| | 5 | 内外圆倒角，车至 C1.3 | | | 45°弯头车刀 |
| | 6 | 切断，保证长 22.6 | | | 切断刀 |
| | 7 | 调头，夹外圆，车端面，保证长 22.1 | | | 45°弯头车刀 |
| | 8 | 内外圆倒角，车至 C1.3 | | | 45°弯头车刀 |
| 30 | | 热处理：淬火并回火，硬度为 45~50HRC | | 盐浴炉、回火炉 | |
| 40 | | 磨削内圆及端面 | | 数控内圆磨床 | |
| | 1 | 夹外圆，磨 $\phi30$H6 孔至要求，表面粗糙度 $Ra0.8\mu$m | | | |
| | 2 | 靠磨左端面至要求，表面粗糙度 $Ra0.8\mu$m | | | |
| 50 | | 磨削外圆：利用内孔定位，穿锥度心轴，磨 $\phi45^{+0.089}_{+0.050}$ 外圆至要求，表面粗糙度 $Ra0.8\mu$m | | 数控外圆磨床 | |
| 60 | | 检验 | | 检验站 | |
| 70 | | 涂油、包装、入库 | | 库房 | |

**实例7  小套筒**（见图2-7）

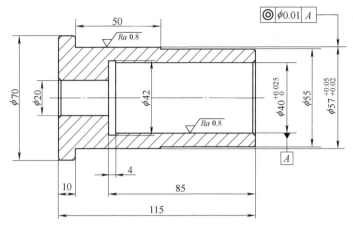

技术要求

1. 材料：45钢。
2. 孔、外圆倒角C1。
3. 热处理：C30。
4. 发蓝处理。

图2-7  小套筒

**1. 零件图样分析**

1）零件材料为45钢。

2）淬火并回火后硬度为30~35HRC。

3）发蓝处理。

4）以 $\phi40^{+0.025}_{0}$ mm 内孔轴线为基准，$\phi57^{+0.05}_{+0.02}$ mm 外圆对基准的同轴度公差为 $\phi0.01$ mm。

**2. 工艺分析**

要想保证 $\phi57^{+0.05}_{+0.02}$ mm 外圆对 $\phi40^{+0.025}_{0}$ mm 内孔的同轴度公差 $\phi0.01$ mm，加工零件时，应一次装夹后车削加工 $\phi57^{+0.05}_{+0.02}$ mm 外圆与 $\phi40^{+0.025}_{0}$ mm 内孔。

**3. 机械加工工艺过程**（见表2-7）

表2-7  小套筒机械加工工艺过程　　　　（单位：mm）

| 零件名称 | 毛坯种类 | | 材　　料 | | 生产类型 |
|---|---|---|---|---|---|
| 小套筒 | 圆钢 | | 45钢 | | 小批量 |
| 工序 | 工步 | 工序内容 | | 设备 | 刀具、量具、辅具 |
| 10 | | 下料 $\phi75\times120$ | | 锯床 | |
| 20 | | 粗车 | | 卧式车床 | |

（续）

| 工序 | 工步 | 工序内容 | 设备 | 刀具、量具、辅具 |
|---|---|---|---|---|
| | 1 | 用自定心卡盘夹坯料外圆,找正,夹紧,车端面,车平即可 | | 45°弯头车刀 |
| | 2 | 钻 $\phi 20$ 孔至 $\phi 19$ 通孔 | | $\phi 19$ 麻花钻 |
| | 3 | 车 $\phi 40^{+0.025}_{0}$ 孔至 $\phi 38$,深 84 | | 内孔车刀 |
| | 4 | 车 $\phi 57^{+0.05}_{+0.02}$ 外圆至 $\phi 59$,长至 $\phi 70$ 端面,留余量 1 | | 90°外圆车刀 |
| | 5 | 车 $\phi 55$ 外圆至尺寸 $\phi 57$,长至 $\phi 57^{+0.05}_{+0.02}$ 端面 | | 90°外圆车刀 |
| | 6 | 调头。用自定心卡盘夹 $\phi 55$ 外圆处,找正,夹紧,车 $\phi 70$ 外圆至 $\phi 72$ | | 90°外圆车刀 |
| | 7 | 车左端面成 | | 45°弯头车刀 |
| 30 | | 热处理:淬火并回火,硬度为 30~35HRC | 盐浴炉、回火炉 | |
| 40 | | 精车 | 数控车床 | |
| | 1 | 用自定心卡盘夹 $\phi 70$ 外圆处,找正,夹紧,车端面,保持总长留余量 1 | | 35°机夹刀片 |
| | 2 | 半精车 $\phi 57^{+0.05}_{+0.02}$ 外圆至 57.8,长至 $\phi 70$ 端面,靠平端面至要求 | | 35°机夹刀片 |
| | 3 | 车 $\phi 55$ 外圆至要求,保证长 55 | | 35°机夹刀片 |
| | 4 | 精车 $\phi 57^{+0.05}_{+0.02}$ 外圆至要求,保证尺寸 50,表面粗糙度 $Ra0.8\mu m$ | | 35°机夹刀片 |
| | 5 | 镗 $\phi 40^{+0.025}_{0}$ 内孔至 $\phi 39.2$,深 85 | | 闭孔镗刀 |
| | 6 | 车内孔槽 4×1 | | 内沟槽车刀 |
| | 7 | 精镗 $\phi 40^{+0.025}_{0}$ 内孔至要求,深 81,表面粗糙度 $Ra0.8\mu m$ | | 精镗刀 |
| | 8 | 端面倒角 C1 | | 35°机夹刀片 |
| | 9 | 调头。用自定心卡盘夹 $\phi 55$ 外圆处,找正,夹紧,车端面,保证总长 115 | | 35°机夹刀片 |
| | 10 | 车 $\phi 170$ 外圆至要求 | | 35°机夹刀片 |
| | 11 | 镗 $\phi 20$ 孔至要求 | | 镗刀 |
| | 12 | 车孔倒角 C1 | | 35°机夹刀片 |
| 50 | | 检验 | 检验站 | |
| 60 | | 热处理:发蓝处理 | | |
| 70 | | 包装、入库 | 库房 | |

### 实例 8　轴承套（见图 2-8）

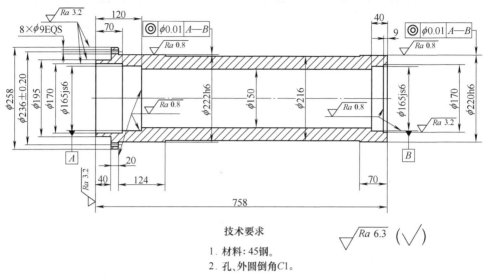

技术要求

1. 材料：45 钢。
2. 孔、外圆倒角 C1。

图 2-8　轴承套

**1. 零件图样分析**

1）零件材料为 45 钢。

2）$\phi222h6$ 外圆、$\phi220h6$ 外圆对 $A—B$ 基准的同轴度公差为 $\phi0.01mm$。

3）左、右两端内孔 $\phi165js6$ 的尺寸公差要求很高。

4）$\phi222h6$ 外圆、$\phi220h6$ 外圆的尺寸公差要求很高。

**2. 工艺分析**

为了保证 $\phi220h6$ 外圆、$\phi220h6$ 外圆对 $A—B$ 基准的同轴度公差 $\phi0.01mm$，工艺应安排车削加工后，再磨削加工。首先加工 $\phi222h6$ 外圆、$\phi220h6$ 外圆；然后按 $\phi222h6$ 外圆、$\phi220h6$ 外圆找正至 0.005mm 以内，再磨削加工 $\phi165js6$ 内孔。

**3. 机械加工工艺过程**（见表 2-8）

表 2-8　轴承套机械加工工艺过程　　　　　　　　　（单位：mm）

| 零件名称 | 毛坯种类 | | 材　料 | 生产类型 |
|---|---|---|---|---|
| 轴承套 | 圆钢 | | 45 钢 | 小批量 |

| 工序 | 工步 | 工序内容 | 设备 | 刀具、量具、辅具 |
|---|---|---|---|---|
| 10 | | 下料 $\phi270\times768$ | 锯床 | |
| 20 | | 钻一端中心孔 | 钻床 | 中心钻 |
| 30 | | 粗车 | 卧式车床 | |

（续）

| 工序 | 工步 | 工序内容 | 设备 | 刀具、量具、辅具 |
|---|---|---|---|---|
| | 1 | 用自定心卡盘夹坯料外圆，另一端用顶尖顶住中心孔，夹紧，车 $\phi$220h6 外圆至 $\phi$223 | | 90°外圆车刀 |
| | 2 | 车 $\phi$216 外圆至 $\phi$223 | | 90°外圆车刀 |
| | 3 | 车 $\phi$222h6 外圆至 $\phi$225，长度 124 | | 90°外圆车刀 |
| | 4 | 用自定心卡盘夹坯料外圆，在 $\phi$220h6 外圆架位上装上中心架，找正，移去顶尖。车端面见光即可 | | 45°弯头车刀 |
| | 5 | 调头。用自定心卡盘夹 $\phi$220h6 外圆处，在 $\phi$222h6 外圆处装上中心架，找正，夹紧，钻左端中心孔 | | 中心钻 |
| | 6 | 用自定心卡盘夹 $\phi$220h6 外圆处，移去中心架，另一端用顶尖顶住中心孔，找正，夹紧，车 $\phi$195 外圆至 $\phi$198，长度 40 | | 90°外圆车刀 |
| | 7 | 车 $\phi$258 外圆至 $\phi$261 | | 90°外圆车刀 |
| | 8 | 用自定心卡盘夹 $\phi$220h6 外圆处，在 $\phi$222h6 外圆装上中心架，找正，夹紧，车端面，保证总长 761 | | |
| 40 | | 精车 | 数控车床 | |
| | 1 | 用自定心卡盘夹 $\phi$195 外圆，另一端用顶尖顶住中心孔，找正，夹紧，车 $\phi$220h6 外圆，留磨削余量 0.40 | | 35°机夹刀片 |
| | 2 | 车 $\phi$216 外圆至要求，表面粗糙度 $Ra6.3\mu m$ | | 35°机夹刀片 |
| | 3 | 车 $\phi$222h6 外圆，留磨削余量 0.40，长度 124 | | 35°机夹刀片 |
| | 4 | 用自定心卡盘夹 $\phi$195 外圆，在 $\phi$220h6 外圆装上中心架，找正，移去顶尖。车端面至要求，表面粗糙度 $Ra3.2\mu m$ | | 35°机夹刀片 |
| | 5 | 调头。用自定心卡盘夹 $\phi$220h6 外圆处，移去中心架，另一端用顶尖顶住中心孔，找正，夹紧，车 $\phi$195 外圆至要求，表面粗糙度 $Ra3.2\mu m$，长度 40 | | 35°机夹刀片 |
| | 6 | 车 $\phi$258 外圆至要求，表面粗糙度 $Ra3.2\mu m$ | | 35°机夹刀片 |
| | 7 | 用自定心卡盘夹 $\phi$220h6 外圆处，在 $\phi$222h6 外圆装上中心架，找正，夹紧，车端面，保证总长 758，表面粗糙度 $Ra3.2\mu m$ | | 35°机夹刀片 |
| | 8 | 钻 8×$\phi$9 孔至要求 | | $\phi$9 麻花钻 |
| 50 | | 钻孔 | 深孔钻 | |
| | 1 | 用 $\phi$26 枪钻钻孔 | | $\phi$26 枪钻 |
| | 2 | $\phi$32 扩孔钻将 $\phi$26 孔扩至 $\phi$32 | | $\phi$32 扩孔钻 |
| 60 | | 镗孔 | 镗床 | |
| | 1 | 用自定心卡盘夹 $\phi$195 外圆，在 $\phi$220h6 外圆装上中心架，找正，镗 $\phi$150 孔至要求，表面粗糙度 $Ra6.3\mu m$ | | 镗刀 |
| | 2 | 镗 $\phi$170 孔至要求，表面粗糙度 $Ra3.2\mu m$ | | 镗刀 |
| | 3 | 镗 $\phi$165js6 孔，留磨削余量 0.40 | | 镗刀 |
| | 4 | 调头。用自定心卡盘夹 $\phi$220h6 外圆，在 $\phi$222h6 外圆装上中心架，找正，镗 $\phi$170 孔至要求，表面粗糙度 $Ra3.2\mu m$ | | 镗刀 |

（续）

| 工序 | 工步 | 工 序 内 容 | 设备 | 刀具、量具、辅具 |
|---|---|---|---|---|
| | 5 | 镗 φ165js6 孔，留磨削余量 0.40 | | 镗刀 |
| 70 | | 磨外圆及端面 | 外圆磨床 | |
| | 1 | 装螺母压紧心轴按 φ220h6 外圆、φ222h6 外圆找正，夹紧，磨 φ220h6 外圆至要求，表面粗糙度 Ra0.8μm | | |
| | 2 | 磨 φ222h6 外圆至要求，表面粗糙度 Ra0.8μm | | |
| | 3 | 靠磨尺寸 124 左面成，表面粗糙度 Ra0.8μm | | |
| 80 | | 磨内圆 | 内圆磨床 | |
| | 1 | 用自定心卡盘夹 φ220h6 外圆，在 φ222h6 外圆装上中心架，找正，磨 φ165js6 孔至要求，表面粗糙度 Ra0.8μm | | |
| | 2 | 调头。用自定心卡盘夹 φ195 外圆，在 φ220h6 外圆装上中心架，找正，磨 φ165js6 至要求，表面粗糙度 Ra0.8μm | | |
| 90 | | 检验 | 检验站 | |
| 100 | | 包装、入库 | 库房 | |

### 实例 9　钻床主轴套筒（见图 2-9）

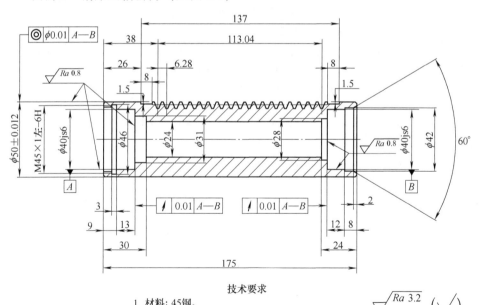

#### 技术要求

1. 材料：45钢。

2. 模数：2，齿数：18，压力角：20°，分度圆齿厚及偏差 $3.14^{-0.08}_{-0.17}$，精度等级：8级。

3. 热处理：T235。

4. 未注倒角 C1。

图 2-9　钻床主轴套筒

**1. 零件图样分析**

1）零件材料为 45 钢。

2）调质硬度为 220～250HBW。

3）图 2-10 所示钻床主轴套筒中，以 $\phi$40js6 内孔的轴线为基准，$\phi$50mm±0.012mm 外圆的轴线对基准的同轴度公差为 $\phi$0.01mm。

4）$\phi$40js6 内孔的端面对基准的轴向圆跳动公差为 0.01mm。

**2. 工艺分析**

1）该零件精度较高，形状结构较复杂，为获得良好的力学性能，消除应力，稳定其组织、性能和尺寸，热处理安排调质处理和低温时效处理。

2）该零件有两次热处理工序，将加工工艺过程分为粗加工、半精加工和精加工三个阶段。调质以前为粗加工阶段；时效处理之前为半精加工阶段；时效处理之后为精加工阶段。

3）两端 2×60° 倒角为工艺备用。

**3. 机械加工工艺过程**（见表 2-9）

表 2-9　钻床主轴套筒机械加工工艺过程　　（单位：mm）

| 零件名称 | 毛坯种类 | 材　料 | 生产类型 |
|---|---|---|---|
| 钻床主轴套筒 | 圆钢 | 45 钢 | 小批量 |

| 工序 | 工步 | 工 序 内 容 | 设备 | 刀具、量具、辅具 |
|---|---|---|---|---|
| 10 | | 下料 $\phi$55×180 | 锯床 | |
| 20 | | 粗车 | 卧式车床 | |
| | 1 | 用自定心卡盘夹坯料外圆,伸出长为 90,车端面,见平即可 | | 45°弯头车刀 |
| | 2 | 钻 $\phi$24 通孔至尺寸 | | $\phi$24 麻花钻 |
| | 3 | 车 $\phi$50±0.012 外圆至 $\phi$52,长度至卡爪 | | 90°外圆车刀 |
| | 4 | 调头。用自定心卡盘夹车过的外圆,车端面,保证总长 177 | | 45°弯头车刀 |
| | 5 | 车 $\phi$50±0.012 外圆至 $\phi$52,与另一端已车过的外圆相接 | | 90°外圆车刀 |
| 30 | | 热处理:调质,硬度为 220～250HBW | 箱式炉 | |
| 40 | | 半精车 | 卧式车床 | |
| | 1 | 用自定心卡盘夹车过的外圆,伸出 50,车端面,保证总长 176 | | 45°弯头车刀 |
| | 2 | 孔口倒角 2×30° | | 30°弯头车刀 |
| | 3 | 调头。用自定心卡盘夹外圆,车端面,保证总长 175 | | 45°弯头车刀 |
| | 4 | 孔口倒角 2×30° | | 30°弯头车刀 |

（续）

| 工序 | 工步 | 工序内容 | 设备 | 刀具、量具、辅具 |
|---|---|---|---|---|
| | 5 | 用专用心轴顶夹两端倒角,半精车 $\phi50\pm0.012$ 外圆至 $\phi50.5$ | | 90°外圆车刀 |
| | 6 | 夹 $\phi50\pm0.012$ 外圆处,车 $\phi28$ 孔至尺寸,保证尺寸 24 | | 内孔车刀 |
| | 7 | 车 $\phi40$js6 孔至 $\phi39$,深 20 | | 内孔车刀 |
| | 8 | 车 $\phi42$ 孔至要求,保证尺寸 12 | | 内孔车刀 |
| | 9 | 孔口倒角 2×30°(工艺用) | | 90°外圆车刀 |
| | 10 | 调头。用自定心卡盘夹 $\phi50\pm0.012$ 外圆,车 $\phi31$ 孔至要求,保证尺寸 30 | | 内孔车刀 |
| | 11 | 车 $\phi40$js6 孔至 $\phi39$,深 22 | | 内孔车刀 |
| | 12 | 车槽 $\phi46\times3$,保证尺寸 9 | | 内沟槽车刀 |
| | 13 | 车 M45×1 左-6H 螺纹底孔至 $\phi44$ | | 内孔车刀 |
| | 14 | 车 M45×1 左-6H 螺纹至要求 | | 内螺纹车刀 |
| | 15 | 孔口倒角 2×30°(工艺用) | | 90°外圆车刀 |
| 50 | | 用专用心轴顶两端倒角,粗磨 $\phi50\pm0.012$ 外圆至 $\phi50.2$ | 外圆磨床 | |
| 60 | | 铣 | 卧式铣床 | |
| | 1 | 铣齿成 | | M2 铣齿刀 |
| | 2 | 铣宽 8,深 1.5 槽 | | 三面刃铣刀 |
| 70 | | 低温时效处理 | 箱式炉 | |
| 80 | | 磨两端坡口 2×30° | 中心孔磨床 | |
| 90 | | 磨外圆:用专用心轴顶两端倒角,精磨 $\phi50\pm0.012$ 外圆至要求,表面粗糙度 $Ra0.8\mu m$ | 外圆磨床 | 专用心轴 |
| 100 | | 精车 | 数控车床 | |
| | 1 | 用自定心卡盘夹 $\phi50\pm0.012$ 外圆,精镗 $\phi40$js6 孔至要求,保证尺寸 12,并车该孔端面及倒角 C1 | | 镗刀 |
| | 2 | $\phi50\pm0.012$ 外圆倒角 C1 | | 35°机夹刀片 |
| | 3 | 调头。用自定心卡盘夹 $\phi50\pm0.012$ 外圆,精镗 $\phi40$js6 孔至要求,保证尺寸 13,并车该孔端面及倒角 C1 | | 镗刀 |
| | 4 | $\phi50\pm0.012$ 外圆倒角 C1 | | 35°机夹刀片 |
| 110 | | 检验 | 检验站 | |
| 120 | | 包装、入库 | 库房 | |

# 第3章

## 活塞类零件

## 3.1 活塞类零件的结构特点

在机械运动中，液压作为动力是常见且经济的。液压传动中机械部件简单直观，只需缸体和活塞即可实现部件的移动或动力的传递。活塞类零件的结构分为以下三类。

**1. 缸动活塞不动结构**

缸动活塞不动结构最常见。例如数控车床的尾座套筒（见图 3-1）就是缸体，里面有一阶梯轴，一端伸出缸体外且固定，阶梯轴上的密封圈将缸体分为两个互不相通的内腔，此时只需将设定好压强的油通入某一侧，另一侧的油导回油箱，即可实现尾座套筒的伸缩，这个阶梯轴就是活塞。活塞上有深油孔及径向密封结构，且大径在一端，这些是它的主要特点。由于活塞与端盖密封圈接触并有相对运动，且左端大径在运动过程中具有定心导向功能，所以技术上要求活塞的表面粗糙度及同轴度要满足结构要求。

**2. 缸不动活塞动结构**

在复合车铣加工中心中，用于 B 轴转位后锁紧的三齿盘结构（见图 3-2）中的锁紧齿盘，属于缸不动活塞动结构。动齿盘固定在 B 轴上，当需要 B 轴定点工作时，右油腔供油，动齿盘通过锁紧齿盘固定在定齿盘上；B 轴需要旋转时，左油腔供油，锁紧齿盘右移，动齿盘与定齿盘脱开。此活塞的结构特点是阶梯圆盘上带端齿和径向密封。由于活塞齿盘内孔与 B 轴密封圈相对运动，因此表面粗糙度要满足结构要求。

**3. 双杆活塞结构**

双杆活塞液压缸如图 3-3 所示，在不同油路供油状态下（左油路供油、右油

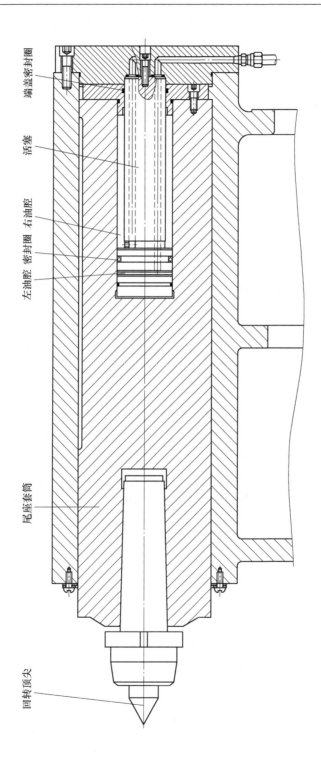

图 3-1　数控车床的尾座套筒

路供油或左右油路同时供油），将零件移动到不同的位置。此活塞的结构特点是活塞杆为阶梯形、径向密封，且大径在中间部位。技术上要求活塞的表面粗糙度及同轴度要满足结构要求。

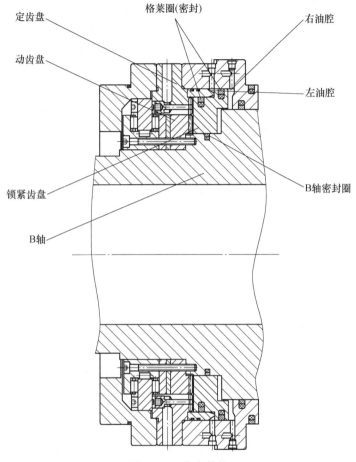

图 3-2　三齿盘结构

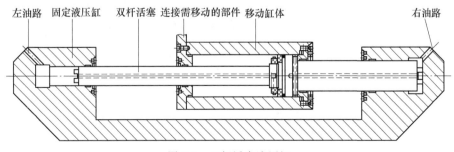

图 3-3　双杆活塞液压缸

## 3.2 活塞类零件的加工工艺分析和定位基准选择

从上述零件不难看出，对于第一、第三类活塞，因类似于轴类零件，其表面粗糙度和同轴度要求较高，易采用先车后磨的加工方法，因此可两端设顶尖孔作为加工定位基准。而第二类零件属盘类零件，宜采用立式加工设备，初始选择基准 B，通过夹具将零件固定在工作台上，完成基准 A 及右端面的加工，然后以基准 A 及右端面作为定位基准实现左端齿面的加工。

## 3.3 活塞类零件的材料及热处理

第一、第三类活塞类零件，多采用优质碳素结构钢（如 45 钢）制成，考虑到零件的实际应用状态及所采用的加工工艺，为获得高的韧性和足够的强度，多采用调质处理。第二类活塞类零件由于端齿面的存在，齿部表面需高硬度及高强度，因此多采用低碳钢（如 20Cr 钢）渗碳淬火制成。

## 3.4 活塞类零件加工实例

**实例 1 活塞**（1）（见图 3-4）

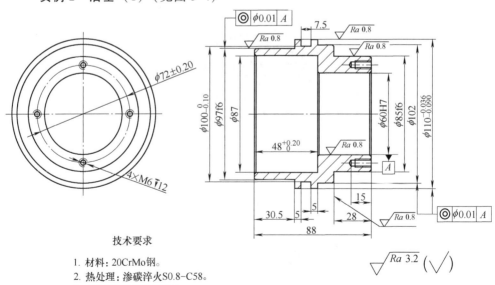

技术要求

1. 材料：20CrMo 钢。
2. 热处理：渗碳淬火 S0.8-C58。
3. 4×M6 螺纹不渗碳淬火。
4. 倒角 C1。

图 3-4 活塞（1）

**1. 零件图样分析**

1）该零件属于薄壁零件，特点是孔壁较薄，尺寸公差和几何公差要求都很高，表面质量要求也很高。

2）零件材料为 20CrMo 钢。

3）渗碳层深度为 0.8~1.2mm，淬火并回火后硬度为 58~63HRC。

**2. 工艺分析**

1）该零件以内孔为基准，尺寸公差和表面质量要求都很高，孔壁又较薄。在磨削时，用专用夹具，以 $\phi$97f6 外圆定位，用螺母压盖轴向压在 $\phi$102mm 端面上，并使夹紧力方向为轴向，以避免内孔的变形。

2）为保证活塞外圆与内孔的同轴度，应把零件安装在心轴上，以内孔作为定位基准，磨削外圆和端面。

3）渗碳淬火工序最好在多用炉内进行，使渗碳、淬火、回火一次完成，同时也可以减少零件的变形。在生产中，发现 $\phi100_{-0.10}^{0}$mm 尺寸变形趋势一般为缩小 0.02~0.04mm，故车削加工此尺寸时，应尽量将其车至上极限偏差。

**3. 机械加工工艺过程**（见表 3-1）

表 3-1  活塞（1）机械加工工艺过程　　　　　　　　（单位：mm）

| 零件名称 | 毛坯种类 | | 材料 | 生产类型 |
|---|---|---|---|---|
| 活塞 | 圆钢 | | 20CrMo 钢 | 小批量 |
| 工序 | 工步 | 工序内容 | 设备 | 刀具、量具、辅具 |
| 10 | | 下料 $\phi$120×98 | 锯床 | |
| 20 | | 车 | 数控车床 | |
| | 1 | 用自定心卡盘夹毛坯外圆一端，找正，夹紧，车端面至要求，表面粗糙度 $Ra3.2\mu m$ | | 35°机夹刀片 |
| | 2 | 钻内孔至 $\phi$50 | | $\phi$50 麻花钻 |
| | 3 | 镗 $\phi$60H7 内孔，留磨削余量 0.40 | | 镗刀 |
| | 4 | 车 $\phi$85f6 外圆，留磨削余量 0.40 | | 35°机夹刀片 |
| | 5 | 车尺寸 28，左面留磨削余量 0.10 | | 35°机夹刀片 |
| | 6 | 车 $\phi$102 外圆至要求，表面粗糙度 $Ra3.2\mu m$ | | 35°机夹刀片 |
| | 7 | 车 $\phi110_{-0.090}^{-0.036}$ 外圆，留磨削余量 0.40 | | 35°机夹刀片 |
| | 8 | 车 $\phi100_{-0.10}^{0}$ 槽至 $\phi100_{-0.05}^{0}$，宽 7.5 | | 切槽刀 |
| | 9 | 车孔和外圆倒角 $C1$ | | 35°机夹刀片 |
| | 10 | 调头。用自定心卡盘夹 $\phi$85f6 外圆，找正，夹紧，车端面，保证总长 88.20 | | 35°机夹刀片 |
| | 11 | 车 $\phi$97f6 外圆，留磨削余量 0.40 | | 35°机夹刀片 |
| | 12 | 镗 $\phi$87 内孔成 | | 镗刀 |

（续）

| 工序 | 工步 | 工 序 内 容 | 设　备 | 刀具、量具、辅具 |
|---|---|---|---|---|
| | 13 | 车孔和外圆倒角 C1 | | 35°机夹刀片 |
| 30 | | 钻孔、攻螺纹 | 立式加工中心 | |
| | 1 | 钻 4×M6 螺纹底孔至 $\phi5$，深 15 | | $\phi5$ 麻花钻 |
| | 2 | 攻 4×M6 螺纹孔至要求 | | M6 丝锥 |
| 40 | | 钳工 | 钳工台 | |
| | 1 | 钳工去毛刺 | | |
| | 2 | 装 4×M6 螺钉，防止 4×M6 螺纹渗碳淬火 | | |
| 50 | | 热处理：渗碳淬火，渗碳层深度为 0.8～1.2mm，淬火并回火后硬度为 58～63HRC | 多用炉 | |
| 60 | | 钳工 | 钳工台 | |
| | 1 | 卸 4×M6 螺钉 | | |
| | 2 | 矫正 4×M6 螺纹孔 | | M6 丝锥 |
| 70 | | 磨内孔 | 内圆磨床 | |
| | | 用专用夹具，以 $\phi97f6$ 外圆定位，用螺母压盖轴向压在 $\phi102$ 端面上，磨 $\phi60H7$ 内孔至要求，表面粗糙度 $Ra0.8\mu m$ | | 专用夹具 |
| 80 | | 磨外圆、端面 | 外圆磨床 | |
| | 1 | 工件安装在锥度心轴上，磨 $\phi85f6$ 外圆至要求，表面粗糙度 $Ra0.8\mu m$ | | 锥度心轴 |
| | 2 | 磨 $\phi110^{-0.036}_{-0.090}$ 外圆至要求，表面粗糙度 $Ra0.8\mu m$ | | |
| | 3 | 磨 $\phi97f6$ 外圆至要求，表面粗糙度 $Ra0.8\mu m$ | | |
| | 4 | 靠磨尺寸 28 左面至要求，表面粗糙度 $Ra0.8\mu m$ | | |
| 90 | | 检验 | 检验站 | |
| 100 | | 涂油、包装、入库 | 库房 | |

**实例 2　活塞**（2）（见图 3-5）

**1. 零件图样分析**

1）该零件外圆有 $\phi145^{+0.1}_{0}$mm、$\phi185^{0}_{-0.1}$mm 两个外圆密封圈槽，有一个 $\phi70^{0}_{-0.1}$mm 内孔密封圈槽，渗碳淬火后密封圈槽不再加工，故车削加工时应考虑热处理变形趋势。

2）零件材料为 15CrMo 钢。

3）渗碳层深度为 1.0～1.4mm，淬火并回火后硬度为 58～63HRC。

**2. 工艺分析**

1）为保证活塞端面与基准面的垂直度、外圆与内孔的同轴度，应把工件安装在心轴上，以内孔作为定位基准，磨削外圆和端面。

2）渗碳淬火后，$\phi145^{+0.1}_{0}$mm 密封圈槽、$\phi185^{0}_{-0.1}$mm 密封圈槽、$\phi70^{0}_{-0.1}$mm 密封圈槽尺寸变形趋势一般为缩小，故车削加工这些尺寸时，应尽量将其加工至上极限偏差。

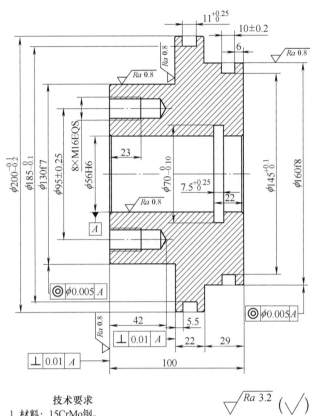

**技术要求**

1. 材料：15CrMo钢。
2. 热处理：渗碳淬火S1.0-C58。
3. 8×M16螺纹不渗碳淬火。
4. 全部倒角C1。

图 3-5　活塞（2）

### 3. 机械加工工艺过程（见表 3-2）

表 3-2　活塞（2）机械加工工艺过程　　　　　（单位：mm）

| 零件名称 | | 毛坯种类 | 材料 | 生产类型 |
|---|---|---|---|---|
| 活塞 | | 锻件 | 15CrMo 钢 | 小批量 |

| 工序 | 工步 | 工序内容 | 设备 | 刀具、量具、辅具 |
|---|---|---|---|---|
| 10 | | 锻造 | 锻压机床 | |
| 20 | | 粗车 | 卧式车床 | |
| | 1 | 用自定心卡盘夹毛坯外圆一端，找正，夹紧，车端面，见平即可 | | 45°弯头车刀 |
| | 2 | 粗车 $\phi56$H6 内孔至 $\phi52$ | | 内孔车刀 |

（续）

| 工序 | 工步 | 工序内容 | 设 备 | 刀具、量具、辅具 |
|---|---|---|---|---|
| | 3 | 车φ130f7外圆至φ134 | | 90°外圆车刀 |
| | 4 | 调头。用自定心卡盘夹φ130f7外圆，找正，夹紧，车端面，保证总长104 | | 45°弯头车刀 |
| | 5 | 车φ200$_{-0.2}^{-0.1}$外圆至φ204 | | 90°外圆车刀 |
| | 6 | 车φ160f8外圆至φ165 | | 90°外圆车刀 |
| 30 | | 精车 | 数控车床 | |
| | 1 | 车左端面，留磨削余量0.10 | | 35°机夹刀片 |
| | 2 | 镗φ56H6内孔，留磨削余量0.40 | | 镗刀 |
| | 3 | 车φ130f7外圆，留磨削余量0.40 | | 35°机夹刀片 |
| | 4 | 车尺寸22左面，留磨削余量0.10 | | 35°机夹刀片 |
| | 5 | 孔和外圆倒角C1 | | 35°机夹刀片 |
| | 6 | 调头。用自定心卡盘夹φ130f7外圆，找正，夹紧，车右端面成，保证总长100.10 | | 35°机夹刀片 |
| | 7 | 车φ160f8的外圆，留磨削余量0.40 | | 35°机夹刀片 |
| | 8 | 车φ200$_{-0.2}^{-0.1}$外圆至要求，表面粗糙度Ra3.2μm | | 35°机夹刀片 |
| | 9 | 车φ145$_{+0.05}^{+0.1}$槽至φ145$_{+0.05}^{+0.1}$，宽10±0.2，保证尺寸6 | | 切槽刀 |
| | 10 | 车φ185$_{-0.1}^{0}$槽至φ185$_{-0.1}^{0}$，宽11$_{0}^{+0.25}$，保证尺寸5.5 | | 切槽刀 |
| | 11 | 车φ70$_{-0.1}^{0}$槽至φ70$_{-0.05}^{0}$，宽7.5$_{0}^{+0.25}$，保证尺寸22 | | 切槽刀 |
| | 12 | 孔和外圆倒角C1 | | 35°机夹刀片 |
| 40 | | 钻孔、攻螺纹 | 立式加工中心 | |
| | 1 | 钻8×M16螺纹底孔至φ13.9 | | φ13.9麻花钻 |
| | 2 | 攻8×M16螺纹孔至要求 | | M16丝锥 |
| 50 | | 钳工 | 钳工台 | |
| | 1 | 钳工去毛刺 | | |
| | 2 | 装8×M16螺钉，防止8×M6螺纹孔渗碳淬火 | | |
| 60 | | 热处理：渗碳淬火，渗碳层硬度为1.0～1.4mm，淬火并回火后硬度为58～63HRC | 多用炉 | |
| 70 | | 钳工 | 钳工台 | |
| | 1 | 卸8×M16螺钉 | | |
| | 2 | 矫正8×M16螺纹孔 | | M16丝锥 |
| 80 | | 磨内孔：磨φ56H6内孔至要求，表面粗糙度Ra0.8μm | 内圆磨床 | |
| 90 | | 磨外圆、端面 | 外圆磨床 | |
| | 1 | 工件安装在锥度心轴上，磨φ130f7外圆至要求，表面粗糙度Ra0.8μm | | 锥度心轴 |
| | 2 | 磨φ160f8至要求，表面粗糙度Ra0.8μm | | |
| | 3 | 靠磨左端面至要求，表面粗糙度Ra0.8μm | | |
| | 4 | 靠磨尺寸22左面至要求，表面粗糙度Ra0.8μm | | |
| 100 | | 检验 | 检验站 | |
| 110 | | 涂油、包装、入库 | 库房 | |

## 实例3 数控车床活塞（见图3-6）

### 1. 零件图样分析

1）该零件外圆有一个密封圈槽，渗碳淬火后密封圈槽不再加工，故车削加工

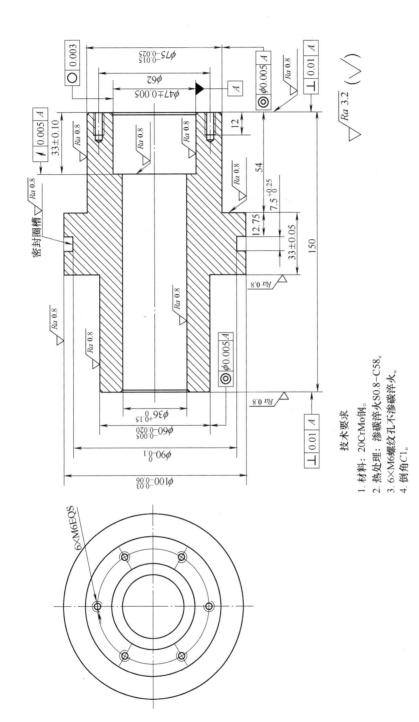

技术要求
1. 材料：20CrMo钢。
2. 热处理：渗碳淬火处80.8~C58。
3. 6×M6螺纹孔不渗碳淬火。
4. 倒角C1。

图 3-6 数控车床活塞

时应考虑热处理变形趋势。

2）零件材料为20CrMo钢。

3）渗碳层深度为0.8～1.2mm，淬火并回火后硬度为58～63HRC。

**2. 工艺分析**

1）为保证活塞端面与基准面的垂直度、外圆与内孔的同轴度，应把工件安装在心轴上，以内孔作为定位基准磨削外圆和端面。

2）渗碳淬火后$\phi90_{-0.1}^{0}$mm密封圈槽尺寸的变形趋势一般为缩小，故车削加工此尺寸时，应尽量将其车至上极限偏差。

**3. 机械加工工艺过程**（见表3-3）

表3-3 数控车床活塞机械加工工艺过程 （单位：mm）

| 零件名称 | 毛坯种类 | | 材料 | 生产类型 |
|---|---|---|---|---|
| 数控车床活塞 | 圆钢 | | 20CrMo 钢 | 小批量 |

| 工序 | 工步 | 工序内容 | 设备 | 刀具、量具、辅具 |
|---|---|---|---|---|
| 10 | | 下料 $\phi110\times160$ | 锯床 | |
| 20 | | 车 | 卧式车床 | |
| | 1 | 用自定心卡盘夹毛坯外圆一端，找正，夹紧，车尺寸150,右面留磨削余量0.10 | | 45°弯头车刀 |
| | 2 | 钻内孔至 $\phi30$ | | $\phi30$ 麻花钻 |
| | 3 | 车 $\phi47\pm0.005$ 内孔，留磨削余量0.40 | | 内孔车刀 |
| | 4 | 车 $\phi36_{0}^{+0.15}$ 内孔，留磨削余量0.20 | | 内孔车刀 |
| | 5 | 车 $\phi75_{-0.025}^{-0.015}$ 外圆，留磨削余量0.40 | | 90°外圆车刀 |
| | 6 | 车尺寸54,左面留磨削余量0.10 | | |
| | 7 | 车 $\phi90_{-0.1}^{0}$ 密封圈槽至 $\phi90_{+0.05}^{+0.10}$,宽 $7.5_{0}^{+0.25}$,保证尺寸12.75 | | 切槽刀 |
| | 8 | 车内外圆倒角 C1 | | 45°弯头车刀 |
| | 9 | 调头。用自定心卡盘夹 $\phi75_{-0.025}^{-0.015}$ 外圆,找正,夹紧,车尺寸150,左面留磨削余量0.10,保证总长150.20 | | 45°弯头车刀 |
| | 10 | 车 $\phi60_{-0.020}^{-0.005}$ 外圆,留磨削余量0.40 | | 90°外圆车刀 |
| | 11 | 车内外圆倒角 C1 | | 45°弯头车刀 |
| 30 | | 钻孔、攻螺纹 | 立式加工中心 | |
| | 1 | 钻 6×M6 螺纹底孔至 $\phi5$ | | $\phi5$ 麻花钻 |
| | 2 | 攻 6×M6 螺纹孔至要求 | | M6 丝锥 |
| 40 | | 钳工 | 钳工台 | |

（续）

| 工序 | 工步 | 工 序 内 容 | 设 备 | 刀具、量具、辅具 |
|---|---|---|---|---|
| | 1 | 去毛刺 | | |
| | 2 | 装 6×M6 螺钉,防止 6×M6 螺纹渗碳淬火 | | |
| 50 | | 热处理:渗碳淬火,渗碳层深度为 0.8~1.2mm,淬火并回火后硬度为 58~63HRC | 多用炉 | |
| 60 | | 钳工:卸 6×M6 螺钉 | 钳工台 | |
| 70 | | 磨内孔 | 内圆磨床 | |
| | 1 | 夹 $\phi60_{-0.020}^{-0.005}$ 外圆,找正 $\phi75_{-0.025}^{-0.015}$ 外圆及右端面,磨 $\phi47\pm0.005$ 内孔成,表面粗糙度 $Ra0.8\mu m$ | | |
| | 2 | 靠磨 33±0.10 左面成,表面粗糙度 $Ra0.8\mu m$ | | |
| | 3 | 磨 $\phi36_{0}^{+0.15}$ 内孔至 $\phi36H7$,表面粗糙度 $Ra0.8\mu m$ | | |
| 80 | | 磨外圆、端面 | 外圆磨床 | |
| | 1 | 在 $\phi36H7$ 内孔穿锥度心轴,磨 $\phi75_{-0.025}^{-0.015}$ 外圆至要求,表面粗糙度 $Ra0.8\mu m$ | | 锥度心轴 |
| | 2 | 靠磨 33±0.05 右面成,表面粗糙度 $Ra0.8\mu m$ | | |
| | 3 | 靠磨 33±0.05 左面成,表面粗糙度 $Ra0.8\mu m$ | | |
| | 4 | 靠磨尺寸 150 右面成,表面粗糙度 $Ra0.8\mu m$ | | |
| | 5 | 靠磨尺寸 150 左面成,表面粗糙度 $Ra0.8\mu m$ | | |
| | 6 | 磨 $\phi100_{-0.06}^{-0.03}$ 外圆至要求,表面粗糙度 $Ra0.8\mu m$ | | |
| | 7 | 磨 $\phi60_{-0.020}^{-0.005}$ 外圆至要求,表面粗糙度 $Ra0.8\mu m$ | | |
| 90 | | 检验 | 检验站 | |
| 100 | | 涂油、包装、入库 | 库房 | |

## 实例 4　活塞杆(1)(见图 3-7)

**1. 零件图样分析**

1)该零件属于细长轴,尺寸公差和几何公差要求都很高,表面质量要求也很高。

2)零件材料为 20CrMo 钢。

3)渗碳层深度为 0.8~1.2mm,淬火并回火后硬度为 58~63HRC。

**2. 工艺分析**

1)为保证零件外圆同轴度,应以两端中心孔作为定位基准,磨削外圆和端面。

2)渗碳淬火后,矫直各外圆,径向圆跳动误差控制在 0.10mm 以内。

3)渗碳淬火后,用中心孔磨床磨两端中心孔。

4)渗碳淬火前,车削加工密封圈 $\phi44_{-0.08}^{0}$ mm 尺寸时,一定要控制此尺寸加工至中间公差。

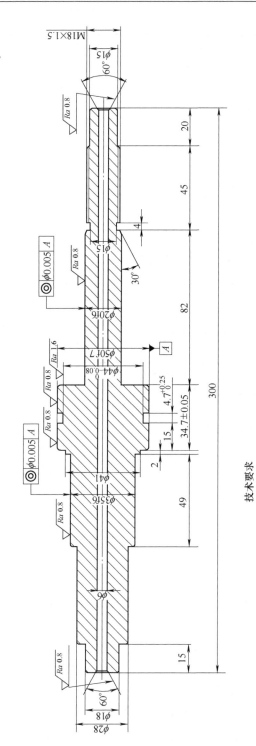

技术要求
1. 材料：20CrMo钢。
2. 热处理：渗碳淬火S0.8-C58。
3. M18×1.5螺纹不渗碳淬火。
4. 倒角C1。

图 3-7 活塞杆（1）

**3.** 机械加工工艺过程(见表 3-4)

### 表 3-4　活塞杆(1)机械加工工艺过程　　　　　　(单位:mm)

| 零件名称 | 毛坯种类 | 材 料 | 生产类型 |
|---|---|---|---|
| 活塞杆 | 圆钢 | 20CrMo 钢 | 小批量 |

| 工序 | 工步 | 工序内容 | 设 备 | 刀具、量具、辅具 |
|---|---|---|---|---|
| 10 | | 下料 $\phi 55 \times 310$ | 锯床 | |
| 20 | | 精车 | 数控车床 | |
| | 1 | 用自定心卡盘夹毛坯外圆一端,找正,夹紧,车左端面,见平即可 | | 35° 机夹刀片 |
| | 2 | 钻 $\phi 6$ 孔 | | $\phi 6$ 加长麻花钻 |
| | 3 | 车左端 60° 坡口 | | 35° 机夹刀片 |
| | 4 | 车 $\phi 18 \times 15$ 外圆成 | | 35° 机夹刀片 |
| | 5 | 车 $\phi 28$ 外圆成 | | 35° 机夹刀片 |
| | 6 | 车 $\phi 35 f6$ 外圆,留磨削余量 0.40 | | 35° 机夹刀片 |
| | 7 | 车 $\phi 41 \times 2$ 外圆成 | | 35° 机夹刀片 |
| | 8 | 车 $\phi 50 f7$ 外圆,留磨削余量 0.40 | | 35° 机夹刀片 |
| | 9 | 车 $\phi 44^{~~0}_{-0.08}$ 槽至 $\phi 44^{-0.02}_{-0.06}$,宽 $4.7^{+0.25}_{~~0}$,保证尺寸 15 | | 切槽刀 |
| | 10 | 调头,用自定心卡盘夹 $\phi 35 f6$ 外圆,找正,夹紧,车右端面成,保证总长 300 | | 35° 机夹刀片 |
| | 11 | 车右端 60° 坡口 | | 35° 机夹刀片 |
| | 12 | 用顶尖顶住右端 60° 坡口,车 $\phi 15$ 外圆至 $\phi 20.4$ | | 35° 机夹刀片 |
| | 13 | 车 $M18 \times 1.5$ 螺纹外圆至 $\phi 20.4$ | | 35° 机夹刀片 |
| | 14 | 车 $\phi 20 f6 \times 82$ 外圆至 $\phi 20.4 \times 81.90$ | | 35° 机夹刀片 |
| | 15 | 车 30° 外圆倒角 | | 35° 机夹刀片 |
| | 16 | 车其余外圆倒角 $C1$ | | 35° 机夹刀片 |
| 30 | | 热处理 | | |
| | 1 | 渗碳淬火:渗碳层深度为 0.8~1.2mm,淬火并回火硬度为 58~63HRC<br>要求:M18 螺纹外圆及 $\phi 15$ 外圆涂防渗碳涂料,再将零件吊挂入炉 | 多用炉 | |
| | 2 | 喷砂 | 喷砂机 | |
| | 3 | 矫直各外圆,径向圆跳动误差控制在 0.10 以内 | 压力机 | |
| 40 | | 磨两端 60° 坡口 | 中心孔磨床 | |
| 50 | | 车 | 卧式车床 | |
| | 1 | 车 $M18 \times 1.5$ 螺纹外圆,留磨削余量 0.10 | | 90° 外圆车刀 |

（续）

| 工序 | 工步 | 工序内容 | 设　　备 | 刀具、量具、辅具 |
|---|---|---|---|---|
| | 2 | 车 $\phi15$ 外圆成,表面粗糙度 $Ra3.2\mu m$ | | 90°外圆车刀 |
| 60 | | 磨外圆 | 外圆磨床 | |
| | 1 | 磨 M18×1.5 螺纹外圆至 $\phi18^{-0.10}_{-0.15}$ | | |
| | 2 | 磨 $\phi20f6$ 外圆成,表面粗糙度 $Ra0.8\mu m$ | | |
| | 3 | 磨 $\phi50f7$ 外圆成,表面粗糙度 $Ra0.8\mu m$ | | |
| | 4 | 磨 $\phi35f6$ 外圆成,表面粗糙度 $Ra0.8\mu m$ | | |
| 70 | | 车 M18×1.5 螺纹成 | 数控车床 | 螺纹车刀 |
| 80 | | 检验 | 检验站 | |
| 90 | | 涂油、包装、入库 | 库房 | |

**实例 5　活塞杆**（2）（见图 3-8）

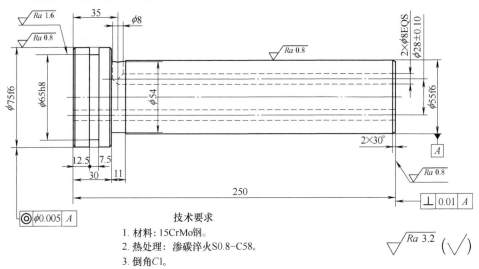

**技术要求**

1. 材料:15CrMo钢。
2. 热处理:渗碳淬火S0.8-C58。
3. 倒角C1。

图 3-8　活塞杆（2）

**1. 零件图样分析**

1)该零件 $\phi55f6$ 外圆、$\phi75f6$ 外圆尺寸公差和几何公差要求都很高,表面质量要求也很高。

2)零件材料为 15CrMo 钢。

3)渗碳层深度为 0.8~1.2mm,淬火并回火后硬度为 58~63HRC。

**2. 工艺分析**

1)为保证零件外圆的同轴度,以两端中心孔作为定位基准,磨削外圆和端面。

2)渗碳淬火后,矫直各外圆,径向圆跳动误差控制在 0.10mm 以内。

3)渗碳淬火后,磨两端中心孔。

**3. 机械加工工艺过程**(见表 3-5)

表 3-5　活塞杆(2)机械加工工艺过程 （单位:mm）

| 零件名称 | 毛坯种类 | 材　料 | 生产类型 |
|---|---|---|---|
| 活塞杆 | 圆钢 | 15CrMo 钢 | 小批量 |

| 工序 | 工步 | 工序内容 | 设备 | 刀具、量具、辅具 |
|---|---|---|---|---|
| 10 | | 下料 $\phi$80×255 | 锯床 | |
| 20 | | 精车 | 数控车床 | |
| | 1 | 用自定心卡盘夹毛坯外圆一端,找正,夹紧,车右端面成 | | 35°机夹刀片 |
| | 2 | 钻 2×$\phi$8 孔 | | $\phi$8 加长麻花钻 |
| | 3 | 钻研右端中心孔 B2.5/8 | | 中心钻 |
| | 4 | 车 $\phi$55f6 外圆,留磨削余量 0.40 | | 35°机夹刀片 |
| | 5 | 车 $\phi$54×11 成 | | 切槽刀 |
| | 6 | 车外圆倒角 2×30° | | 35°机夹刀片 |
| | 7 | 调头。用自定心卡盘夹 $\phi$55f6 外圆,找正,夹紧,车左端面成,保证总长 250 | | 35°机夹刀片 |
| | 8 | 钻研左端中心孔 B2.5/8 | | 中心钻 |
| | 9 | 车 $\phi$75f6 外圆,留磨削余量 0.40 | | 35°机夹刀片 |
| | 10 | 车 $\phi$65h8 外圆成,宽 7.5,保证尺寸 12.5 | | 切槽刀 |
| | 11 | 车外圆倒角 C1 | | 35°机夹刀片 |
| 30 | | 划线:划 $\phi$8 孔($\phi$55f6 外圆上)位置线 | 划线台 | |
| 40 | | 钻孔:钻 $\phi$8 孔成($\phi$55f6 外圆上) | 立式加工中心 | |
| 50 | | 热处理 | | |
| | 1 | 渗碳淬火:渗碳层深度为 0.8~1.2mm,淬火并回火后硬度为 58~63HRC | 多用炉 | |
| | 2 | 喷砂 | 喷砂机 | |
| | 3 | 矫直各外圆,径向圆跳动误差控制在 0.10 以内 | | 偏摆仪 |
| 60 | | 磨两端中心孔 | 中心孔磨床 | |
| 70 | | 磨外圆 | 外圆磨床 | |
| | 1 | 磨 $\phi$55f6 外圆成,表面粗糙度 $Ra$0.8$\mu$m | | |
| | 2 | 磨 $\phi$75f6 外圆成,表面粗糙度 $Ra$0.8$\mu$m | | |
| 80 | | 检验 | 检验站 | |
| 90 | | 涂油、包装、入库 | 库房 | |

**实例6 活塞齿盘**（见图3-9）

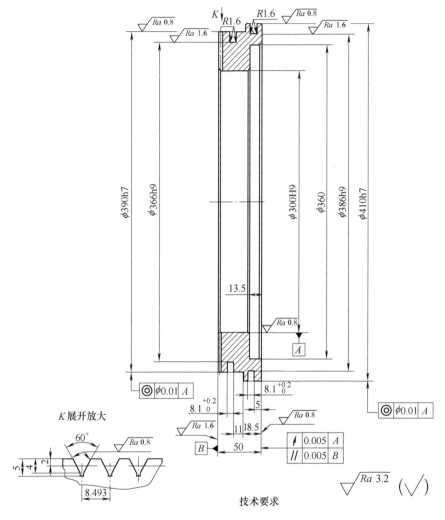

图 3-9 活塞齿盘

**技术要求**

1. 齿盘齿形为平行齿，齿数144。
2. 该件与对啮齿盘任意位置啮合时，齿面结合率≥80%，齿数结合率≥95%。
3. 齿的相邻及累积分度精度为±2″。
4. 锐边倒钝。
5. 未注倒角C1。
6. 材料：20Cr钢。
7. 热处理：渗碳淬火S0.9–C58。

## 1. 零件图样分析

1）该零件为活塞齿盘，齿盘齿形为平行齿，齿的分度精度±2″，齿面结合率≥80%，齿数结合率≥95%。

2）零件材料为 20Cr 钢。

3）渗碳层深度为 0.9~1.3mm，淬火并回火后硬度为 58~63HRC。

**2. 工艺分析**

1）为保证零件齿的分度精度 ±2″，齿面结合率≥80%，齿数结合率≥95%，齿部加工应安排粗加工、半精加工、精加工三次加工。

2）毛坯锻造后，应加正火工序。

3）由于零件结构比较复杂，渗碳淬火时要注意控制变形量。热处理装炉时应将齿部朝下放置，这样可以减少变形。

4）为了消除零件加工中产生的应力，精加工前应安排热处理油煮定性工序。

**3. 机械加工工艺过程**（见表 3-6）

表 3-6　活塞齿盘机械加工工艺过程　　　　　　　　（单位：mm）

| 零件名称 | 毛坯种类 | 材　　料 | 生产类型 |
|---|---|---|---|
| 活塞齿盘 | 锻件 | 20Cr 钢 | 小批量 |

| 工序 | 工步 | 工　序　内　容 | 设　　备 | 刀具、量具、辅具 |
|---|---|---|---|---|
| 10 | | 锻造 | 锻压机床 | |
| 20 | | 粗车 | 卧式车床 | |
| | 1 | 用自定心卡盘夹毛坯外圆左端，找正，夹紧，车右端面见平即可 | | 45°弯头车刀 |
| | 2 | 车各内孔至 $\phi$296 | | 内孔车刀 |
| | 3 | 车 $\phi$410h7 外圆，留精车余量 4 | | 90°外圆车刀 |
| | 4 | 调头。用自定心卡盘夹 $\phi$410h7 外圆，找正，夹紧，车左端面成，保证总长 55 | | 45°弯头车刀 |
| | 5 | 车 $\phi$390h7 外圆，留精车余量 4 | | 90°外圆车刀 |
| 30 | | 精车 | 数控车床 | |
| | 1 | 用自定心卡盘夹 $\phi$390h7 外圆，找正，夹紧，车右端面留磨削余量 0.60 | | 35°机夹刀片 |
| | 2 | 车 $\phi$300H9 内孔，留磨削余量 0.8 | | 35°机夹刀片 |
| | 3 | 车 $\phi$360 内孔成，表面粗糙度 $Ra$3.2$\mu$m | | 35°机夹刀片 |
| | 4 | 车 $\phi$410h7 外圆，留磨削余量 0.8 | | 35°机夹刀片 |
| | 5 | 车 $\phi$386h9 × 8.1$_{0}^{+0.2}$ 成，表面粗糙度 $Ra$1.6$\mu$m | | 切槽刀 |
| | 6 | 车右端内外圆倒角 $C$1 | | 35°机夹刀片 |
| | 7 | 调头。撑 $\phi$360 内孔，找正 $\phi$410h7 外圆，车 $\phi$390h7 外圆，留磨削余量 0.8 | | |
| | 8 | 车 $\phi$366h9×8.1$_{0}^{+0.2}$ 成，表面粗糙度 $Ra$1.6$\mu$m | | 切槽刀 |

（续）

| 工序 | 工步 | 工序内容 | 设　备 | 刀具、量具、辅具 |
|---|---|---|---|---|
|  | 9 | 车左端内外圆倒角 C1 |  | 35°机夹刀片 |
| 40 |  | 粗磨齿:按 φ300H9 内孔找正至 0.02,磨 144 齿,齿厚单侧面留磨削余量 0.30 | 数控端齿磨床 | 压板 |
| 50 |  | 钳工:去毛刺、倒角 | 钳工台 |  |
| 60 |  | 热处理 |  |  |
|  | 1 | 时效 | 箱式炉 |  |
|  | 2 | 渗碳淬火:渗碳层深度为 0.9～1.3mm,淬火并回火后硬度为 58~63HRC | 多用炉 |  |
|  | 3 | 矫平调直 | 压力机 |  |
|  | 4 | 喷砂 | 喷砂机 |  |
|  | 5 | 检验零件平面度及热处理各项要求 | 平台、仪器 |  |
| 70 |  | 粗磨平面 | 平面磨床 |  |
|  | 1 | 以右端面为基准磨左端面,留磨削余量 0.10 |  |  |
|  | 2 | 吸左端面,磨右端面,留磨削余量 0.10,保证尺寸 50 至 50.20 |  |  |
| 80 |  | 热处理:油煮定性 | 油炉 |  |
| 90 |  | 磨两面 | 平面磨床 |  |
|  | 1 | 以右端面为基准,磨左端面留磨削余量 0.05 |  |  |
|  | 2 | 吸左端面,磨右端面,留磨削余量 0.05,保证尺寸 50 至 50.10 |  |  |
| 100 |  | 精磨内、外圆 | 数控立式磨床 |  |
|  | 1 | 以右端面为基准,找正 φ410h7 外圆,磨左端面,留磨削余量 0.02 |  |  |
|  | 2 | 磨 φ300H9 内孔成,表面粗糙度 Ra0.8μm |  |  |
|  | 3 | 磨 φ390h7 外圆成,表面粗糙度 Ra0.8μm |  |  |
|  | 4 | 磨 φ410h7 外圆成,表面粗糙度 Ra0.8μm |  |  |
|  | 5 | 调头。磨右端面,留磨削余量 0.02,保证尺寸至 50.04 |  |  |
|  | 6 | 检验要求:φ390h7 外圆、φ410h7 外圆的同轴度误差在 0.01 以内,两端面平行度误差在 0.005 以内 |  |  |
| 110 |  | 半精磨齿 | 数控端齿磨床 |  |
|  | 1 | 用压板压 $\phi366h9×8.1^{+0.2}_{0}$ 槽处,找正 φ300H9 内孔,再找正齿槽 |  |  |

（续）

| 工序 | 工步 | 工 序 内 容 | 设　备 | 刀具、量具、<br>辅具 |
|---|---|---|---|---|
| | 2 | 磨端齿,留精磨余量,齿厚单侧面留磨削余量 0.10 | | |
| 120 | | 热处理:油煮定性 | 油炉 | |
| 130 | | 精磨端面 | 数控立式<br>磨床 | |
| | 1 | 精磨右端面,表面粗糙度 $Ra0.8\mu m$,平面度公差为 0.005 | | |
| | 2 | 精磨左端面,表面粗糙度 $Ra0.8\mu m$,平行度公差为 0.005 | | |
| 140 | | 精磨齿 | 数控端齿<br>磨床 | |
| | 1 | 用压板压 $\phi366h9 \times 8.1_{0}^{+0.2}$ 槽处,找正 $\phi300H9$ 内孔至 0.003,再找正齿槽 | | |
| | 2 | 磨端齿成 | | |
| 150 | | 检验 | | |
| | 1 | 检验单件零件齿部及其他各项精度 | 三坐标<br>测量仪 | |
| | 2 | 检验组件齿面结合率、齿数结合率及组件合装尺寸 | 平 台 | |

# 第4章

# 盘类零件

## 4.1 盘类零件的结构特点与技术要求

盘类零件是机械加工中常见的典型零件之一。盘类零件的种类主要有：支撑传动轴的各种轴承、法兰盘、轴承盘、压盘、端盖、套环透盖等。

盘类零件由于用途不同，其结构和尺寸有着较大的差异，但仍有共同的特点：零件结构不太复杂，主要为同轴度要求较高的内外旋转表面；多为薄壁件，容易变形；零件尺寸大小各异。盘类零件一般长度比较短，直径比较大。

## 4.2 盘类零件的加工工艺分析和定位基准选择

**1. 盘类零件的加工工艺分析**

盘类零件加工的主要工序多为内孔与外圆表面的粗、精加工，尤以孔的粗、精加工最为重要。常采用的加工方法有钻孔、扩孔、铰孔、镗孔、磨孔、拉孔及研磨孔等，其中钻孔、扩孔、镗孔一般作为孔的粗加工与半精加工，铰孔、磨孔、拉孔及研磨孔为孔的精加工。在确定孔的加工方案时一般按以下原则进行。

1）孔径较小的孔，大多采用钻—扩—铰的方案。

2）孔径较大的孔，大多采用钻孔后镗孔及进一步精加工的方案。

3）淬火钢或精度要求较高的套筒类零件，则须采用磨孔的方案。

**2. 盘类零件的定位基准选择**

盘类零件定位基准的选择根据零件不同的作用，主要基准的选择会有所不同：一是以端面为主，其零件加工中的主要定位基准为平面；二是以内孔为主，由于盘的轴向尺寸小，往往在以孔为定位基准（径向）的同时，辅以端面的配合；三是以外圆为主定位基准。

盘类零件的主要定位基准应为内外圆中心。外圆表面与内孔中心有较高同轴度要求，加工中常互为基准，反复加工，保证图样技术要求。

零件以外圆定位时，可直接采用自定心卡盘安装。当壁厚较小时，直接采用自定心卡盘装夹会引起工件变形，可通过径向夹紧、软爪装夹、刚性开口环夹紧或适当增大卡爪面积等方法解决。当外圆轴向尺寸较小时，可与已加工过的端面组合定位，如采用反爪安装；工件较长时，可采用"一夹一托"法安装。

零件以内孔定位时，可采用心轴安装（圆柱心轴、可胀式心轴）。当零件的内、外圆同轴度要求较高时，可采用小锥度心轴和液性塑料心轴安装。当工件较长时，可在两端孔口各加工出一小段 60° 锥面，用两个圆锥对顶定位。当零件的尺寸较小时，尽量在一次装夹下加工出较多表面，既减小装夹次数及装夹误差，又容易获得较高的位置精度。零件也可根据其结构形状及加工要求设计专用夹具安装。

## 4.3 盘类零件的材料及热处理

**1. 盘类零件的材料**

盘类零件常采用钢、铸铁、青铜或黄铜制成。孔径小的盘一般选择热轧或冷拔棒料。根据不同材料，可选择实心铸件；孔径较大时，可做出预孔。若生产批量较大，可选择冷挤压等先进毛坯制造工艺，既提高生产率，又节约材料。

**2. 盘类零件的热处理**

1) 盘类零件的热处理工序有正火、退火、调质、渗碳淬火、高频感应淬火、渗氮、时效、油煮定性等。

2) 常用热处理设备有箱式炉、多用炉、高频感应淬火机床、渗碳炉、渗氮炉、回火炉等。

## 4.4 盘类零件加工实例

**实例 1 轴承盘**（见图 4-1）

**1. 零件图样分析**

1) 图 4-1 中两个轴承孔 $\phi 90^{+0.027}_{+0.012}$ mm 要求同轴，$\phi 135$h6 外圆对 $\phi 90^{+0.027}_{+0.012}$ mm

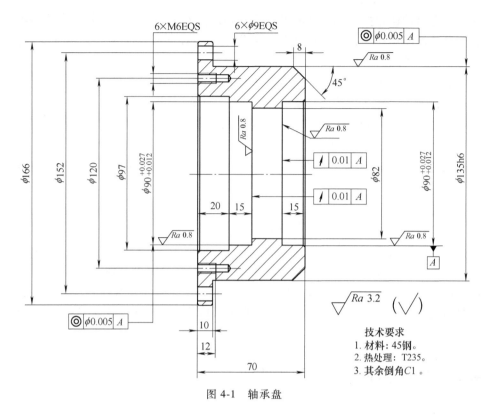

图 4-1 轴承盘

孔的同轴度公差为 $\phi$0.005mm。

2）零件材料为 45 钢。

3）调质硬度为 220~250HBW。

**2. 工艺分析**

1）零件粗车后，增加热处理调质工序。

2）对两个轴承孔 $\phi90^{+0.027}_{+0.012}$mm 及 $\phi$135h6 外圆，精车留磨削余量，通过磨削加工来保证尺寸、几何公差等要求。

**3. 机械加工工艺过程**（见表 4-1）

表 4-1 轴承盘机械加工工艺过程 （单位：mm）

| 零件名称 | 毛坯种类 | 材 料 | 生产类型 |
|---|---|---|---|
| 轴承盘 | 圆钢 | 45 钢 | 小批量 |

| 工序 | 工步 | 工序内容 | 设备 | 刀具、量具、辅具 |
|---|---|---|---|---|
| 10 | | 下料 $\phi$170×75 | 锯床 | |
| 20 | | 粗车 | 卧式车床 | |

（续）

| 工序 | 工步 | 工序内容 | 设备 | 刀具、量具、辅具 |
|---|---|---|---|---|
| | 1 | 夹坯料外圆,车端面,见平即可 | | 45°弯头车刀 |
| | 2 | 钻孔 φ45 | | φ45 麻花钻 |
| | 3 | 车孔至 φ80 | | 内孔车刀 |
| | 4 | 车 φ135h6 外圆至 φ138 | | 45°弯头车刀 |
| | 5 | 调头。夹 φ135h6 外圆,车端面,保证总长 73 | | 45°弯头车刀 |
| | 6 | 车 φ166 外圆至 φ168 | | 90°外圆车刀 |
| 30 | | 热处理:调质,硬度为 220~250HBW | 盐浴炉、回火炉 | |
| 40 | | 精车 | 卧式车床 | |
| | 1 | 夹 φ166 外圆,找正,夹紧,车右端面至要求,表面粗糙度 $Ra3.2\mu m$ | | 45°弯头车刀 |
| | 2 | 车 φ135h6 外圆,留磨削余量 0.30 | | 45°弯头车刀 |
| | 3 | 车外圆倒角 C8 成 | | 45°弯头车刀 |
| | 4 | 车右端 $\phi90^{+0.027}_{+0.012}$ 孔,留磨削余量 0.30,长度 15 | | 内孔车刀 |
| | 5 | 车 φ82 孔至要求,表面粗糙度 $Ra3.2\mu m$ | | 内孔车刀 |
| | 6 | 调头。夹 φ135h6 外圆,找正,夹紧,车端面,保证总长 70 | | 45°弯头车刀 |
| | 7 | 车 φ166 外圆至要求,表面粗糙度 $Ra3.2\mu m$ | | 90°外圆车刀 |
| | 8 | 车左端 $\phi90^{+0.027}_{+0.012}$ 孔,留磨削余量 0.30,长度 15 | | 内孔车刀 |
| | 9 | 车 φ97 孔至要求,长度 15,表面粗糙度 $Ra3.2\mu m$ | | 内孔车刀 |
| | 10 | 车内外圆倒角 C1 | | 45°弯头车刀 |
| 50 | | 钻孔 | 立式加工中心 | |
| | 1 | 钻 6×φ9 孔成 | | φ9 麻花钻 |
| | 2 | 钻 6×M6 螺纹底孔至 φ5 | | φ5 麻花钻 |
| | 3 | 攻 6×M6 螺纹 | | M6 丝锥 |
| 60 | | 磨外圆 | 外圆磨床 | |
| | 1 | 组装端压心轴,按 φ135h6 外圆及端面找正,磨 φ135h6 外圆至要求,表面粗糙度 $Ra0.8\mu m$ | | 端压心轴 |
| | 2 | 靠磨尺寸 10 右端面成(工艺要求),表面粗糙度 $Ra0.8\mu m$ | | |

（续）

| 工序 | 工步 | 工 序 内 容 | 设备 | 刀具、量具、辅具 |
|---|---|---|---|---|
| 70 | | 磨内孔 | 内圆磨床 | |
| | 1 | 夹 $\phi$135h6 外圆，按 $\phi$135h6 外圆及端面找正至 0.005，夹紧，磨右端 $\phi90^{+0.027}_{+0.012}$ 孔至要求，表面粗糙度 $Ra0.8\mu m$ | | |
| | 2 | 磨右端 $\phi$82 孔见圆（工艺要求） | | |
| | 3 | 磨左端 $\phi90^{+0.027}_{+0.012}$ 孔至要求，表面粗糙度 $Ra0.8\mu m$ | | |
| 80 | | 检验 | 检验站 | |
| 90 | | 涂油、包装、入库 | 库房 | |

**实例 2　端盖**（见图 4-2）

**1. 零件图样分析**

1）图 4-2 中 $\phi$50f8 外圆、$\phi$90h5 外圆对 $\phi$130g6 外圆的同轴度公差为 $\phi$0.005mm。

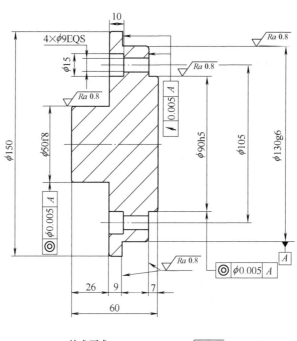

**技术要求**

1. 材料：45钢。
2. 热处理：$\phi$50f8外圆淬火G48。
3. 其余倒角C1。

图 4-2　端盖

2）零件材料为 45 钢。

3）φ50f8 外圆高频感应淬火并回火后硬度为 48～53HRC。

**2. 工艺分析**

1）零件精车后，φ50f8 外圆要高频感应淬火，需要留足够的磨削余量。

2）φ50f8 外圆与 φ130g6 外圆的同轴度要求高，磨削加工 φ50f8 外圆、φ130g6 外圆时，应一次装夹完成。

**3. 机械加工工艺过程**（见表 4-2）

表 4-2　端盖机械加工工艺过程　　　　　　　　（单位：mm）

| 零件名称 | | 毛坯种类 | 材　料 | 生产类型 |
|---|---|---|---|---|
| 端盖 | | 圆钢 | 45 钢 | 小批量 |

| 工序 | 工步 | 工序内容 | 设备 | 刀具、量具、辅具 |
|---|---|---|---|---|
| 10 | | 下料 φ160×65 | 锯床 | |
| 20 | | 粗车 | 卧式车床 | |
| | 1 | 夹坯料外圆，车端面，见平即可 | | 45°弯头车刀 |
| | 2 | 车 φ50f8 外圆至 φ52，长度 26 | | 90°外圆车刀 |
| | 3 | 调头。夹 φ50f8 外圆，车端面，保证总长 62 | | 45°弯头车刀 |
| | 4 | 车 φ90h5 外圆至 φ92，长度 7 | | 90°外圆车刀 |
| | 5 | 车 φ130g6 外圆至 φ132 | | 90°外圆车刀 |
| | 6 | 车 φ150 外圆至 φ152，长度 11 | | 90°外圆车刀 |
| 30 | | 精车 | 卧式车床 | |
| | 1 | 夹 φ130g6 外圆，找正 φ50f8 外圆，夹紧，车左端面至要求，表面粗糙度 Ra3.2μm | | 45°弯头车刀 |
| | 2 | 钻中心孔 A2.5/5.3 | | 中心钻 |
| | 3 | 车 φ50f8 外圆，留磨削余量 0.30，长度 26 | | 90°外圆车刀 |
| | 4 | 车外圆倒角 C1 | | 45°弯头车刀 |
| | 5 | 调头。夹 φ50f8 外圆，找正，夹紧，车端面，保证总长 60，表面粗糙度 Ra3.2μm | | 45°弯头车刀 |
| | 6 | 钻中心孔 A2.5/5.3 | | 中心钻 |
| | 7 | 车 φ90h5 外圆，留磨削余量 0.30 | | 90°外圆车刀 |
| | 8 | 车尺寸 7，左面留磨削余量 0.10 | | 45°弯头车刀 |
| | 9 | 车 φ130g6 外圆，留磨削余量 0.30 | | 90°外圆车刀 |
| | 10 | 车尺寸 9，右面留磨削余量 0.10 | | 45°弯头车刀 |
| | 11 | 车 φ150 外圆至要求，表面粗糙度 Ra3.2μm | | 90°外圆车刀 |
| | 12 | 车外圆倒角 C1 | | 45°弯头车刀 |
| 40 | | 钻孔 | 钻床 | |

（续）

| 工序 | 工步 | 工序内容 | 设备 | 刀具、量具、辅具 |
|---|---|---|---|---|
| | 1 | 钻 4×ϕ9 孔成 | 钻床 | ϕ9 麻花钻 |
| | 2 | 锪 4×ϕ15 孔成 | | ϕ15 锪钻 |
| 50 | | 热处理：ϕ50f8 外圆高频感应淬火并回火，硬度为 48～53HRC | 高频感应淬火机床、回火炉 | |
| 60 | | 磨外圆 | 外圆磨床 | |
| | 1 | 磨 ϕ50f8 外圆至要求，表面粗糙度 $Ra0.8\mu m$ | | |
| | 2 | 磨 ϕ90h5 外圆至要求，表面粗糙度 $Ra0.8\mu m$ | | |
| | 3 | 磨 ϕ130g6 外圆至要求，表面粗糙度 $Ra0.8\mu m$ | | |
| | 4 | 靠磨尺寸 7 左面成，表面粗糙度 $Ra0.8\mu m$ | | |
| | 5 | 靠磨尺寸 9 右面成，表面粗糙度 $Ra0.8\mu m$ | | |
| 70 | | 检验 | 检验站 | |

**实例3 压盖**（见图 4-3）

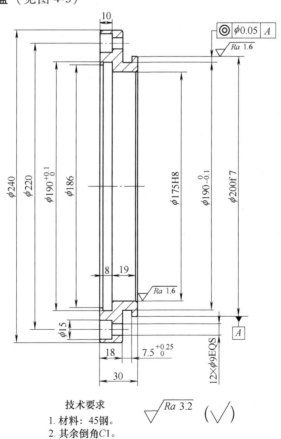

**技术要求**
1. 材料：45钢。
2. 其余倒角C1。

图 4-3 压盖

**1. 零件图样分析**

1）图 4-3 中 $\phi 190_{-0.1}^{\ 0}$ mm 外圆槽对 $\phi 200$f7 外圆的同轴度公差为 $\phi 0.05$mm。

2）零件材料为 45 钢。

**2. 工艺分析**

1）零件孔壁较薄，加工时容易产生变形。

2）为了保证 $\phi 190_{-0.1}^{\ 0}$ mm 外圆槽对 $\phi 200$f7 外圆的同轴度公差为 $\phi 0.05$mm，$\phi 190_{-0.1}^{\ 0}$ mm 外圆槽与 $\phi 200$f7 外圆要一次装夹加工完成。

**3. 工艺过程**（见表 4-3）

表 4-3　压盖机械加工工艺过程　　　　　　（单位：mm）

| 零件名称 | | 毛坯种类 | 材　料 | 生产类型 |
|---|---|---|---|---|
| 压盖 | | 圆钢 | 45 钢 | 小批量 |
| 工序 | 工步 | 工序内容 | 设备 | 刀具、量具、辅具 |
| 10 | | 下料 $\phi 250 \times 40$ | 锯床 | |
| 20 | | 粗车 | 卧式车床 | |
| | 1 | 夹坯料外圆，车端面，见平即可 | | 45°弯头车刀 |
| | 2 | 车 $\phi 200$f7 外圆至 $\phi 202$，长度 12 | | 90°外圆车刀 |
| | 3 | 钻孔 $\phi 45$ | | $\phi 45$ 麻花钻 |
| | 4 | 车通孔至 $\phi 72$ | | 内孔车刀 |
| | 5 | 调头。夹 $\phi 200$f7 外圆，车端面，保证总长 32 | | 45°弯头车刀 |
| | 6 | 车 $\phi 240$ 外圆至 $\phi 242$ | | 90°外圆车刀 |
| 30 | | 精车 | 卧式车床 | |
| | 1 | 夹 $\phi 200$f7 外圆，找正内孔，夹紧，车左端面至要求，表面粗糙度 $Ra3.2\mu m$ | | 45°弯头车刀 |
| | 2 | 车 $\phi 240$ 外圆至要求，表面粗糙度 $Ra3.2\mu m$ | | 90°外圆车刀 |
| | 3 | 车 $\phi 186$ 内孔至要求，表面粗糙度 $Ra3.2\mu m$ | | 内孔车刀 |
| | 4 | 车内孔槽 $\phi 190_{\ 0}^{+0.1}$ 至要求，表面粗糙度 $Ra3.2\mu m$ | | 切槽刀 |
| | 5 | 车 $\phi 175$H8 内孔至要求，表面粗糙度 $Ra1.6\mu m$ | | 内孔车刀 |
| | 6 | 车内外圆倒角 C1 | | 45°弯头车刀 |
| | 7 | 调头。夹 $\phi 240$ 外圆，找正内孔，夹紧，车右端面至要求，表面粗糙度 $Ra1.6\mu m$ | | 45°弯头车刀 |
| | 8 | 车 $\phi 200$f7 外圆至要求，表面粗糙度 $Ra1.6\mu m$ | | 90°外圆车刀 |
| | 9 | 车 $\phi 190_{-0.1}^{\ 0}$ 外圆槽至要求，表面粗糙度 $Ra3.2\mu m$ | | 切槽刀 |
| | 10 | 车内外圆倒角 C1 | | 45°弯头车刀 |
| 40 | | 钻孔 | 钻床 | |
| | 1 | 钻 $12 \times \phi 9$ 孔成 | 钻床 | $\phi 9$ 麻花钻 |
| | 2 | 锪 $12 \times \phi 15$ 孔成 | | $\phi 15$ 锪钻 |
| 50 | | 检验 | 检验站 | |
| 60 | | 涂油、包装、入库 | 库房 | |

# 第5章

# 板类零件

## 5.1 板类零件的结构特点与技术要求

板类零件按其结构特点分为盖板、平板、集成电路板、支撑板（包括支架、支座、支板等）、导轨板等。

**1. 板类零件的结构特点**

板类零件是以平板为主体的零件，通常由螺纹孔、小的支撑面、轴承孔、密封槽、定位键等表面构成。

**2. 板类零件的技术要求**

（1）尺寸公差 板类零件主要分为两类：一类是作为检具使用，是各测量件的标准，其表面的精度较高，公差等级通常为 IT 3~IT4，要求是检测零件公差等级的最少 3 倍；另一类作为与大型零件配合使用的零件，其表面的公差等级一般要求为 IT5~IT6，比与之配合的大型零件高一个等级。

（2）几何公差 对于板类零件上下表面、外侧面、凸台面等重要表面的平面度、垂直度、平行度，其误差一般应限制在尺寸公差范围内。

（3）表面粗糙度 板的加工表面有表面粗糙度的要求，一般根据加工的可能性和经济性，以及产品的使用精度来确定。检具类平面的表面粗糙度常为 $Ra0.2~0.6\mu m$，零件类平面的表面粗糙度为 $Ra0.6~1.0\mu m$。

## 5.2 板类零件的加工工艺分析和定位基准选择

**1. 板类零件的加工工艺分析**

对精度要求较高的零件，其粗、精加工应分开加工，以保证零件的质量。

板类零件加工一般可分为三个阶段：粗铣（粗铣端面、粗镗孔）、半精铣（半精铣端面、半精镗孔、钻攻各螺纹孔）、精铣和精镗，有时为达到非常高的表面质量、平面度要求还要增加平磨工序。

**2. 板类零件的定位基准选择**

板类零件以精度要求高的孔为定位基准。因为板类零件外轮廓表面一般不加工，螺纹孔的位置度及端面对轴线的垂直度有相互位置公差要求，而这些表面的设计基准一般都是板的孔中心线，采用两中心孔定位就能符合基准重合原则；而且由于多数工序都采用中心孔作为定位基准，能最大限度地保证孔和面的精度，这也符合基准统一原则。但粗加工时，不能用孔中心作为定位基准，通常以不加工表面作为定位和找正基准，以不加工表面来确定孔位置坐标。

## 5.3　板类零件的材料及热处理

**1. 板类零件的材料和毛坯**

（1）板类零件的材料　板类零件常采用铸铁制造。要求精度高、刚性好的板可选用 45 钢、40Cr，也可选用球墨铸铁；对高速、重载的板，可选用 20CrMnTi、20Mn2B、20Cr 等低碳合金钢或 38CrMoAl 渗氮钢。

（2）板类零件的毛坯　45 钢等的毛坯经过加热锻造后，可使金属内部纤维组织沿表面均匀分布，获得较高的抗拉强度、抗弯强度及抗扭强度。大型板或结构复杂的板可采用铸件。

**2. 板类零件的热处理**

1）锻造毛坯在加工前，均须安排正火或退火处理，使钢材内部晶粒细化，消除锻造应力，降低材料硬度，改善可加工性。

2）调质一般安排在粗铣之后、半精铣之前，以获得良好的综合力学性能。

3）表面淬火一般安排在精加工之前，这样可以纠正因淬火引起的局部变形。

4）精度要求高的板，在局部淬火或粗磨之后，还须进行低温时效处理。

## 5.4　板类零件加工实例

**实例 1　数控大赛的板类零件**（见图 5-1）

**1. 零件图样分析**

1）图 5-1 中要求 39mm±0.05mm 上下面的平行度公差为 0.005mm；140mm 下面对 A 面的平行度公差为 0.03mm；200mm 右面对 A 面的垂直度公差为 0.03mm，对 B 面的平行度公差为 0.03mm；环形槽 21mm±0.05mm 精度要求高。

2）零件材料为 45 钢，从加工的难易程度来看，适合加工。

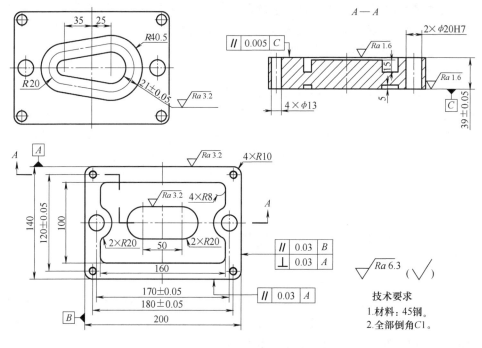

图 5-1  数控大赛的板类零件

## 2. 工艺分析

1）零件粗加工后需要进行正火处理，以消除内应力，使组织更均匀。

2）选 A 面、B 面作为加工基准。

3）精铣保证 39mm ± 0.05mm 尺寸上下面的平行度达到要求和 200mm、140mm 这两个尺寸。

## 3. 机械加工工艺过程（见表 5-1）

表 5-1  数控大赛的板类零件机械加工工艺过程　　　　（单位：mm）

| 零件名称 | 毛坯种类 | 材　　料 | 生产类型 |
|---|---|---|---|
| 数控大赛的板类零件 | 锻件 | 45 钢 | 批量 |

| 工序 | 工步 | 工序内容 | 设备 | 刀具、量具、辅具 |
|---|---|---|---|---|
| 10 | | 锻造 | 锻压机床 | |
| 20 | | 划线:保证外形尺寸加工余量 | 划线台 | |
| 30 | | 粗铣 | 立铣机床 | |
| | 1 | 按线找正,粗铣 A 面,留精铣余量 2 | | 盘铣刀 |
| | 2 | 重新装夹,铣 140 尺寸上面,留精铣余量 2 | | 盘铣刀 |

（续）

| 工序 | 工步 | 工序内容 | 设备 | 刀具、量具、辅具 |
|---|---|---|---|---|
| | 3 | 重新装夹,铣 B 面,留精铣余量 2 | | 盘铣刀 |
| | 4 | 重新装夹,铣 200 尺寸右面,留精铣余量 2 | | 盘铣刀 |
| | 5 | 重新装夹,铣 39±0.05 尺寸下面,留精铣余量 2 | | 杆铣刀 |
| | 6 | 铣 39±0.05 尺寸上面,留精铣余量 2 | | 杆铣刀 |
| 40 | | 热处理:正火 | 箱式炉 | |
| 50 | | 精铣 | 立式加工中心 | |
| | 1 | 铣 A 面至要求,表面粗糙度 Ra3.2μm | | 盘铣刀 |
| | 2 | 铣 140 下面成,表面粗糙度 Ra6.3μm | | 盘铣刀 |
| | 3 | 铣 200 尺寸左、右面成,表面粗糙度 Ra6.3μm | | 杆铣刀 |
| | 4 | 铣 39±0.05 上、下面成,保证两面平行度公差为 0.005,表面粗糙度 Ra1.6μm | | 盘铣刀 |
| | 5 | 以 39±0.05 尺寸下面为基准,钻 2×φ20H7 内孔至 φ19.8 | | φ19.8 麻花钻 |
| | 6 | 铰 φ20H7 孔成 | | φ20 铰刀 |
| | 7 | 钻 4×φ13 孔成 | | φ13 麻花钻 |
| | 8 | 铣 160 尺寸、100 尺寸型腔内轮廓成 | | 杆铣刀 |
| | 9 | 重新装夹,以 39±0.05 尺寸上面为基准找正,用百分表检测 39±0.05 尺寸下表面,平面度符合图样要求。用百分表找正已加工的 2×φ20 H7 内孔,确定坐标原点 | | 百分表 |
| | 10 | 精铣 21±0.05、深 5　尺寸槽成 | 立式加工中心 | 杆铣刀 |
| 60 | | 钳工:倒角,去毛刺 | 钳工台 | |
| 70 | | 检验 | | |
| | 1 | 检验 39±0.05 尺寸上下面平行度 | 检验平台 | 百分表 |
| | 2 | 检验 140 尺寸下面对 A 面平行度 | 检验平台 | 百分表 |
| | 3 | 检验 200 尺寸左右面平行度 | 检验平台 | 百分表 |
| | 4 | 检验 200 尺寸右面对 A 面垂直度 | 检验平台 | 百分表 |
| | 5 | 检验各尺寸 | 千分尺等 | |
| | 6 | 检验各表面的表面粗糙度 | 表面粗糙度仪 | |
| 80 | | 入库 | | |

**实例 2 支板**（见图 5-2）

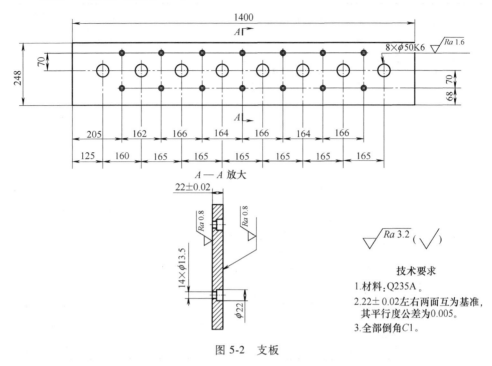

图 5-2 支板

**技术要求**

1. 材料:Q235A。
2. 22±0.02 左右两面互为基准, 其平行度公差为 0.005。
3. 全部倒角 C1。

## 1. 零件图样分析

1) 22mm±0.02mm 尺寸两面平行度公差为 0.005mm，8×φ50K6 孔精度要求高。

2) 零件材料为 Q235A。

## 2. 工艺分析

1) 为了保证 22mm±0.02mm 两面的平行度要求，须增加平面磨工序。

2) 由于 8×φ50K6 孔精度高，加工此孔时工艺须安排粗镗孔、半精镗孔、精精镗孔三道工序。

3) 为了减少变形，半精镗 8×φ50K6 孔后，工艺须安排一道热处理低温时效工序。

## 3. 机械加工工艺过程（见表 5-2）

表 5-2 支板机械加工工艺过程 （单位：mm）

| 零件名称 | | 毛坯种类 | 材 料 | 生产类型 |
|---|---|---|---|---|
| 支板 | | 锻件 | Q235A | 小批量 |

| 工序 | 工步 | 工序内容 | 设备 | 刀具、量具、辅具 |
|---|---|---|---|---|
| 10 | | 锻造 | 锻压机床 | |
| 20 | | 划线:保证外形尺寸加工余量 | 划线台 | |

（续）

| 工序 | 工步 | 工 序 内 容 | 设备 | 刀具、量具、辅具 |
|---|---|---|---|---|
| 30 | | 粗铣 | 立铣机床 | |
| | 1 | 按线找正,粗铣 22±0.02 尺寸左面,留精铣余量 2 | | 盘铣刀 |
| | 2 | 重新装夹,铣 22±0.02 尺寸右面,留精铣余量 2 | | 盘铣刀 |
| | 3 | 铣 1400 尺寸左面,留精铣余量 2 | | 杆铣刀 |
| | 4 | 铣 1400 尺寸右面,留精铣余量 2 | | 杆铣刀 |
| | 5 | 镗 8×$\phi$50K6 孔至 $\phi$45 | | 镗刀 |
| 40 | | 精铣 | 立式铣床 | |
| | 1 | 铣 22±0.02 尺寸左面,留精磨余量 0.5 | | 盘铣刀 |
| | 2 | 铣 22±0.02 尺寸右面,留精磨余量 0.5 | | 盘铣刀 |
| | 3 | 铣 1400 尺寸左面至图样要求,表面粗糙度 $Ra3.2\mu m$ | | 杆铣刀 |
| | 4 | 铣 1400 尺寸右面至图样要求,表面粗糙度 $Ra3.2\mu m$ | | 杆铣刀 |
| | 5 | 镗 8×$\phi$50K6 孔至 $\phi$48 | | 镗刀 |
| 50 | | 热处理:低温时效 | 热处理 | |
| 60 | | 磨平面 | 平面磨床 | |
| | 1 | 磨 22±0.02 尺寸左面至图样要求,表面粗糙度 $Ra0.8\mu m$ | | |
| | 2 | 磨 22±0.02 尺寸右面至图样要求,表面粗糙度 $Ra0.8\mu m$ | | |
| 70 | | 精镗孔、钻孔 | 立式加工中心 | |
| | 1 | 镗 8×$\phi$50K6 孔至图样要求,表面粗糙度 $Ra1.6\mu m$ | | |
| | 2 | 钻 14×$\phi$13.5 孔至图样要求,表面粗糙度 $Ra3.2\mu m$ | | $\phi$13.5 麻花钻 |
| | 3 | 锪 14×$\phi$22 孔至图样要求,表面粗糙度 $Ra3.2\mu m$ | | $\phi$22 锪钻 |
| 80 | | 钳工 | 钳工台 | |
| | 1 | 打印标记:年、月、日 | | |
| | 2 | 清洗、去毛刺、倒角 | | |
| 90 | | 检验 | 检验台 | |
| | 1 | 检验各部尺寸、表面粗糙度 | | |
| | 2 | 填写检验报告 | | |
| 100 | | 入库 | | |

## 实例 3　底座（见图 5-3）

### 1. 零件图样分析

1）该零件外形尺寸大且壁薄,是典型的板类零件,设计基准是 A 面和 B 面,设计有两条导轨,两条导轨的平行度公差为 0.02mm,垂直度公差为 0.02mm。

2）工件材料是 Q235A,这种材料具有好的韧性和塑性,具有一定的伸长率,具有很好的热加工性。

### 2. 工艺分析

1）围绕底板的加工难点,合理安排工艺,材料的性能稳定是保证精度的

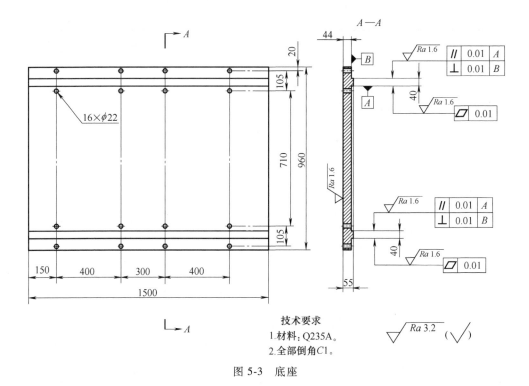

技术要求
1.材料：Q235A。
2.全部倒角C1。

图 5-3  底座

基础。

2）此底板加工要在大型立式机床上，要有夹具并且每次重新上夹具后要自铣平面。夹具的设计合理性很关键，它的精度要高于零件的精度，应该是3倍的关系。

3）刀具的性能、切削参数的正确性、机床的精度及操作者的水平等都是影响因素。

## 3. 机械加工工艺过程（见表5-3）

表 5-3  底座机械加工工艺过程 （单位：mm）

| 零件名称 | 毛坯种类 | | 材料 | 生产类型 |
|---|---|---|---|---|
| 底座 | 锻件 | | Q235A | 小批量 |

| 工序 | 工步 | 工序内容 | 设备 | 刀具、量具、辅具 |
|---|---|---|---|---|
| 10 | | 锻造 | 锻压机床 | |
| 20 | | 划线:保证外形尺寸加工余量 | 划线台 | |
| 30 | | 粗铣 | | |
| | 1 | 按线找正,铣1500尺寸右面,留精铣余量2 | 立铣机床 | 杆铣刀 |
| | 2 | 铣1500尺寸左面,留精铣余量2 | 立铣机床 | 杆铣刀 |

（续）

| 工序 | 工步 | 工序内容 | 设备 | 刀具、量具、辅具 |
|---|---|---|---|---|
| | 3 | 铣 960 尺寸上面,留精铣余量 2 | 立铣机床 | 杆铣刀 |
| | 4 | 铣 960 尺寸下面,留精铣余量 2 | 立铣机床 | 杆铣刀 |
| | 5 | 重新装夹,铣 55 尺寸右面,留精铣余量 2 | 立铣机床 | 盘铣刀 |
| | 6 | 铣 44 尺寸右面,留精铣余量 2 | 立铣机床 | 杆铣刀 |
| | 7 | 铣导轨面 40 尺寸上面(2 处),留精铣余量 2 | 立铣机床 | 杆铣刀 |
| | 8 | 铣导轨面 40 尺寸下面(2 处),留精铣余量 2 | 立铣机床 | 杆铣刀 |
| | 9 | 重新装夹,铣 55 尺寸左面,留精铣余量 2 | 立铣机床 | 盘铣刀 |
| 40 | | 机械振动时效 | 机械振动时效设备 | |
| 50 | | 半精铣,钻 | | |
| | 1 | 铣 1500 尺寸左面至图样要求,表面粗糙度 $Ra3.2\mu m$ | 立式加工中心 | 杆铣刀 |
| | 2 | 铣 1500 尺寸右面至图样要求,表面粗糙度 $Ra3.2\mu m$ | 立式加工中心 | 杆铣刀 |
| | 3 | 铣 960 尺寸上面至图样要求,表面粗糙度 $Ra3.2\mu m$ | 立式加工中心 | 杆铣刀 |
| | 4 | 铣 960 尺寸下面至图样要求,表面粗糙度 $Ra3.2\mu m$ | 立式加工中心 | 杆铣刀 |
| | 5 | 铣总长 55 尺寸右面,留精铣余量 0.5 | 立式加工中心 | 盘铣刀 |
| | 6 | 铣 44 尺寸右面,留精铣余量 0.5 | 立式加工中心 | 杆铣刀 |
| | 7 | 铣导轨面 40 尺寸上面(2 处),留精铣余量 0.5 | 立式加工中心 | 杆铣刀 |
| | 8 | 铣导轨面 40 尺寸下面(2 处),留精铣余量 0.5 | 立式加工中心 | 杆铣刀 |
| | 9 | 钻 16×$\phi$22 孔至图样要求,表面粗糙度 $Ra3.2\mu m$ | 立式加工中心 | $\phi$22 麻花钻 |
| | 10 | 重新装夹,铣总长 55 尺寸左面,留精铣余量 0.5 | 立式加工中心 | 盘铣刀 |
| 60 | | 精铣 | | |
| | 1 | 以总长 55 尺寸左面为基准,铣总长 55 尺寸右面至图样要求,表面粗糙度 $Ra1.6\mu m$ | 立式加工中心 | 盘铣刀 |

（续）

| 工序 | 工步 | 工序内容 | 设备 | 刀具、量具、辅具 |
|---|---|---|---|---|
|  | 2 | 铣44尺寸右面至图样要求,表面粗糙度 Ra1.6μm | 立式加工中心 | 杆铣刀 |
|  | 3 | 铣导轨面40尺寸上面(2处),至图样要求,表面粗糙度 Ra1.6μm | 立式加工中心 | 杆铣刀 |
|  | 4 | 铣导轨面40尺寸下面(2处),至图样要求,表面粗糙度 Ra1.6μm | 立式加工中心 | 杆铣刀 |
|  | 5 | 重新装夹,铣总长55尺寸左面至图样要求,表面粗糙度 Ra1.6μm | 立式加工中心 | 盘铣刀 |
| 70 |  | 钳工 | 钳工台 |  |
|  | 1 | 打印标记:年、月、日 |  |  |
|  | 2 | 清洗、去毛刺、倒角 |  |  |
| 80 |  | 检验 | 检验台 |  |
|  | 1 | 检验各部尺寸、表面粗糙度 |  |  |
|  | 2 | 填写检验报告 |  |  |
| 90 |  | 入库 |  |  |

## 实例 4  研条（见图 5-4）

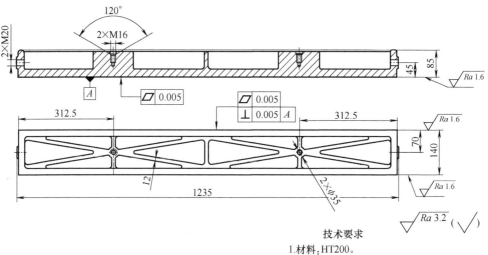

技术要求

1. 材料:HT200。
2. 140尺寸上下面淬火G52。
3. 全部倒角C0.5。

图 5-4  研条

**1. 零件图样分析**

1）A 基准面平面度公差为 0.005 mm，140 mm 上面要求平面度、对基准 A 的垂直度公差为 0.005mm。

2）零件材料为 HT200。

3）140mm 的上下面高频感应淬火并回火后硬度为 52~57HRC。

**2. 工艺分析**

1）利用零件上的 2×M20 孔与 90°弯板夹紧，弯板与台面的垂直度、平面度误差控制在 0.005mm 以内，在卧式加工中心上加工。

2）铸件在铸造后要退火，粗加工后须进行二次时效处理。

3）A 基准面刮研前接触应均匀，接触点不少于 16 个点/25mm×25mm，要与标准研条合研。

4）工艺重点是：粗加工（单边留 2mm），半精加工上 90°弯板，精加工（自由公差尺寸加工成，有公差要求尺寸加工时留淬硬层厚度）。

**3. 机械加工工艺过程**（见表 5-4）

表 5-4　研条机械加工工艺过程　　　　　　　　（单位：mm）

| 零件名称 | 毛坯种类 | | 材　料 | 生产类型 |
| --- | --- | --- | --- | --- |
| 研条 | 铸件 | | HT200 | 小批量 |

| 工序 | 工步 | 工　序　内　容 | 设备 | 刀具、量具、辅具 |
| --- | --- | --- | --- | --- |
| 10 | | 铸造 | | |
| 20 | | 热处理:时效 | | |
| 20 | | 划线:保证外形尺寸加工余量 | 划线台 | |
| 30 | | 粗铣 | 立铣机床 | |
| | 1 | 按线找正,铣 A 面,留精铣余量 2 | | 盘铣刀 |
| | 2 | 重新装夹,铣 1235 尺寸左面,留精铣余量 2 | | 杆铣刀 |
| | 3 | 铣 1235 尺寸右面,留精铣余量 2 | | 杆铣刀 |
| | 4 | 铣 140 尺寸上面,留精铣余量 2 | | 杆铣刀 |
| | 5 | 铣 140 尺寸下面,留精铣余量 2 | | 杆铣刀 |
| | 6 | 铣 85 尺寸上面,留精铣余量 2 | | 盘铣刀 |
| 40 | | 精铣、钻孔、攻螺纹 | 卧式加工中心 | |
| | 1 | 铣 A 面,留精磨余量 0.50 | | 盘铣刀 |
| | 2 | 重新装夹,铣 1235 尺寸左面至图样要求,表面粗糙度 $Ra3.2\mu m$ | | 杆铣刀 |
| | 3 | 铣 1235 尺寸右面至图样要求,表面粗糙度 $Ra3.2\mu m$ | | 杆铣刀 |

（续）

| 工序 | 工步 | 工 序 内 容 | 设备 | 刀具、量具、辅具 |
|------|------|-----------|------|------------------|
|  | 4 | 铣140尺寸上面精磨余量0.60 |  | 杆铣刀 |
|  | 5 | 铣140尺寸下面精磨余量0.60 |  | 杆铣刀 |
|  | 6 | 铣85尺寸上面至图样要求，表面粗糙度 $Ra3.2\mu m$ |  | 盘铣刀 |
|  | 7 | 钻2×M16底孔至 $\phi13.9$ |  | $\phi13.9$ 麻花钻 |
|  | 8 | 攻2×M16螺纹孔成 |  | M16丝锥 |
|  | 9 | 钻2×M20底孔至 $\phi17.4$ |  | $\phi17.4$ 麻花钻 |
|  | 10 | 攻2×M20螺纹孔成 |  | M20丝锥 |
| 50 |  | 热处理：140尺寸上下面高频感应淬火并回火后硬度为52~57HRC | 热处理 |  |
| 60 |  | 磨平面 | 平面磨床 |  |
|  | 1 | 磨140尺寸上面至图样要求，表面粗糙度 $Ra1.6\mu m$ |  |  |
|  | 2 | 磨140尺寸下面至图样要求，表面粗糙度 $Ra1.6\mu m$ |  |  |
|  | 3 | 磨85尺寸上面至图样要求，表面粗糙度 $Ra3.2\mu m$ |  |  |
|  | 4 | 磨85尺寸下面至图样要求，表面粗糙度 $Ra1.6\mu m$ |  |  |
| 70 |  | 钳工 | 钳工台 |  |
|  | 1 | 打印标记：年、月、日 |  |  |
|  | 2 | 清洗、去毛刺、倒角 |  |  |
| 80 |  | 检验 | 检验台 |  |
|  | 1 | 检验各部尺寸、表面粗糙度、平面度 |  |  |
|  | 2 | 填写检验报告 |  |  |
| 90 |  | 入库 |  |  |

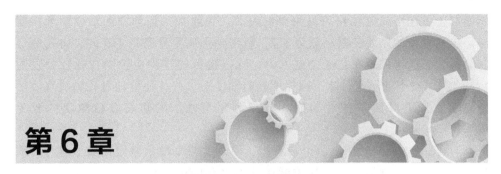

# 第6章

# 轴承座类零件

## 6.1 轴承座类零件的结构特点与技术要求

**1. 轴承座类零件的结构特点**

轴承座（见图6-1）是用来支撑轴承的结构件，是关键的传动辅助零件。它用于固定轴承的外圈，让内圈沿回转轴线做连续高速、高精度回转。

**2. 轴承座类零件的技术要求**

轴承座的精度直接影响传动的精度。轴承座的精度主要集中在轴承安装孔、轴承定位台阶和安装支座面。由于轴承是标准外购件，在确定轴承安装孔和轴承外圈的配合时要以轴承外圈为基准，即采用基轴制配合，对于传动精度要求较高时，轴承安装孔要有较高的圆（柱）度要求；轴承定位台阶要与轴承安装孔轴线有一定的垂直度要求，安装支撑面也要与轴承安装孔有一定的平行度、垂直度要求。

图6-1 轴承座

## 6.2 轴承座类零件的加工工艺分析和定位基准选择

**1. 轴承座类零件的工艺分析**

1）轴承座的主要精度要求是内孔、底面及内孔到底面的距离。内孔是轴承座起支承作用或定位作用最主要的表面，它通常与运动着的轴或轴承相配合。内孔直径的尺寸公差一般为 IT7，精密轴承座零件有取 IT6 的。内孔的形状公差，一般应控制在孔径公差以内，有些精密的零件应控制在孔径公差的 $1/3 \sim 1/2$。对于轴承座，除了圆柱度和同轴度要求外，还应注意孔轴线直线度的要求。为了保证零件的功能和提高其耐磨性，内孔表面粗糙度一般为 $Ra1.6 \sim 3.2\mu m$。

2）机床如果同时使用两个轴承座，那么这两个轴承座内孔加工时，必须在同一台机床同时加工，这样才能保证两个孔的中心线到轴承座底面的距离相等。

**2. 轴承座类零件的定位基准选择**

（1）粗基准的选择　按照粗基准的选择原则，为保证不加工表面和加工表面的位置要求，应选择不加工表面为粗基准。因此，为了保证加工的尺寸，应选轴承底座上表面为粗基准，以此加工轴承底座底面以及其他表面。

（2）精基准的选择　考虑要保证零件的加工精度和装夹准确方便，依据基准重合原则和基准统一原则，以粗加工后的底面为主要的定位精基准，即以轴承座的下底面为精基准。

# 6.3 轴承座类零件的材料及热处理

1）轴承座零件的材料一般为铸铁、钢等材料。

2）铸铁件应进行时效处理，以去除铸造的内应力，并使其结构性能均匀。

# 6.4 轴承座类零件加工实例

**实例1　立式加工中心轴承座**（见图 6-2）

**1. 零件图样分析**

1）图 6-2 中 $\phi$90H7 内孔轴线对基准 $A$ 面的平行度公差为 0.01mm，$\phi$90H7 内孔中心到 $A$ 面距离要求为 55mm±0.05mm。

2）零件材料为 HT250。

**2. 工艺分析**

1）零件铸造后应进行时效处理，以去除内应力。

2）$\phi$90H7 内孔精车留磨削余量，通过磨削加工来保证尺寸、几何公差等要求。

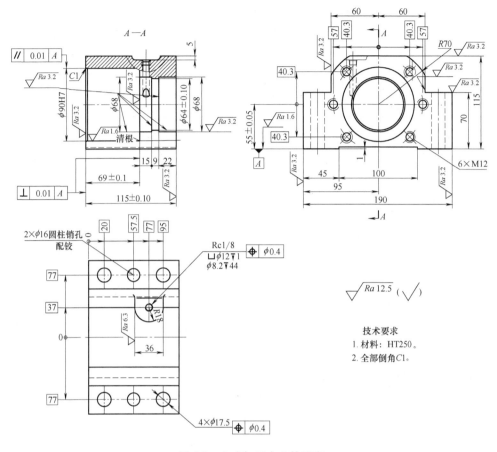

图 6-2 立式加工中心轴承座

## 3. 机械加工工艺过程（见表 6-1）

表 6-1 立式加工中心轴承座机械加工工艺过程 （单位：mm）

| 零件名称 | | 毛坯种类 | 材 料 | 生产类型 |
|---|---|---|---|---|
| 立式加工中心轴承座 | | 铸件 | HT250 | 批量 |

| 工序 | 工步 | 工 序 内 容 | 设备 | 刀具、量具、辅具 |
|---|---|---|---|---|
| 10 | | 铸造 | | |
| 20 | | 热处理：时效 | | |
| 30 | | 油底漆 | | |
| 40 | | 划线：保证 φ90H7 内孔、55±0.05 尺寸加工余量 | 划线台 | |

（续）

| 工序 | 工步 | 工序内容 | 设备 | 刀具、量具、辅具 |
|---|---|---|---|---|
| 50 |  | 粗铣 | 立铣机床 |  |
|  | 1 | 按线找正，铣 A 面，留精铣余量 2 |  | 盘铣刀 |
|  | 2 | 铣 115±0.10 左右面，留精铣余量 2 |  | 铣刀 |
|  | 3 | 铣 190 尺寸左右面，留精铣余量 2 |  | 铣刀 |
|  | 4 | 翻转 180°铣 115 尺寸上面，留精铣余量 2 |  | 盘铣刀 |
|  | 5 | 铣 70 尺寸（两处）上面，留精铣余量 2 |  | 杆铣刀 |
|  | 6 | 铣 60 尺寸左右面（两处），留精铣余量 2 |  | 杆铣刀 |
| 60 |  | 粗镗 | 镗床 |  |
|  | 1 | 镗 $\phi$90H7 孔，留精镗余量 3 |  | 镗刀 |
|  | 2 | 镗 $\phi$68 孔（两处）至 $\phi$62 |  | 镗刀 |
|  | 3 | 镗 $\phi$64±0.10 孔至 $\phi$62 |  | 镗刀 |
| 70 |  | 精铣 | 立式加工中心 |  |
|  | 1 | 铣 A 面，留磨余量 0.20 |  | 盘铣刀 |
|  | 2 | 铣 115 尺寸上面至图样要求，表面粗糙度 $Ra3.2\mu m$ |  |  |
| 80 |  | 磨平面 | 平面磨床 |  |
|  |  | 磨 A 面至图样要求，表面粗糙度 $Ra1.6\mu m$ |  |  |
| 90 |  | 精铣、钻、攻螺纹 | 立式加工中心 |  |
|  | 1 | 铣 115±0.10 尺寸左面至图样要求，表面粗糙度 $Ra3.2\mu m$ |  | 杆铣刀 |
|  | 2 | 铣 115±0.10 尺寸右面至图样要求，表面粗糙度 $Ra3.2\mu m$ |  | 杆铣刀 |
|  | 3 | 铣 70 尺寸（两处）上面至图样要求，表面粗糙度 $Ra3.2\mu m$ |  | 杆铣刀 |
|  | 4 | 铣 60 尺寸左面至图样要求，表面粗糙度 $Ra3.2\mu m$ |  | 杆铣刀 |
|  | 5 | 铣 60 尺寸右面至图样要求，表面粗糙度 $Ra3.2\mu m$ |  | 杆铣刀 |
|  | 6 | 铣 190 尺寸左面至图样要求，表面粗糙度 $Ra3.2\mu m$ |  | 杆铣刀 |
|  | 7 | 铣 190 尺寸右面至图样要求，表面粗糙度 $Ra3.2\mu m$ |  | 杆铣刀 |
|  | 8 | 铣 R18 圆弧深 5 尺寸至图样要求 |  | 杆铣刀 |
|  | 9 | 锪 $\phi$12 深 1 孔至图样要求 |  | $\phi$12 锪刀 |
|  | 10 | 钻 Rc1/2 螺纹底孔至 $\phi$8.2 |  | $\phi$8.2 麻花钻 |
|  | 11 | 攻 Rc1/2 螺纹孔成 |  | Rc1/2 丝锥 |
|  | 12 | 钻 4×$\phi$17.5 透孔成 |  | $\phi$17.5 麻花钻 |
|  | 13 | 钻 2×$\phi$16 圆柱销孔至 $\phi$15.80 |  | $\phi$15.8 麻花钻 |

（续）

| 工序 | 工步 | 工 序 内 容 | 设备 | 刀具、量具、辅具 |
|---|---|---|---|---|
| 100 | | 精镗、钻、攻螺纹 | 卧式加工中心 | |
| | 1 | 以 A 面为基准，用压板压住零件 70 尺寸上面，镗 ϕ68 孔（左边）至图样要求，表面粗糙度 Ra3.2μm | | 镗刀 |
| | 2 | 镗 ϕ64±0.10 孔至图样要求，表面粗糙度 Ra3.2μm | | 镗刀 |
| | 3 | 镗 ϕ90H7 孔至图样要求，保证 69±0.1 尺寸要求，表面粗糙度 Ra1.6μm | | 镗刀 |
| | 4 | 清根 69±0.10 右面与 ϕ90H7 孔交接处 | | 清根铣刀 |
| | 5 | 工作台转 180°，镗 ϕ68 孔（右边）至图样要求，表面粗糙度 Ra3.2μm | | 镗刀 |
| | 6 | 钻 6×M12 螺纹底孔至 ϕ14 | | ϕ14 麻花钻 |
| | 7 | 攻 6×M12、深 24 螺纹孔成 | | M12 丝锥 |
| 110 | | 钳工 | 钳工台 | |
| | 1 | 打印标记：年、月、日 | | |
| | 2 | 清洗、去毛刺、倒角 | | |
| 120 | | 检验 | 检验台 | |
| | 1 | 检验各部尺寸、表面粗糙度 | | |
| | 2 | 检验 ϕ90H7 孔轴线与 A 面平行度 | | |
| | 3 | 填写检验报告 | | |
| 130 | | 入库 | | |

**实例2　数控镗床轴承座**（见图 6-3）

**1. 零件图样分析**

1）图 6-3 中两个轴承孔 $\phi 90^{+0.027}_{+0.012}$mm 要求同轴，$\phi 135h6$ 外圆对 $\phi 90^{+0.027}_{+0.012}$mm 孔的同轴度公差为 $\phi 0.005$ mm。

2）零件材料为 45 钢。

3）调质硬度为 215~245HBW。

**2. 工艺分析**

1）零件粗车后，增加热处理调质工序。

2）两个轴承孔 $\phi 90^{+0.027}_{+0.012}$mm 及 $\phi 135h6$ 外圆精车留磨削余量，通过磨削加工来保证尺寸、几何公差等要求。

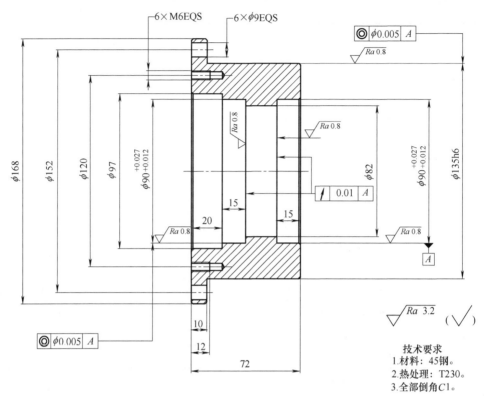

图 6-3　数控镗床轴承座

## 3. 机械加工工艺过程（见表 6-2）

表 6-2　数控镗床轴承座机械加工工艺过程　　（单位：mm）

| 零件名称 | 毛坯种类 | 材　料 | 生产类型 |
|---|---|---|---|
| 数控镗床轴承座 | 圆钢 | 45 钢 | 批量 |

| 工序 | 工步 | 工　序　内　容 | 设备 | 刀具、量具、辅具 |
|---|---|---|---|---|
| 10 | | 下料 φ175×77 | 锯床 | |
| 20 | | 粗车 | 卧式车床 | |
| | 1 | 夹坯料外圆，车 72 尺寸右面，见平即可 | | 45°弯头车刀 |
| | 2 | 钻孔 φ45 | | 钻头 |
| | 3 | 车孔至 φ80 | | 内孔车刀 |
| | 4 | 车 φ135h6 外圆至 φ138 | | 45°弯头车刀 |
| | 5 | 调头。夹 φ135h6 外圆，车 72 尺寸左面，保证总长 74 | | 45°弯头车刀 |
| | 6 | 车 φ168 外圆至 φ170 | | 90°外圆车刀 |

（续）

| 工序 | 工步 | 工 序 内 容 | 设备 | 刀具、量具、辅具 |
|---|---|---|---|---|
| 30 | | 热处理:调质,硬度为 215~245HBW | 热处理炉 | |
| 40 | | 精车 | 数控车床 | |
| | 1 | 夹 $\phi$168 外圆,找正,夹紧,车 72 尺寸右面至要求,表面粗糙度 Ra3.2$\mu$m | | 35°机夹刀片 |
| | 2 | 车 $\phi$135h6 外圆,留磨削余量 0.30 | | 35°机夹刀片 |
| | 3 | 镗右端 $\phi$90$^{+0.027}_{+0.012}$孔,留磨削余量 0.30,长度 15 | | 镗刀 |
| | 4 | 镗 $\phi$82 孔至要求,表面粗糙度 Ra3.2$\mu$m | | 镗刀 |
| | 5 | 调头。夹 $\phi$135h6 外圆,找正,夹紧,车 72 尺寸左面,保证总长 72,表面粗糙度 Ra3.2$\mu$m | | 35°机夹刀片 |
| | 6 | 车 $\phi$168 外圆至要求,表面粗糙度 Ra3.2$\mu$m | | 35°机夹刀片 |
| | 7 | 镗左端 $\phi$90$^{+0.027}_{+0.012}$孔,留磨削余量 0.30,长度 15 | | 镗刀 |
| | 8 | 镗 $\phi$97 孔至要求,表面粗糙度 Ra3.2$\mu$m | | 镗刀 |
| | 9 | 车孔、外圆倒角 C1 | | 35°机夹刀片 |
| 50 | | 钻孔 | 立式加工中心 | |
| | 1 | 钻 6×$\phi$9 孔成 | | $\phi$9 麻花钻 |
| | 2 | 钻 6×M6 螺纹底孔至 $\phi$5 | | $\phi$5 麻花钻 |
| | 3 | 攻 6×M6 螺纹 | | M6 丝锥 |
| 60 | | 磨外圆 | 外圆磨床 | |
| | 1 | 组端压心轴,按 $\phi$135h6 外圆及端面找正,磨 $\phi$135h6 外圆至要求,表面粗糙度 Ra0.8$\mu$m | | 端压心轴 |
| | 2 | 靠磨 10 尺寸右端面成(工艺要求),表面粗糙度 Ra0.8$\mu$m | | |
| 70 | | 磨内孔 | 内圆磨床 | |
| | 1 | 夹 $\phi$135h6 外圆,按 $\phi$135h6 外圆及端面找正 0.005,夹紧,磨右端 $\phi$90$^{+0.027}_{+0.012}$孔至要求,表面粗糙度 Ra0.8$\mu$m | | |
| | 2 | 磨右端 $\phi$82 孔见圆(工艺要求) | | |
| | 3 | 磨左端 $\phi$90$^{+0.027}_{+0.012}$孔至要求,表面粗糙度 Ra0.8$\mu$m | | |
| 80 | | 检验 | 检验站 | |

## 实例 3　龙门数控铣床轴承座（见图 6-4）

**1. 零件图样分析**

1）图 6-4 中轴承孔 $\phi$150mm±0.004mm 要求圆度、圆柱度公差为 0.0025mm,

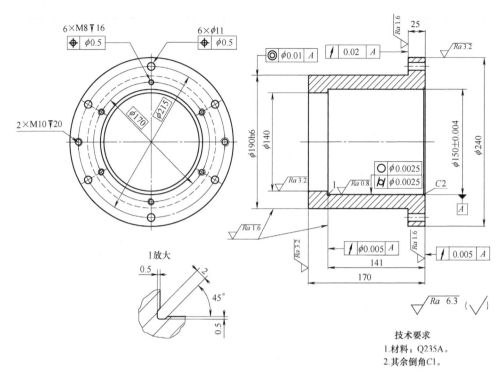

技术要求
1. 材料：Q235A。
2. 其余倒角C1。

图 6-4　龙门数控铣床轴承座

$\phi$190h6 外圆对 $\phi$150mm±0.004mm 孔的同轴度公差为 $\phi$0.01mm。

2）零件材料为 Q235A。

**2. 工艺分析**

$\phi$150mm±0.004mm 轴承孔、$\phi$190h6 外圆精车留磨削余量，通过磨削加工来保证尺寸、几何公差等要求。

**3. 机械加工工艺过程**（见表 6-3）

表 6-3　龙门数控铣床轴承座机械加工工艺过程　　　　　（单位：mm）

| 零件名称 | 毛坯种类 | 材　料 | 生产类型 |
|---|---|---|---|
| 龙门数控铣床轴承座 | 锻件 | Q235A | 批量 |

| 工序 | 工步 | 工序内容 | 设备 | 刀具、量具、辅具 |
|---|---|---|---|---|
| 10 | | 锻造 | 锻压设备 | |
| 20 | | 粗车 | 数控车床 | |
| | 1 | 夹坯料外圆，车 170 尺寸左面，见平即可 | | 35°机夹刀片 |

（续）

| 工序 | 工步 | 工 序 内 容 | 设备 | 刀具、量具、辅具 |
|---|---|---|---|---|
| | 2 | 车 φ190h6 外圆,留精车余量 2 | | 35°机夹刀片 |
| | 3 | 车 25 尺寸左面,留精车余量 2 | | 35°机夹刀片 |
| | 4 | 镗 φ150±0.004 孔及 φ140 孔至 φ138 | | 镗刀 |
| | 5 | 调头。夹 φ190h6 外圆,车 170 尺寸右面,保证总长 174 | | 35°机夹刀片 |
| | 6 | 车 φ240 外圆,留精车余量 2 | | 35°机夹刀片 |
| 30 | | 精车 | 数控车床 | |
| | 1 | 夹 φ190h6 外圆,找正,夹紧,车 170 尺寸右面至要求,表面粗糙度 Ra1.6μm | | 35°机夹刀片 |
| | 2 | 车 φ240 外圆至要求,表面粗糙度 Ra3.2μm | | 35°机夹刀片 |
| | 3 | 镗 φ150±0.004 孔,留磨削余量 0.50 | | 镗刀 |
| | 4 | 镗 φ140 孔成,表面粗糙度 Ra3.2μm | | 镗刀 |
| | 5 | 调头。夹 φ240 外圆,车 170 尺寸左面,保证总长 170,表面粗糙度 Ra3.2μm | | 35°机夹刀片 |
| | 6 | 车 φ190 h6 外圆,留磨削余量 0.50 | | 35°机夹刀片 |
| | 7 | 车 25 尺寸左面,留磨削余量 0.10 | | 35°机夹刀片 |
| | 8 | 车孔、外圆倒角 C1 | | 35°机夹刀片 |
| 40 | | 磨内孔、端面 | 内孔磨床 | |
| | 1 | 磨 φ150±0.004 孔至要求,表面粗糙度 Ra0.8μm | | |
| | 2 | 磨 φ140 孔见光即可(工艺孔) | | |
| | 3 | 靠磨 141 尺寸左面至要求,表面粗糙度 Ra1.6μm | | |
| | 4 | 靠磨 170 尺寸右面至要求,表面粗糙度 Ra1.6μm | | |
| 50 | | 磨外圆、端面 | 立式磨床 | |
| | 1 | 以 170 尺寸右面为基准,找正 φ140 内孔,磨 φ190h6 外圆至要求,表面粗糙度 Ra1.6μm | | |
| | 2 | 靠磨 25 尺寸左面至要求,表面粗糙度 Ra1.6μm | | |
| 60 | | 检验 | 检验台 | |
| | 1 | 检验各部尺寸、表面粗糙度 | | |
| | 2 | 检验 φ150±0.004 孔的圆度、圆柱度 | | |

（续）

| 工序 | 工步 | 工序内容 | 设备 | 刀具、量具、辅具 |
|------|------|----------|------|------------------|
|      | 3    | 检验141尺寸左面、170尺寸右面、25尺寸左面轴向圆跳动 |      |      |
|      | 4    | 填写检验报告 |      |      |
| 70   |      | 入库 |      |      |

### 实例4 数控车床轴承座（见图6-5）

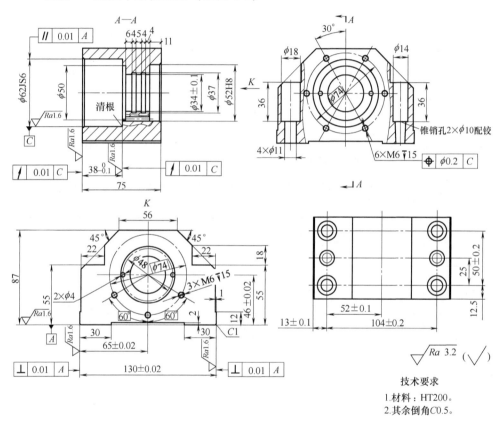

图6-5 数控车床轴承座

### 1. 零件图样分析

1）图6-5中轴承孔 $\phi$62JS6 轴线对 $A$ 面平行度公差为 0.01mm，$38_{-0.1}^{0}$mm 尺寸左右面对 $C$ 面垂直度公差为 0.01mm，130mm±0.02mm 尺寸左右面对 $A$ 面垂直度公差为 0.01mm。

2）零件材料为 HT200。

## 2. 工艺分析

1) $\phi$62JS6 轴承孔由粗、精镗加工完成。

2) 130mm±0.02mm 尺寸左右面由粗、精铣加工完成。

## 3. 机械加工工艺过程（见表6-4）

表6-4 数控车床轴承座机械加工工艺过程 （单位：mm）

| 零件名称 | 毛坯种类 | 材料 | 生产类型 |
|---|---|---|---|
| 数控车床轴承座 | 铸件 | HT200 | 批量 |

| 工序 | 工步 | 工序内容 | 设备 | 刀具、量具、辅具 |
|---|---|---|---|---|
| 10 | | 铸造 | | |
| 20 | | 热处理：时效 | 退火炉 | |
| 30 | | 油底漆 | | |
| 40 | | 划线：保证 $\phi$62JS6 内孔、65±0.02 尺寸、130±0.02 尺寸加工余量 | 划线台 | |
| 50 | | 粗铣 | 立铣机床 | |
| | 1 | 按线找正，铣 A 面，留精铣余量 2 | | 盘铣刀 |
| | 2 | 铣 75 尺寸左右面，留精铣余量 2 | | 铣刀 |
| | 3 | 翻转180°，铣 87 尺寸上面，留精铣余量 2 | | 盘铣刀 |
| | 4 | 铣 130±0.02 尺寸左右面，留精铣余量 4 | | 杆铣刀 |
| 60 | | 粗镗 | 镗床 | |
| | 1 | 镗 $\phi$62JS6 内孔至 $\phi$48 | | 镗刀 |
| | 2 | 镗 $\phi$50 内孔至 $\phi$48 | | 镗刀 |
| | 3 | 调头：镗 $\phi$34±0.1 孔至 $\phi$31 | | 镗刀 |
| | 4 | 镗 $\phi$52H8 孔至 $\phi$31 | | 镗刀 |
| 70 | | 精铣 | 立式加工中心 | |
| | 1 | 铣 A 面，留磨削余量 0.20 | | 盘铣刀 |
| | 2 | 铣 A 面空刀槽 2 尺寸至图样要求 | | 三面刃铣刀 |
| | 3 | 铣 C1 倒角（两处）至图样要求 | | |
| | 4 | 翻转180°，以 A 面为基准，铣 87 尺寸上面至图样要求，表面粗糙度 $Ra3.2\mu m$ | | 盘铣刀 |
| | 5 | 铣 130±0.02 尺寸左右面，留精铣余量 1 | | 杆铣刀 |
| | 6 | 铣 55 尺寸上面（左右两处）至图样要求，表面粗糙度 $Ra3.2\mu m$ | | 杆铣刀 |
| | 7 | 铣 22 尺寸左右面（两处）至图样要求，表面粗糙度 $Ra3.2\mu m$ | | 杆铣刀 |

（续）

| 工序 | 工步 | 工序内容 | 设备 | 刀具、量具、辅具 |
|---|---|---|---|---|
| | 8 | 铣45°斜面（两处）至图样要求，保56尺寸 | | 盘铣刀 |
| | 9 | 钻4×φ11孔至图样要求，表面粗糙度Ra3.2μm | | φ11麻花钻 |
| | 10 | 铣4×φ18孔至图样要求，表面粗糙度Ra3.2μm | | φ18杆铣刀 |
| | 11 | 钻锥销孔2×φ10孔至φ10 | | φ10麻花钻 |
| | 12 | 铣4×φ14孔至图样要求，表面粗糙度Ra3.2μm | | φ14杆铣刀 |
| | 13 | 铣130±0.02尺寸左右面至图样要求，表面粗糙度Ra1.6μm | | 杆铣刀 |
| 80 | | 磨平面 | 平面磨床 | |
| | | 磨A面至图样要求，表面粗糙度Ra1.6μm | | |
| 90 | | 精镗、钻孔、攻螺纹 | 卧式加工中心 | |
| | 1 | 镗φ62Js6内孔至图样要求，表面粗糙度Ra1.6μm | | 镗刀 |
| | 2 | 镗φ50内孔至图样要求，表面粗糙度Ra3.2μm | | 镗刀 |
| | 3 | 清根φ62Js6内孔处 | | 清根刀 |
| | 4 | 镗φ52H8内孔至图样要求，表面粗糙度Ra3.2μm | | 镗刀 |
| | 5 | 镗φ34±0.1孔至图样要求，表面粗糙度Ra3.2μm | | 镗刀 |
| | 6 | 铣φ37尺寸（两处）至图样要求，表面粗糙度Ra3.2μm | | 专用铣刀 |
| | 7 | 钻3×M6螺纹孔至φ5 | | φ5麻花钻 |
| | 8 | 钻2×φ4孔至图样要求，表面粗糙度Ra6.3μm | | φ4麻花钻 |
| | 9 | 钻6×M6螺纹孔至φ5 | | φ5麻花钻 |
| | 10 | 攻3×M6螺纹孔至图样要求 | | M6丝锥 |
| | 11 | 攻6×M6螺纹孔至图样要求 | | M6丝锥 |
| 100 | | 检验 | 检验台 | |
| | 1 | 检验各部尺寸、表面粗糙度 | | |
| | 2 | 检验φ62Js6内孔圆度、圆柱度 | | |
| | 3 | 检验$38_{-0.1}^{0}$尺寸左、右面轴向圆跳动 | | |
| | 4 | 检验130±0.02尺寸左、右面轴向圆跳动 | | |
| | 5 | 填写检验报告 | | |
| 110 | | 入库 | | |

**实例5　数控不落轮车床轴承座**（见图6-6）

**1. 零件图样分析**

1）图6-6中轴承孔φ62H7要求同轴度公差为φ0.03mm，30mm尺寸两面要求平行度公差为0.02mm。

2）零件材料为45钢。

**2. 工艺分析**

1）$\phi62H7$ 轴承孔通过精镗加工来保证尺寸、几何公差等要求。

2）加工 30mm 尺寸两面时，工件须一次装夹加工此尺寸，才能保证平行度要求。

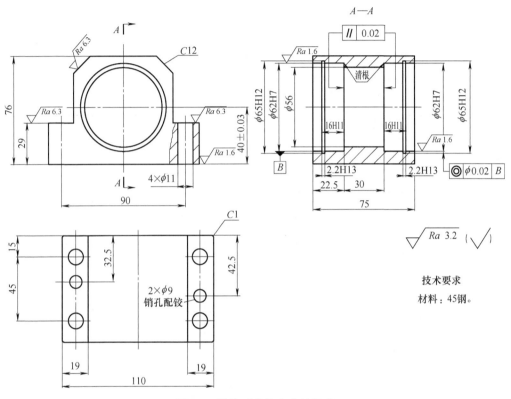

图 6-6　数控不落轮车床轴承座

**3. 机械加工工艺过程**（见表 6-5）

表 6-5　数控不落轮车床轴承座机械加工工艺过程　　（单位：mm）

| 零件名称 | 毛坯种类 | | 材　料 | 生产类型 |
|---|---|---|---|---|
| 数控不落轮车床轴承座 | 锻件 | | 45 钢 | 批量 |

| 工序 | 工步 | 工序内容 | 设备 | 刀具、量具、辅具 |
|---|---|---|---|---|
| 10 | | 锻造 | 锻压机床 | |
| 20 | | 热处理:正火 | 箱式炉 | |
| 30 | | 划线:保证 $\phi62H7$ 内孔、$40\pm0.03$ 尺寸加工余量 | 划线台 | |

（续）

| 工序 | 工步 | 工 序 内 容 | 设备 | 刀具、量具、辅具 |
|------|------|-----------|------|------------------|
| 40 | | 粗铣 | 立铣机床 | |
| | 1 | 按线找正,铣 76 尺寸下面,留精铣余量 2 | | 盘铣刀 |
| | 2 | 铣 110 尺寸左右面,留精铣余量 2 | | 铣刀 |
| | 3 | 翻转 180°,铣 76 尺寸上面,留精铣余量 2 | | 盘铣刀 |
| | 4 | 铣 29 尺寸面上面(两处),留精铣余量 2 | | 杆铣刀 |
| | 5 | 铣 C12 倒角成 | | |
| 50 | | 粗镗:镗各内孔至 $\phi$54 | 镗床 | 镗刀 |
| 60 | | 精铣 | 立式加工中心 | |
| | 1 | 铣 76 尺寸下面,留磨削余量 0.20 | | 盘铣刀 |
| | 2 | 铣 110 尺寸左右面至图样要求,表面粗糙度 $Ra3.2\mu m$ | | 三面刃铣刀 |
| | 3 | 翻转 180°,以 C 面为基准,铣 76 尺寸上面至图样要求,表面粗糙度 $Ra3.2\mu m$ | | 盘铣刀 |
| | 4 | 铣 29 尺寸上面(两处)至图样要求,表面粗糙度 $Ra3.2\mu m$ | | 盘铣刀 |
| 70 | | 磨平面 | 平面磨床 | |
| | | 磨 76 尺寸下面至图样要求,表面粗糙度 $Ra1.6\mu m$ | | |
| 80 | | 钻孔 | 立式加工中心 | |
| | 1 | 钻 4×$\phi$11 孔至图样要求,表面粗糙度 $Ra3.2\mu m$ | | $\phi$11 麻花钻 |
| | 2 | 钻锥销孔 2×$\phi$9 孔至 $\phi$8.8 | | $\phi$8.8 麻花钻 |
| 90 | | 精镗 | 卧式加工中心 | |
| | 1 | 镗 $\phi$62H7 内孔（左右两处）至图样要求,表面粗糙度 $Ra1.6\mu m$ | | 镗刀 |
| | 2 | 镗 $\phi$56 内孔至图样要求,表面粗糙度 $Ra3.2\mu m$ | | 镗刀 |
| | 3 | 铣 $\phi$65 H12 空刀槽至图样要求,保证 2.2H13 尺寸,表面粗糙度 $Ra3.2\mu m$ | | 专用铣刀 |
| | 4 | 铣清根 | | 清根刀 |
| 100 | | 检验 | 检验台 | |
| | 1 | 检验各部尺寸、表面粗糙度 | | |

（续）

| 工序 | 工步 | 工 序 内 容 | 设备 | 刀具、量具、辅具 |
|---|---|---|---|---|
| | 2 | 检验 $\phi62H7$ 内孔圆度、圆柱度、同轴度 | | |
| | 3 | 检验 30 尺寸左右面平行度 | | |
| | 4 | 填写检验报告 | | |
| 110 | | 入库 | | |

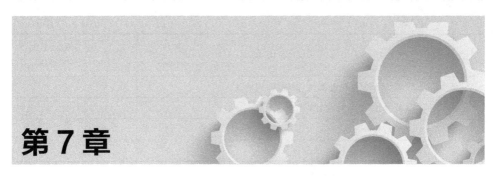

# 第7章

# 圆柱齿轮类零件

## 7.1 圆柱齿轮类零件的结构特点与技术要求

圆柱齿轮类零件按照结构大致可分为：单联齿轮、多联齿轮、盘形齿轮、齿圈、轴齿轮。

**1. 圆柱齿轮类零件的结构特点**

1）单联齿轮和多联齿轮俗称筒形齿轮，孔的长径比 $L/d>1$，内孔为光孔、键槽孔或花键孔。

2）盘形齿轮与齿圈中孔的长径比 $L/d<1$。盘形齿轮有轮毂，内孔一般为光孔或花键孔。

3）轴齿轮上具有一个以上的齿圈。

**2. 圆柱齿轮类零件的技术要求**

齿轮坯的技术要求主要包括以下三部分：

1）齿坯基准面（包括定位基准面、度量基准面和装配基准面等）的尺寸公差和位置公差。

2）表面粗糙度。

3）热处理方面的要求。

## 7.2 圆柱齿轮类零件的加工工艺分析和定位基准选择

**1. 圆柱齿轮类零件的加工工艺分析**

影响齿轮加工工艺过程的因素很多，主要有生产类型、精度要求、结构形式、尺寸大小、材料、热处理方式及现有的生产设备等。即使是同一齿轮，由于具体情况不同，工艺过程也有所差别。大体可以归纳成如下的工艺路线：毛坯制造—齿坯热处理—齿坯加工—齿轮齿面的粗加工—齿轮热处理—齿轮齿面的精加工—检验。

轴齿轮的齿坯是个阶梯轴，因此其加工方法也近似于阶梯轴。

轴齿轮齿坯加工方法如下：加工端面钻中心孔，在车床上粗、精车齿坯。

盘类齿轮齿坯的加工方法有如下三种：

第一种：钻扩孔—拉孔—以孔定位粗、精车齿坯外圆和端面。

第二种：在车床上车孔、端面和一部分外圆—精镗孔—车另一端面和其余外圆。

第三种：在数控车床上车孔、端面和一部分外圆，然后调头车另一端面和其余外圆。

**2. 圆柱齿轮类零件的定位基准选择**

齿轮加工时的定位基准应尽可能与设计基准、装配基准和测量基准相一致。齿坯加工主要为齿面加工准备好定位基准，如齿轮的内孔和端面、轴齿轮的中心孔、轴颈外圆和端面，必须具有一定的精度要求。此外，还要加工外圆和一些次要表面，如装配、润滑等需要的卡环槽、密封圈槽、螺纹孔、油孔、倒角及非定位用端面等。

（1）筒形齿轮　对于以内孔作为主要定位基准的筒形齿轮，一般先粗、精加工到 IT7（有时还要加工外端面），然后以内孔定位加工外圆、端面、沟槽和齿面等。

（2）盘形齿轮或齿圈　加工时先以毛坯的一端和外圆作为粗定位基准，在车床上加工另一个端面、内孔及外圆沟槽等，然后调头加工内孔、第一个端面、外圆及其他表面。

（3）轴齿轮　先加工两端面，然后作为定位基准的两端中心孔。加工外圆、沟槽等时，以两端的中心孔定位。

## 7.3　圆柱齿轮类零件的材料及热处理

齿轮是传递动力、改变运动速度和方向的机械零件。根据齿轮的受力特点，要求齿轮具有高的疲劳极限、抗弯强度和耐磨性，足够的冲击韧性，以及高的传递精度等。正确地选用齿轮材料和进行合理的热处理，对齿轮的工作情况至关重要。

圆柱齿轮常用材料有低碳结构钢、低碳合金结构钢、中碳结构钢、中碳合金结构钢、铸铁、铜合金等。选用材料时，须考虑齿轮的具体工作条件、精度要求以及热处理工艺性等。汽车齿轮、拖拉机齿轮常用材料及热处理见表 7-1。机床齿轮常用材料及热处理工艺见表 7-2。

表7-1 汽车齿轮、拖拉机齿轮常用材料及热处理

| 齿轮类型 | 材料 | 热处理方法 |
|---|---|---|
| 汽车变速器和差速器齿轮 | 20CrMnTi、20CrMo | 渗碳淬火 |
| | 40Cr | 碳氮共渗(浅层) |
| 汽车驱动桥主动及从动圆柱齿轮 | 20CrMnTi、20CrMo | 渗碳淬火 |
| 汽车驱动桥差速器行星及半轴齿轮 | 20CrMnTi、20CrMo、20CrMnMo | 渗碳淬火 |
| 汽车曲轴正时齿轮 | 30、40、45、40Cr | 正火 |
| | | 调质 |
| 汽车起动电动机齿轮 | 15Cr、20Cr、20CrMo、15CrMnMo、20CrMnTi | 渗碳淬火 |
| 汽车里程齿轮 | 20 | 碳氮共渗(浅层) |
| 拖拉机传动齿轮、动力传动装置中的圆柱齿轮及轴齿轮 | 20Cr、20CrMo、20CrMnMo、20CrMnTi、30CrMnTi | 渗碳淬火 |
| 拖拉机曲轴正时齿轮、凸轮轴齿轮、喷油泵驱动齿轮 | 45 | 正火 |
| | | 调质 |
| | HT200 | |
| 汽车、拖拉机油泵齿轮 | 40、45 | 调质 |

表7-2 机床齿轮常用材料及热处理工艺

| 齿轮工作条件 | 材料 | 热处理工艺 | 硬度要求 HRC |
|---|---|---|---|
| 在低载荷下工作,要求耐磨性高的齿轮 | 15、20 | 900~950℃渗碳,直接淬冷或780~800℃水淬,180~200℃回火 | 58~63 |
| 低速(<0.1m/s),低载荷下工作的不重要变速箱齿轮和交换齿轮 | 45 | 840~860℃正火 | 156~217 HBW |
| 低速(<1m/s),低载荷下工作的齿轮(如车床溜板箱的齿轮) | 45 | 820~840℃水淬,500~550℃回火 | 200~250 HBW |
| 中速、中载荷或大载荷下工作的齿轮 | 45 | 860~900℃高频感应加热,水淬,350~370℃回火 | 40~50 |
| 速度较大或中等载荷下工作的齿轮,齿部硬度要求较高(如钻床变速箱中的次要齿轮) | 45 | 860~900℃高频感应加热,水淬,280~320℃回火 | 45~50 |
| 高速、中等载荷,要求齿面硬度高的齿轮(如磨床砂轮箱齿轮) | 45 | 860~900℃高频感应加热,水淬,180~200℃回火 | 52~58 |
| 速度不大,中等载荷,断面较大的齿轮(如铣床工作台变速箱齿轮,立式车床齿轮) | 40Cr、42SiMn | 840~860℃油淬,600~650℃回火 | 200~230 HBW |
| 中等速度(2~4m/s),中等载荷,不大的冲击下工作的高速机床进给箱、变速箱齿轮 | 40Cr、42SiMn | 调质后860~880℃高频感应加热,乳化液冷却,280~320℃回火 | 45~50 |
| 高速、高载荷,齿部要求高硬度的齿轮 | 40Cr、42SiMn | 调质后860~880℃高频感应加热,乳化液冷却,180~200℃回火 | 50~55 |

（续）

| 齿轮工作条件 | 材　料 | 热处理工艺 | 硬度要求 HRC |
|---|---|---|---|
| 高速、中载荷、受冲击、模数<5mm 的齿轮（如机床变速箱齿轮，定梁龙门铣床的电动机齿轮） | 20Cr、20CrMn | 900～950℃渗碳，直接淬火或 800～820℃再加热油淬，180～200℃回火 | 58～63 |
| 高速、重载荷、受冲击、模数>6mm 的齿轮（如立式车床上重要的弧齿锥齿轮） | 20CrMnTi、20SiMnVB、12CrNi3 | 900～950℃渗碳，降温至820～850℃淬火，180～200℃回火 | 58～63 |
| 在不高载荷下工作的大型齿轮 | 50Mn2 | 820～840℃空冷 | <241HBW |
| 传动精度高，要求具有一定耐磨性的大齿轮 | 35CrMo | 820～840℃空冷，600～650℃回火（热处理后精切齿形） | 255～302 HBW |

# 7.4　圆柱齿轮类零件加工实例

**实例 1　圆柱齿轮**（1）（见图 7-1）

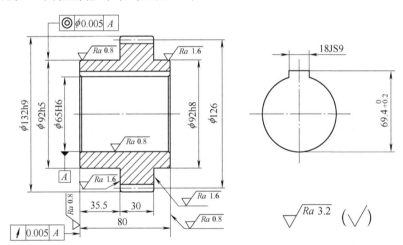

**技术要求**
1. 材料：20CrMnMo 钢。
2. 热处理：齿部渗碳淬火S0.9-G58。
3. 倒角C1。

| 模数 | $m$ | 3 |
|---|---|---|
| 齿数 | $z$ | 42 |
| 压力角 | $\alpha$ | 20° |
| 齿顶高系数 | $h_a^*$ | 1 |
| 螺旋角 | $\beta$ | 0 |
| 螺旋方向 | | |
| 径向变位系数 | $x$ | 0 |
| 精度等级 | | 6 |

图 7-1　圆柱齿轮（1）

## 1. 零件图样分析

1）图 7-1 中 $\phi$65H6 孔、$\phi$92h5 外圆尺寸公差、几何公差及表面质量要求高。

2）零件材料为 20CrMnMo 钢。

3）齿部渗碳层深度为 0.9~1.3mm；高频感应淬火并回火后硬度为 58~62HRC。

**2. 工艺分析**

1）该齿轮毛坯为锻件，粗加工前应进行正火处理。

2）齿轮滚齿后，进行渗碳淬火。

3）该齿轮孔、外圆的尺寸公差、几何公差及表面质量要求高，分粗加工、半精加工和热处理后精加工三个阶段。

4）该齿轮精度为 6 级，齿部加工应安排粗、精加工。

5）齿轮的定位基准为内孔及端面。

**3. 机械加工工艺过程**（见表 7-3）

表 7-3　圆柱齿轮（1）机械加工工艺过程　　　　　　（单位：mm）

| 零件名称 | | 毛坯种类 | 材　料 | 生产类型 |
|---|---|---|---|---|
| 圆柱齿轮 | | 锻件 | 20CrMnMo 钢 | 中批量 |
| 工序 | 工步 | 工序内容 | 设备 | 刀具、量具、辅具 |
| 10 | | 锻造 | 锻压机床 | |
| 20 | | 热处理:正火 | 箱式炉 | |
| 30 | | 粗车 | 卧式车床 | |
| | 1 | 用自定心卡盘夹毛坯外圆一端，找正，夹紧，车端面，见平即可 | | 45°弯头车刀 |
| | 2 | 车 φ92h5 外圆至 φ94，长至 35.5 | | 90°外圆车刀 |
| | 3 | 钻 φ65H6 内孔至 φ40 | | φ40 麻花钻 |
| | 4 | 车 φ65H6 内孔至 φ63 | | 内孔车刀 |
| | 5 | 调头。用自定心卡盘夹 φ92h5 外圆，找正，夹紧，车端面，保证总长 82 | | 45°弯头车刀 |
| | 6 | 车齿部外圆至 φ134 | | 90°外圆车刀 |
| | 7 | 车 φ92h8 外圆至 φ94 | | 90°外圆车刀 |
| 40 | | 精车 | 数控车床 | |
| | 1 | 用自定心卡盘夹 φ92h5 外圆，找正，夹紧，车端面，表面粗糙度 Ra1.6μm，保证总长 81.10 | | 35°机夹刀片 |
| | 2 | 车 φ92h8 外圆至要求，表面粗糙度 Ra1.6μm | | 35°机夹刀片 |
| | 3 | 车 φ132h9 外圆至要求，表面粗糙度 Ra3.2μm | | 35°机夹刀片 |
| | 4 | 镗 φ65H6 内孔至 φ64.65H7 | | 镗刀 |
| | 5 | 车孔和外圆倒角 C1 | | 35°机夹刀片 |
| | 6 | 调头。用自定心卡盘夹 φ92h8 外圆，找正，夹紧，车端面，保证总长 80.10 | | 35°机夹刀片 |
| | 7 | 车 φ92h5 外圆，留磨量 0.40，长至 35.5±0.05 | | 35°机夹刀片 |

（续）

| 工序 | 工步 | 工 序 内 容 | 设备 | 刀具、量具、辅具 |
|---|---|---|---|---|
| | 8 | 车齿部倒角至技术要求 | | 35°机夹刀片 |
| | 9 | 车孔和外圆倒角 C1 | | 35°机夹刀片 |
| 50 | | 滚齿:齿部留磨量 0.20 | 滚齿机 | |
| 60 | | 钳工:去毛刺、齿部倒角 | 钳工台 | |
| 70 | | 热处理:齿部渗碳淬火 | | |
| | 1 | 渗碳,渗碳层深度为 0.9~1.3 | 渗碳炉 | |
| | 2 | 齿部高频感应淬火并回火,硬度为 58~62HRC | 高频感应加热设备、回火炉 | |
| 80 | | 拉键槽 | 键槽拉床 | 测槽塞规 |
| 90 | | 磨内孔 | 数控内圆磨床 | |
| | 1 | 用自定心卡盘夹 $\phi$92h5 外圆,按右端面及节圆找正:磨 $\phi$65H6 内孔至要求,表面粗糙度 $Ra0.8\mu m$ | | 光滑塞规 |
| | 2 | 靠磨右端面至要求,表面粗糙度 $Ra0.8\mu m$ | | |
| 100 | | 磨外圆:工件安装在锥度心轴上,磨 $\phi$92h5 至要求,表面粗糙度 $Ra0.8\mu m$ | 外圆磨床 | 锥度心轴 |
| 110 | | 磨齿:工件以 $\phi$65H6 定位,磨齿至要求,齿表面粗糙度 $Ra0.8\mu m$ | 磨齿机 | 锥度心轴 |
| 120 | | 检验 | 检验站 | |
| 130 | | 涂油、包装、入库 | 库房 | |

**实例 2　圆柱齿轮（2）（见图 7-2）**

**1. 零件图样分析**

1）图 7-2 中 $\phi$76$^{+0.03}_{0}$ mm 孔的尺寸精度和表面质量要求较高。

2）零件材料为 ZG270-500。

3）调质硬度为 190~220HBW。

**2. 工艺分析**

1）该齿轮毛坯为铸件,粗加工前应进行退火处理,粗加工后进行调质处理,然后精加工。

2）零件孔的尺寸精度和表面质量要求较高,分粗加工和精加工两个阶段。

3）该齿轮精度为 8 级,齿部加工滚齿一次加工成。

4）齿轮的定位基准为内孔、端面。

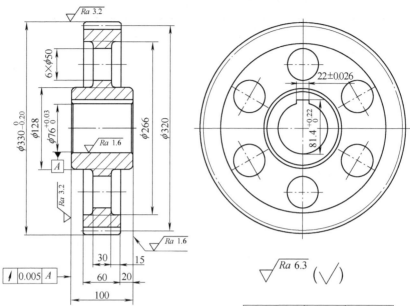

技术要求

1. 材料：ZG270-500。
2. 铸件不得有气孔、缩孔、砂眼、夹渣、裂纹等缺陷。
3. 热处理：T205
4. 铸造圆角 R6。
5. 倒角 C1。

| 模数 | $m$ | 5 |
|---|---|---|
| 齿数 | $z$ | 64 |
| 压力角 | $\alpha$ | 20° |
| 齿顶高系数 | $h_a^*$ | 1 |
| 螺旋角 | $\beta$ | 0 |
| 螺旋方向 | | |
| 径向变位系数 | | 0 |
| 精度等级 | | 8 |

图 7-2　圆柱齿轮（2）

## 3. 机械加工工艺过程（见表 7-4）

表 7-4　圆柱齿轮（2）机械加工工艺过程　　　　　　　（单位：mm）

| 零件名称 | 毛坯种类 | | 材　料 | 生产类型 |
|---|---|---|---|---|
| 圆柱齿轮 | 铸件 | | ZG270-500 | 中批量 |

| 工序 | 工步 | 工序内容 | 设备 | 刀具、量具、辅具 |
|---|---|---|---|---|
| 10 | | 铸造 | | |
| 20 | | 热处理:退火 | 箱式炉 | |
| 30 | | 粗车 | 卧式车床 | |
| | 1 | 用自定心卡盘夹$\phi330_{-0.20}^{\ 0}$毛坯外圆，找正，夹紧，车端面，保证距轮辐侧面尺寸38 | | 45°弯头车刀 |
| | 2 | 车齿部端面,保证距轮辐侧面尺寸18 | | 45°弯头车刀 |

（续）

| 工序 | 工步 | 工序内容 | 设备 | 刀具、量具、辅具 |
|---|---|---|---|---|
| | 3 | 车 $\phi330_{-0.20}^{0}$ 外圆至 $\phi335$，长至卡爪 | | 90°外圆车刀 |
| | 4 | 车 $\phi76_{0}^{+0.03}$ 内孔至 $\phi71$ | | 内孔车刀 |
| | 5 | 调头，用自定心卡盘夹已加工过的 $\phi330_{-0.20}^{0}$ 外圆处，找正，夹紧，车端面，保证总长 106 | | 45°弯头车刀 |
| | 6 | 车齿部端面，保证齿部宽 66 | | 45°弯头车刀 |
| | 7 | 车 $\phi330_{-0.20}^{0}$ 外圆至 $\phi335$，与已加工面相接 | | 90°外圆车刀 |
| 40 | | 热处理：调质，硬度为 190~220HBW | 箱式炉 | |
| 50 | | 精车 | 卧式车床 | |
| | 1 | 用自定心卡盘夹已加工过的 $\phi330_{-0.20}^{0}$ 外圆处，找正，夹紧，车端面，保证距轮辐侧面尺寸 35 | | 45°弯头车刀 |
| | 2 | 车齿部端面，保证距轮辐侧面尺寸 15 | | 45°弯头车刀 |
| | 3 | 车 $\phi330_{-0.20}^{0}$ 外圆至要求，长至卡爪 | | 90°外圆车刀 |
| | 4 | 车 $\phi76_{0}^{+0.03}$ 内孔至要求，表面粗糙度 $Ra1.6\mu m$ | | 内孔车刀 |
| | 5 | 车孔和外圆倒角 $C1$ | | 45°弯头车刀 |
| | 6 | 调头，用自定心卡盘夹车过的 $\phi330_{-0.20}^{0}$ 外圆，以内孔找正，夹紧，车端面，保证轮毂长 100 | | 45°弯头车刀 |
| | 7 | 车齿部端面，保证齿部宽 60 | | 45°弯头车刀 |
| | 8 | 车 $\phi330_{-0.20}^{0}$ 外圆至要求，与加工面相接 | | 90°外圆车刀 |
| | 9 | 车孔和外圆倒角 $C1$ | | 45°弯头车刀 |
| 60 | | 滚齿 | 滚齿机 | |
| 70 | | 钳工：去毛刺、齿部倒角 | 钳工台 | |
| 80 | | 拉键槽 | 键槽拉床 | 测槽塞规 |
| 90 | | 检验 | 检验站 | |
| 100 | | 涂油、包装、入库 | 库房 | |

## 实例 3　圆柱齿轮（3）（见图 7-3）

**1. 零件图样分析**

1）图 7-3 中 $\phi32H7$ 孔的尺寸精度和表面质量要求较高。

2）零件材料为 40Cr 钢。

3）调质硬度为 220~250HBW。

4）齿部高频感应淬火并回火后硬度为 42~47HRC。

**2. 工艺分析**

1）该齿轮毛坯为圆钢，粗加工前应进行正火处理，粗加工后进行调质处理，然后精加工，滚齿后进行齿部高频感应淬火。

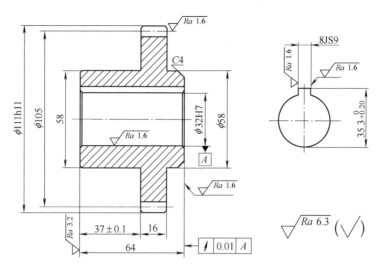

技术要求
1. 材料：40Cr 钢。
2. 热处理：调质 T235，齿部淬火 G42。
3. 倒角 C1。

| 模数 | $m$ | 3 |
|---|---|---|
| 齿数 | $z$ | 35 |
| 压力角 | $\alpha$ | 20° |
| 齿顶高系数 | $h_a^*$ | 1 |
| 螺旋角 | $\beta$ | 0 |
| 螺旋方向 | | |
| 径向变位系数 | $x$ | 0 |
| 精度等级 | | 8 |

图 7-3 圆柱齿轮（3）

2）为了保证齿顶圆与孔的同轴度，应在一次装夹中完成精加工。

3）齿轮的定位基准为内孔、端面。

**3. 机械加工工艺过程**（见表 7-5）

表 7-5 圆柱齿轮（3）机械加工工艺过程 （单位：mm）

| 零件名称 | 毛坯种类 | 材 料 | 生产类型 |
|---|---|---|---|
| 圆柱齿轮 | 圆钢 | 40Cr 钢 | 中批量 |

| 工序 | 工步 | 工序内容 | 设备 | 刀具、量具、辅具 |
|---|---|---|---|---|
| 10 | | 下料 $\phi120\times74$ | 锯床 | |
| 20 | | 正火 | 箱式炉 | |
| 30 | | 粗车 | 卧式车床 | |
| | 1 | 用自定心卡盘夹 $\phi58$（长端）外圆处，找正，夹紧，车端面，留精加工余量 1 | | 45°弯头车刀 |

（续）

| 工序 | 工步 | 工 序 内 容 | 设备 | 刀具、量具、辅具 |
|---|---|---|---|---|
|  | 2 | 车 $\phi$111h11 外圆至 $\phi$113 |  | 90°外圆车刀 |
|  | 3 | 车 $\phi$111h11 外圆端面，长 11 |  | 45°弯头车刀 |
|  | 4 | 钻 $\phi$32H7 至 $\phi$30 |  | $\phi$30 麻花钻 |
|  | 5 | 调头。用自定心卡盘夹 $\phi$111h11 外圆处，找正，夹紧，车端面，保证总长 66 |  | 45°弯头车刀 |
|  | 6 | 车 $\phi$58 外圆至 $\phi$60，长至 $\phi$111h11 端面 |  | 90°外圆车刀 |
|  | 7 | 车 $\phi$111h11 外圆端面，保证齿部宽 18 |  | 90°外圆车刀 |
| 40 |  | 热处理：调质，硬度为 220~250HBW | 箱式炉 |  |
| 50 |  | 精车 | 卧式车床 |  |
|  | 1 | 用自定心卡盘夹 $\phi$111h11 外圆处（$\phi$58 长端在外），找正，夹紧，车端面，保证总长 65，表面粗糙度 $Ra$1.6μm |  | 45°弯头车刀 |
|  | 2 | 车 $\phi$58 外圆至要求，长至 $\phi$111h11 端面 |  | 90°外圆车刀 |
|  | 3 | 车 $\phi$111h11 端面至要求，保证尺寸 37±0.1 |  | 90°外圆车刀 |
|  | 4 | 孔倒角 C1，外圆倒角 C1 |  | 45°弯头车刀 |
|  | 5 | 调头。用自定心卡盘夹 $\phi$58 外圆，找正，夹紧，车端面，保证总长 64，表面粗糙度 $Ra$1.6μm |  | 45°弯头车刀 |
|  | 6 | 车 $\phi$58 外圆至要求，长至 $\phi$111h11 端面 |  | 90°外圆车刀 |
|  | 7 | 车齿部端面，保证齿部宽 16 |  | 45°弯头车刀 |
|  | 8 | 车 $\phi$32H7 至要求，表面粗糙度 $Ra$1.6μm |  | 内孔车刀 |
|  | 9 | 孔倒角 C1，外圆倒角 C4 |  | 45°弯头车刀 |
| 60 |  | 滚齿 | 滚齿机 |  |
| 70 |  | 钳工：去毛刺、齿部倒角 | 钳工台 |  |
| 80 |  | 热处理：齿部高频感应淬火并回火，硬度为 42~47HRC | 高频感应加热设备、回火炉 |  |
| 90 |  | 拉键槽 | 键槽拉床 | 测槽塞规 |
| 100 |  | 检验 | 检验站 |  |
| 110 |  | 涂油、包装、入库 | 库房 |  |

## 实例 4　离合器齿轮 （见图 7-4）

### 1. 零件图样分析

1）图 7-4 中以花键 $\phi$52H7 孔轴线为基准。

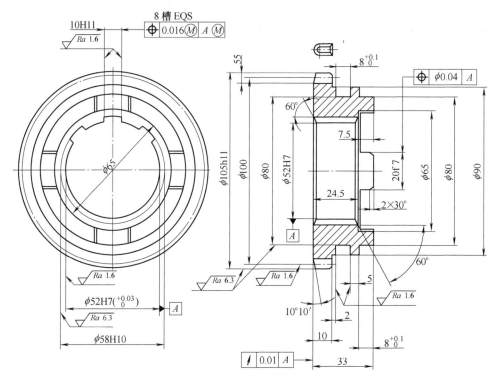

**技术要求**

1. 材料: 45钢。
2. 热处理: 齿部和爪部淬火G48。
3. 倒角C1。

| 模数 | $m$ | 2.5 |
|---|---|---|
| 齿数 | $z$ | 40 |
| 压力角 | $\alpha$ | 20° |
| 齿顶高系数 | $h_a^*$ | 1 |
| 螺旋角 | $\beta$ | 0 |
| 螺旋方向 | | |
| 径向变位系数 | $x$ | 0 |
| 精度等级 | | 6 |

图7-4 离合器齿轮

2）离合器齿轮精度为6级，需要磨齿。

3）零件材料为45钢。

4）齿部和爪部高频感应淬火并回火的硬度为48~52HRC。

**2. 工艺分析**

1）该齿轮毛坯为圆钢，粗加工前应进行正火处理，滚齿后进行齿部淬火。

2）为了保证齿顶圆与孔的同轴度，拉花键后，以花键孔小径定位加工齿部外圆。

**3. 机械加工工艺过程**（见表7-6）

### 表 7-6 离合器齿轮机械加工工艺过程 （单位：mm）

| 零件名称 | 毛坯种类 | 材 料 | 生产类型 |
|---|---|---|---|
| 离合器齿轮 | 圆钢 | 45 钢 | 中批量 |

| 工序 | 工步 | 工 序 内 容 | 设备 | 刀具、量具、辅具 |
|---|---|---|---|---|
| 10 | | 下料 $\phi$115×43 | 锯床 | |
| 20 | | 热处理:正火 | 箱式炉 | |
| 30 | | 粗车 | 卧式车床 | |
| | 1 | 用自定心卡盘夹毛坯外圆一端,找正,夹紧,车端面,留精加工余量 1 | | 45°弯头车刀 |
| | 2 | 车 $\phi$105h11 外圆至 $\phi$108 | | 90°外圆车刀 |
| | 3 | 钻 $\phi$52H7 内孔至 $\phi$40 | | $\phi$40 麻花钻 |
| | 4 | 车 $\phi$52H7 内孔至 $\phi$51.40H9 | | 内孔车刀 |
| | 5 | 孔倒角 60°,外圆倒角 10° | | 45°弯头车刀 |
| | 6 | 调头。用自定心卡盘夹 $\phi$105h11 外圆处,找正,夹紧,车端面,保证总长 35 | | 45°弯头车刀 |
| | 7 | 车 $\phi$90 外圆至 $\phi$93,保证齿部宽 12 | | 90°外圆车刀 |
| | 8 | 车 $\phi$80 外圆至 $\phi$93 | | 90°外圆车刀 |
| | 9 | 车 $\phi$65 内孔至要求 | | 内孔车刀 |
| | 10 | 孔倒角 60° | | 45°弯头车刀 |
| 40 | | 拉花键 | 拉床 | 花键塞规 |
| 50 | | 精车 | 卧式车床 | |
| | 1 | 穿花键锥度心轴,车左右端面,保证总长 33,表面粗糙度 $Ra3.2\mu m$ | | 45°弯头车刀 |
| | 2 | 穿花键胀套心轴,车 $\phi$105h11 外圆至要求,表面粗糙度 $Ra3.2\mu m$ | | 90°外圆车刀 |
| | 3 | 车 $\phi$90 至要求,表面粗糙度 $Ra3.2\mu m$ | | 90°外圆车刀 |
| | 4 | 车 $\phi$80 至要求,表面粗糙度 $Ra3.2\mu m$ | | 90°外圆车刀 |
| | 5 | 车齿部端面,保证齿部宽 10 | | 45°弯头车刀 |
| | 6 | 齿部倒角 C1 | | 45°弯头车刀 |
| | 7 | 车宽 $8^{+0.1}_{0}$ 槽至要求,底径至 $\phi$80,侧面表面粗糙度 $Ra1.6\mu m$ | | 切槽刀 |
| 60 | | 滚齿:齿部留磨量 0.20 | 滚齿机 | 磨前齿轮滚刀 |
| 70 | | 齿部倒角 | 倒角机 | 倒角刀 |
| 80 | | 铣端面离合器至要求 | 立式加工中心 | |
| 90 | | 热处理:齿部和爪部高频感应淬火并回火、硬度为48~52HRC | 高频感应加热设备、回火炉 | |
| 100 | | 找正左端面及齿部节圆,磨花键孔小径 $\phi$52H7 至要求,表面粗糙度 $Ra1.6\mu m$ | 内圆磨床 | |
| 110 | | 靠磨左端面,保证尺寸 33 至 32.90±0.02 | 内圆磨床 | |
| 120 | | 磨齿至要求,齿表面粗糙度 $Ra0.8\mu m$ | 磨齿机 | |
| 130 | | 检验 | 检验站 | |
| 140 | | 涂油、包装、入库 | 库房 | |

**实例 5　鼠牙盘齿轮**（见图 7-5）

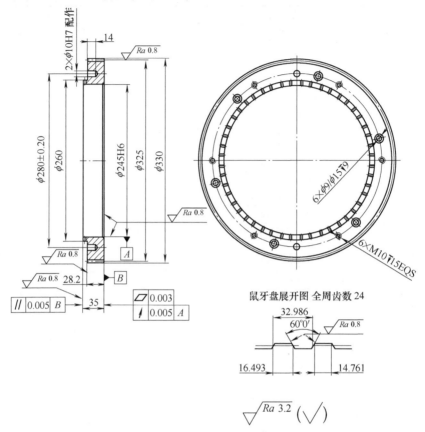

鼠牙盘展开图 全周齿数 24

$$\sqrt{Ra\ 3.2}\ \left(\sqrt{\ }\right)$$

技术要求

1. 材料：38CrMoAlA钢。

2. 热处理：T235-D0.3-850。

3. 销孔防止渗氮。

4. 分度精度 3″。

5. 一对端齿在任意位置齿面结合率大于 85%。

6. 齿相邻及累积分度精度 ±5″。

7. 齿数结合率≥95%。

8. 倒角 C1。

| 模数 | $m$ | 2.5 |
|---|---|---|
| 齿数 | $z$ | 130 |
| 压力角 | $\alpha$ | 20° |
| 齿顶高系数 | $h_a^*$ | 1 |
| 螺旋角 | $\beta$ | 0 |
| 螺旋方向 | | |
| 径向变位系数 | $x$ | 0 |
| 精度等级 | | 5 |

图 7-5　鼠牙盘齿轮

## 1. 零件图样分析

1）图 7-5 中以 $\phi$245H6 孔轴线为基准。

2）外齿轮精度为 5 级，需要磨齿。

3）鼠牙盘精度高，需要磨齿。

4）零件材料为 38CrMoAlA 钢。

5）调质硬度为 220~250HBW。

6）渗氮层深度为 0.25~0.40mm，硬度≥850HV。

**2. 工艺分析**

1）该齿轮毛坯为锻件，粗加工前应进行正火处理，粗加工后进行调质处理，半精加工后进行时效处理。齿部及鼠牙盘进行渗氮。

2）渗氮时 2×$\phi$10H7 销孔需要防渗氮处理。

**3. 机械加工工艺过程**（表 7-7）

表 7-7  鼠牙盘齿轮机械加工工艺过程　　　　　　　　（单位：mm）

| 零件名称 | | 毛坯种类 | 材　料 | 生产类型 |
|---|---|---|---|---|
| 鼠牙盘齿轮 | | 锻件 | 38CrMoAlA 钢 | 小批量 |
| 工序 | 工步 | 工序内容 | 设备 | 刀具、量具、辅具 |
| 10 | | 锻件 | 锻压机床 | |
| 20 | | 热处理:正火 | 箱式炉 | |
| 30 | | 粗车 | 卧式车床 | |
| | 1 | 用自定心卡盘夹毛坯外圆一端,找正,夹紧,车端面,留精加工余量 2 | | 45°弯头车刀 |
| | 2 | 车 $\phi$330 外圆至 $\phi$334 | | 90°外圆车刀 |
| | 3 | 车 $\phi$245H6 孔至 $\phi$241 | | 内孔车刀 |
| | 4 | 调头。用自定心卡盘夹 $\phi$330 外圆处,找正,夹紧,车端面,保证总长 39 | | 45°弯头车刀 |
| | 5 | 车 $\phi$260 外圆至 $\phi$264 | | 90°外圆车刀 |
| | 6 | 车齿部端面,保证齿宽 32 | | 45°弯头车刀 |
| 40 | | 热处理:调质,硬度为 220~250HBW | 箱式炉 | |
| 50 | | 半精车 | 卧式车床 | |
| | 1 | 车右端面,留精车量 1 | | 45°弯头车刀 |
| | 2 | 车 $\phi$330 外圆至 $\phi$331 | | 90°外圆车刀 |
| | 3 | 车 $\phi$245H6 内孔至 $\phi$244 | | 内孔车刀 |
| | 4 | 调头。用自定心卡盘夹 $\phi$330 外圆处,找正,夹紧,车端面,保证总长 37 | | 45°弯头车刀 |
| 60 | | 热处理:时效 | 箱式炉 | |
| 70 | | 精车 | 卧式车床 | |
| | 1 | 车右端面,留磨量 0.20 | | 45°弯头车刀 |
| | 2 | 车 $\phi$330 至要求,表面粗糙度 $Ra$3.2$\mu$m | | 90°外圆车刀 |

（续）

| 工序 | 工步 | 工序内容 | 设备 | 刀具、量具、辅具 |
|---|---|---|---|---|
| | 3 | 车 $\phi$245H6 内孔留磨量 0.20，表面粗糙度 $Ra$3.2μm | | 内孔车刀 |
| | 4 | 车孔倒角 C1 | | 45°弯头车刀 |
| | 5 | 车齿部倒角 C1 | | 45°弯头车刀 |
| | 6 | 调头。用自定心卡盘夹 $\phi$330 外圆处，找正，夹紧，车端面，保证总长 35.40 | | 45°弯头车刀 |
| | 7 | 车 $\phi$260 外圆至要求，表面粗糙度 $Ra$3.2μm | | 90°外圆车刀 |
| | 8 | 车齿部端面，留磨量 0.20 | | 45°弯头车刀 |
| 80 | | 滚外齿：齿部留磨量 0.20 | 滚齿机 | 磨前齿轮滚刀 |
| 90 | | 去齿部毛刺、倒棱 | 钳工台 | |
| 100 | | 铣鼠牙盘，齿厚单侧留磨量 0.20 | 立式加工中心 | |
| 110 | | 钻孔 | 立式加工中心 | |
| | 1 | 钻 6×$\phi$9 孔至要求 | | $\phi$9 麻花钻 |
| | 2 | 锪 $\phi$15 深 9 孔至要求 | | $\phi$15 锪钻 |
| | 3 | 钻 6×M10 螺纹底孔至 $\phi$8.5 | | $\phi$8.5 麻花钻 |
| | 4 | 攻 6×M10 螺纹孔至要求 | | |
| 120 | | 去齿部毛刺、倒角 | 钳工台 | |
| 130 | | 热处理：渗氮，渗氮层深度为 0.25~0.40mm，硬度≥850HV 要求：2×$\phi$10H7 孔及 6×M10 螺纹孔处防渗氮 | 渗氮炉 | |
| 140 | | 粗磨平面 | 平面磨床 | |
| | 1 | 粗磨右端面，留磨量 0.03 | | |
| | 2 | 粗磨左端面，留磨量 0.03 | | |
| 150 | | 钻 2×$\phi$10H7 孔至 2×$\phi$9.5 | 立式加工中心 | $\phi$9.5 麻花钻 |
| 160 | | 精磨平面 | 超精磨床 | |
| | | 磨左端面成，表面粗糙度 $Ra$0.8μm | | |
| 170 | | 磨内孔及平面 | 数控立式磨床 | |
| | 1 | 磨 $\phi$245H6 内孔至要求，表面粗糙度 $Ra$0.8μm | | |
| | 2 | 靠磨右端面成，表面粗糙度 $Ra$0.8μm，平面度公差为 0.003 | | |
| 180 | | 按左端面、$\phi$245H6 内孔找正至 0.005，磨鼠牙盘至要求，齿表面粗糙度 $Ra$0.8μm | 端齿磨床 | |
| 190 | | 按 $\phi$245H6 内孔定位，磨外齿至要求，齿表面粗糙度 $Ra$0.8μm | 磨齿机 | |
| 200 | | 检验 | 检验站 | |
| 210 | | 涂油、包装、入库 | | |

## 实例 6　齿轮轴（见图 7-6）

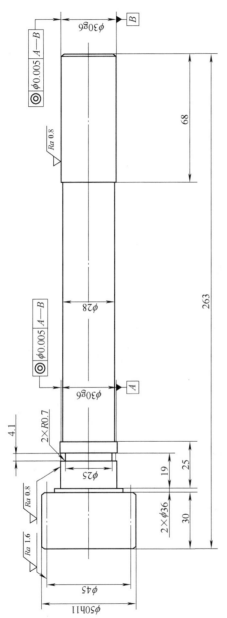

$$\sqrt{Ra\ 3.2}\quad(\sqrt{\ \ })$$

| 模数 | $m$ | 2.5 |
|---|---|---|
| 齿数 | $z$ | 18 |
| 压力角 | $\alpha$ | 20° |
| 齿顶高系数 | $h_a^*$ | 1 |
| 螺旋角 | $\beta$ | 0 |
| 螺旋方向 | | |
| 径向变位系数 | $x$ | 0 |
| 精度等级 | | 6 |

图 7-6　齿轮轴

技术要求

1. 材料：45钢。
2. 热处理：调质 T265，齿部淬火 G48。
3. 倒角 C1。

**1. 零件图样分析**

1）图 7-6 中以 $\phi$30g6 两外圆的公共轴线为基准。

2）齿轮精度为 6 级，需要磨齿。

3）零件材料为 45 钢。

4）调质硬度为 250～270HBW。

5）齿部高频感应淬火硬度为 48～52HRC。

**2. 工艺分析**

1）该齿轮毛坯为原材料，粗加工前应进行正火处理，粗加工后进行调质处理，磨削加工前进行高频感应淬火。

2）齿轮轴两端需钻、研中心孔。

**3. 机械加工工艺过程**（见表 7-8）

表 7-8　齿轮轴机械加工工艺过程　　　　　　（单位：mm）

| 零件名称 | | 毛坯种类 | | 材　料 | | 生产类型 |
|---|---|---|---|---|---|---|
| 齿轮轴 | | 圆钢 | | 45 钢 | | 小批量 |

| 工序 | 工步 | 工序内容 | | | 设备 | 刀具、量具、辅具 |
|---|---|---|---|---|---|---|
| 10 | | 下料 $\phi$55×380 | | | 锯床 | |
| 20 | | 热处理:正火 | | | 箱式炉 | |
| 30 | | 粗车 | | | 卧式车床 | |
| | 1 | 用自定心卡盘夹毛坯外圆一端,找正,夹紧,车端面,留精加工余量 2 | | | | 45°弯头车刀 |
| | 2 | 车 $\phi$36 外圆至 $\phi$38 | | | | 90°外圆车刀 |
| | 3 | 车 $\phi$30g6 外圆至 $\phi$38 | | | | 90°外圆车刀 |
| | 4 | 车 $\phi$28 外圆至 $\phi$38 | | | | 90°外圆车刀 |
| | 5 | 调头。用自定心卡盘夹已车过外圆,找正,夹紧,车端面,保证总长 374 | | | | 45°弯头车刀 |
| | 6 | 车 $\phi$50h11 外圆至 $\phi$53 | | | | 90°外圆车刀 |
| | 7 | 车左端加长部分的外圆至 $\phi$32×107 | | | | 90°外圆车刀 |
| 40 | | 热处理:调质,硬度为 250～270HBW | | | 箱式炉 | |
| 50 | | 精车 | | | 卧式车床 | |
| | 1 | 车右端面,保总长 371,表面粗糙度 $Ra$3.2μm | | | | |
| | 2 | 钻、研右端中心孔 B2.5 | | | | 中心钻 |
| | 3 | 车 $\phi$36×2 成 | | | | 90°外圆车刀 |
| | 4 | 车 $\phi$30g6 外圆(2 处),留磨量 0.30 | | | | 90°外圆车刀 |
| | 5 | 车 $\phi$28 外圆成 | | | | 90°外圆车刀 |
| | 6 | 车 4.1×$\phi$25 成 | | | | 切槽刀 |

（续）

| 工序 | 工步 | 工 序 内 容 | 设备 | 刀具、量具、辅具 |
|---|---|---|---|---|
| | 7 | 车尺寸30右面成 | | 45°弯头车刀 |
| | 8 | 车外圆倒角C1 | | 45°弯头车刀 |
| | 9 | 调头。用自定心卡盘夹φ30g6外圆，找正，夹紧，车端面，保证总长370 | | 45°弯头车刀 |
| | 10 | 钻、研左端中心孔B2.5 | | 中心钻 |
| | 11 | 车左端加长外圆至φ30.30 | | 90°外圆车刀 |
| | 12 | 车尺寸30左面成 | | 45°弯头车刀 |
| 60 | | 滚齿:齿厚留磨量0.20 | 滚齿机 | 磨前齿轮滚刀 |
| 70 | | 齿部去毛刺、倒棱 | 钳工台 | |
| 80 | | 热处理:齿部高频感应淬火并回火,硬度为48~52HRC | 高频感应加热设备、回火炉 | |
| 90 | | 磨两端中心孔 | 中心孔磨床 | |
| 100 | | 磨外圆 | 外圆磨床 | |
| | 1 | 磨φ30g6外圆（2处）至要求，表面粗糙度Ra0.8μm | | |
| | 2 | 磨左端加长外圆至φ30 | | |
| 110 | | 磨齿至图样要求，齿表面粗糙度Ra1.6μm | 磨齿机 | |
| 120 | | 检验 | | |
| | 1 | 检验各外圆尺寸、几何公差、表面粗糙度等 | | 千分尺、偏摆仪、圆度仪等 |
| | 2 | 检验齿部齿形误差、齿向误差、周节累积误差等 | 齿轮检测仪 | |
| 130 | | 车去左端加长部分 | 卧式车床 | 切槽刀 |
| 140 | | 涂油、包装、入库 | | |

## 实例7 主轴齿轮（见图7-7）

### 1. 零件图样分析

1）图7-7所示为主轴齿轮，使用时通过φ69.85mm锥孔与铣刀盘连接，两处φ130h6外圆是轴承支撑圆，从使用情况看，φ69.85mm锥孔是基准。

2）齿轮精度为6级，需要磨齿。

3）零件材料为38CrMoAlA钢。

4）调质硬度为220~250HBW。

5）渗氮层深度为0.45~0.65mm，硬度≥800HV。

### 2. 工艺分析

1）该齿轮毛坯为原材料，粗加工前应进行正火处理，粗加工后进行调质处理，精加工前零件进行渗氮处理。

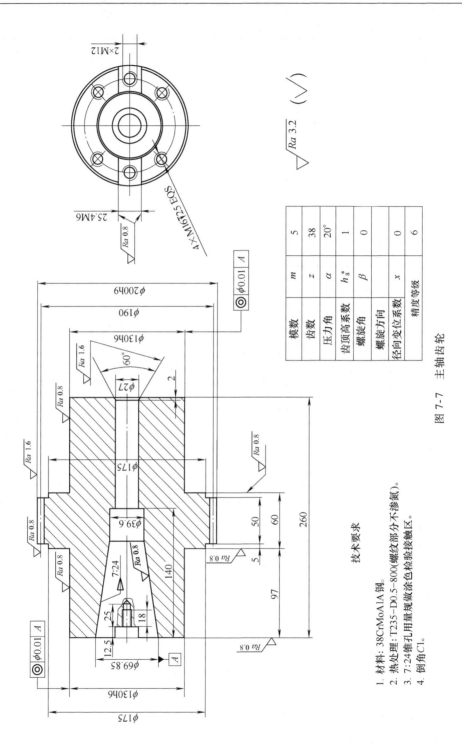

| 模数 | $m$ | 5 |
|---|---|---|
| 齿数 | $z$ | 38 |
| 压力角 | $\alpha$ | 20° |
| 齿顶高系数 | $h_a^*$ | 1 |
| 螺旋角 | $\beta$ | 0 |
| 螺旋方向 | | 0 |
| 径向变位系数 | $x$ | 0 |
| 精度等级 | | 6 |

图 7-7 主轴齿轮

技术要求

1. 材料：38CrMoAl A 钢。
2. 热处理：T235－D0.5－800(螺纹部分不渗氮)。
3. 7:24锥孔用量规做做涂色检验接触区。
4. 倒角C1。

2）$\phi69.85$mm 锥度内孔的磨削分粗磨和精磨，且要求左端面与此孔一次装夹磨削。

3）磨两处 $\phi130$h6 外圆时须组工装。

4）磨齿部时组工装，按两处 $\phi130$h6 外圆找正，然后再磨削齿部。

5）端面键槽 25.4M6 尺寸公差和几何公差要求高，应用专用机床磨削。

**3. 机械加工工艺过程**（见表7-9）

表7-9　主轴齿轮机械加工工艺过程　　　　（单位：mm）

| 零件名称 | 毛坯种类 | 材料 | 生产类型 |
|---|---|---|---|
| 主轴齿轮 | 圆钢 | 38CrMoAlA 钢 | 小批量 |

| 工序 | 工步 | 工序内容 | 设备 | 刀具、量具、辅具 |
|---|---|---|---|---|
| 10 | | 下料 $\phi210\times270$ | 锯床 | |
| 20 | | 热处理:正火 | 箱式炉 | |
| 30 | | 粗车 | 卧式车床 | |
| | 1 | 用自定心卡盘夹毛坯外圆一端,找正,夹紧,车端面,留精加工余量3 | | 45°弯头车刀 |
| | 2 | 车 $\phi130$h6 外圆至 $\phi135$ | | 90°外圆车刀 |
| | 3 | 车 $\phi175$ 外圆至 $\phi205$ | | 90°外圆车刀 |
| | 4 | 车 $\phi200$h9 外圆至 $\phi205$ | | 90°外圆车刀 |
| | 5 | 调头。用自定心卡盘夹已车过外圆,找正,夹紧,车端面,保证总长266 | | 45°弯头车刀 |
| | 6 | 车 $\phi130$h6 外圆至 $\phi135$ | | 90°外圆车刀 |
| | 7 | 车 $\phi175$ 外圆至 $\phi205$ | | 90°外圆车刀 |
| | 8 | 车尺寸 60 至 64 | | 45°弯头车刀 |
| 40 | | 热处理:调质,硬度为 220~250HBW | 箱式炉 | |
| 50 | | 精车 | 数控车床 | |
| | 1 | 夹右端 $\phi130$h6 外圆,车左端面,留磨量 0.20,保证总长 263.20 | | 35°机夹刀片 |
| | 2 | 车左端 $\phi130$h6 外圆,留磨量 0.50 | | 35°机夹刀片 |
| | 3 | 车 $\phi175$ 外圆至要求,表面粗糙度 $Ra3.2\mu m$ | | 35°机夹刀片 |
| | 4 | 车 $\phi200$h9 外圆,留磨量 0.40 | | 35°机夹刀片 |
| | 5 | 车齿宽左面,留磨量 0.20 | | 35°机夹刀片 |
| | 6 | 钻 $\phi27$ 通孔 | | $\phi27$ 麻花钻 |
| | 7 | 车 7:24 内孔留磨量 0.60 | | 35°机夹刀片 |
| | 8 | 车 $\phi39.6$ 内孔成 | | 35°机夹刀片 |
| | 9 | 铣 25.4M6,留磨量 0.40,槽底留磨量 0.10 | | 杆铣刀 |

（续）

| 工序 | 工步 | 工 序 内 容 | 设备 | 刀具、量具、辅具 |
|---|---|---|---|---|
| | 10 | 钻、攻 4×M16 螺纹孔及 2×M12 螺纹孔成 | | |
| | 11 | 调头。用自定心卡盘夹左端 φ130h6 外圆，找正，夹紧，车端面，保证总长 260.40 | | 35°机夹刀片 |
| | 12 | 车右端内孔 60°倒角至要求，表面粗糙度 Ra1.6μm | | 35°机夹刀片 |
| | 13 | 车右端 φ130h6 外圆留磨量 0.50 | | 35°机夹刀片 |
| | 14 | 车 φ175 外圆至要求，表面粗糙度 Ra3.2μm | | 35°机夹刀片 |
| | 15 | 车齿宽右面，留磨量 0.20，保证尺寸 60 至 60.40 | | 35°机夹刀片 |
| | 16 | 车外圆倒角 C1 | | 35°机夹刀片 |
| 60 | | 滚齿：按 φ200h9 外圆找正，齿厚留磨量 0.20 | 滚齿机 | 磨前齿轮滚刀 |
| 70 | | 齿部去毛刺、倒棱 | 钳工台 | |
| 80 | | 热处理：时效 | 箱式炉 | |
| 90 | | 粗磨外圆 | 外圆磨床 | |
| | 1 | 装两端堵头，按 φ130h6 外圆及端面找正，磨两端堵头的中心孔 | | |
| | 2 | 磨 φ130h6 外圆，留磨量 0.10~0.12（两处） | | |
| | 3 | 磨尺寸 60 左面，留磨量 0.06 | | |
| | 4 | 磨尺寸 60 右面，留磨量 0.06，保证尺寸 60 至 60.12 | | |
| | 5 | 磨 φ200h9 外圆成 | | |
| | 6 | 卸两端堵头 | | |
| 100 | | 半精磨锥孔 | 内圆磨床 | |
| | 1 | 按 φ130h6 外圆及尺寸 60 左面找正，磨 7∶24 锥孔留磨量 0.12 | | |
| | 2 | 靠磨左端面，留磨量 0.06 | | |
| | 3 | 技术要求：用试规检验接触区，接触面积应大于 70%，大头重 | | |
| 110 | | 磨拨块口 | 磨口机 | |
| | 1 | 磨 25.4M6 槽，单侧留磨量 0.06 | | |
| | 2 | 磨 25.4M6 槽底成 | | |
| 120 | | 热处理：渗氮，渗氮层深度为 0.45~0.65mm，硬度≥800HV 要求：4×M16 螺纹孔及 2×M12 螺纹孔不渗氮，做防渗氮保护 | 渗氮炉 | |

（续）

| 工序 | 工步 | 工 序 内 容 | 设备 | 刀具、量具、辅具 |
|---|---|---|---|---|
| 130 | | 精磨外圆 | 数控外圆磨床 | |
| | 1 | 装两端堵头，按 $\phi$130h6 外圆及端面找正 | | |
| | 2 | 磨 $\phi$130h6 外圆至要求（两处），表面粗糙度 $Ra0.8\mu m$ | | |
| | 3 | 磨尺寸 60 左面成，表面粗糙度 $Ra0.8\mu m$ | | |
| | 4 | 磨尺寸 60 右面成，保证尺寸 60 至 60±0.02 | | |
| 140 | | 磨齿成。按 $\phi$130h6 外圆（两处）找正 | 磨齿机 | |
| 150 | | 精磨锥孔 | 数控内圆磨床 | |
| | 1 | 卸两端堵头 | | |
| | 2 | 按 $\phi$130h6 外圆及尺寸 60 左面找正，磨 7：24 锥孔成，表面粗糙度 $Ra0.8\mu m$ | | |
| | 3 | 靠磨左端面成，表面粗糙度 $Ra0.8\mu m$ | | |
| | 4 | 技术要求：用试规检验接触区，接触面积应大于 70%，大头重 | | |
| 160 | | 按 $\phi$130h6 外圆及左端面找正，磨 25.4M6 槽成 | 磨口机 | |
| 170 | | 检验：填写记录 | 检验台 | |
| 180 | | 涂油、包装、入库 | | |

## 实例 8　双联齿轮（见图 7-8）

**1. 零件图样分析**

1）图 7-8 所示为双联齿轮，$\phi$25H6 为双联齿轮基准孔。

2）零件材料为 40Cr 钢。

3）齿部高频感应淬火并回火的硬度为 48~52HRC。

**2. 工艺分析**

1）该齿轮毛坯为原材料，粗加工前应进行正火处理，插齿工序后进行齿部高频感应淬火。

2）$\phi$25H6 为基准孔，齿部高频感应淬火后 $\phi$25H6 内孔应进行磨削。

3）该齿轮为双联齿轮，大联齿轮齿部加工工艺路线为插齿—剃齿—珩齿；小联齿轮齿部加工只进行插齿就可以了。

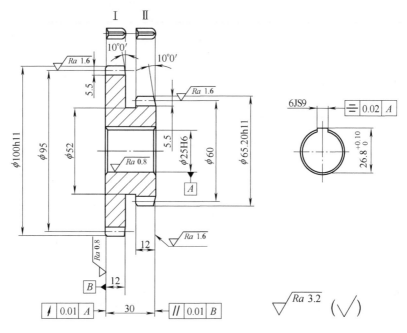

技术要求

1. 材料：40Cr钢。
2. 齿部淬火G48。
3. 倒角 C1。

| 齿序号 | | I | II |
|---|---|---|---|
| 模数 | $m$ | 2.5 | 2.5 |
| 齿数 | $z$ | 38 | 24 |
| 压力角 | $\alpha$ | 20° | 20° |
| 齿顶高系数 | $h_a^*$ | 1 | 1 |
| 螺旋角 | $\beta$ | 0 | 0 |
| 螺旋方向 | | | |
| 径向变位系数 | $x$ | 0 | 0.04 |
| 精度等级 | | 8 | 8 |

图 7-8　双联齿轮

## 3. 机械加工工艺过程（见表 7-10）

表 7-10　双联齿轮机械加工工艺过程　　　　（单位：mm）

| 零件名称 | 毛坯种类 | 材料 | 生产类型 |
|---|---|---|---|
| 双联齿轮 | 圆钢 | 40Cr 钢 | 小批量 |

| 工序 | 工步 | 工序内容 | 设备 | 刀具、量具、辅具 |
|---|---|---|---|---|
| 10 | | 下料 $\phi110\times40$ | 锯床 | |
| 20 | | 热处理：正火 | 箱式炉 | |
| 30 | | 粗车 | 卧式车床 | |

（续）

| 工序 | 工步 | 工 序 内 容 | 设备 | 刀具、量具、辅具 |
|---|---|---|---|---|
| | 1 | 用自定心卡盘夹毛坯外圆一端,找正,夹紧,车端面,留精加工余量 2 | | 45°弯头车刀 |
| | 2 | 钻 φ20 通孔 | | φ20 麻花钻 |
| | 3 | 车 φ100h11 外圆至 φ105 | | 90°外圆车刀 |
| | 4 | 调头。用自定心卡盘夹已车过外圆,找正,夹紧,车端面,保证总长 34 | | 45°弯头车刀 |
| | 5 | 车 φ65.20h11 外圆至 φ70 | | 90°外圆车刀 |
| | 6 | 车 φ52 外圆至 φ70 | | 90°外圆车刀 |
| 40 | | 精车 | 卧式车床 | |
| | 1 | 用自定心卡盘夹 φ65.20h11 外圆,找正,夹紧,车端面,留磨量 0.10 | | 45°弯头车刀 |
| | 2 | 车 φ100h11 外圆成,表面粗糙度 $Ra3.2\mu m$ | | 90°外圆车刀 |
| | 3 | 车 φ25H6 内孔至 φ24.75H7 | | 内孔车刀 |
| | 4 | 车内、外圆倒角 C1 | | 45°弯头车刀 |
| | 5 | 调头。用自定心卡盘夹 φ100h11 外圆,找正,夹紧,车端面,保证总长 30.20 | | 45°弯头车刀 |
| | 6 | 车 φ65.20h11 外圆成,表面粗糙度 $Ra3.2\mu m$ | | 90°外圆车刀 |
| | 7 | 车 φ52×6 宽槽成,表面粗糙度 $Ra3.2\mu m$ | | 切槽刀 |
| | 8 | 车内、外圆倒角成 | | 45°弯头车刀 |
| 50 | | 插齿 | 插齿机 | |
| | 1 | 插齿 I,齿部留剃量 0.08 | | 留剃插刀 |
| | 2 | 插齿 II 成 | | 插齿刀 |
| 60 | | 倒齿端圆弧角 | 倒角机 | 倒角刀 |
| 70 | | 钳工去毛刺、倒角 | 钳工台 | |
| 80 | | 剃齿 I | 剃齿机 | 剃齿刀 |
| 90 | | 清洗 | 清洗机 | |
| 100 | | 热处理:齿部高频感应淬火并回火,硬度为 48~52HRC | 高频设备 | |
| 110 | | 磨孔、靠端面 | 内圆磨床 | |
| | 1 | 按小齿轮节圆及右端面找正,磨 φ25H6 内孔成,表面粗糙度 $Ra0.8\mu m$ | | |
| | 2 | 靠磨右端面,保证尺寸 30 至 30.1,表面粗糙度 $Ra1.6\mu m$ | | |
| 120 | | 磨左端面成,保证尺寸 30 至 30±0.02,表面粗糙度 $Ra0.8\mu m$ | 平面磨床 | |
| 130 | | 珩齿成 | 珩齿机 | 珩磨轮 |
| 140 | | 线切割 6JS9 键槽 | | |

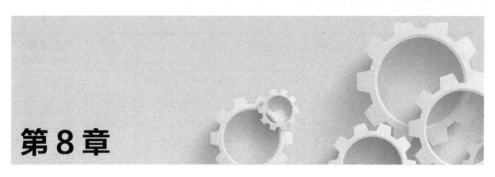

# 第8章

# 锥齿轮类零件

## 8.1 锥齿轮类零件的结构特点与技术要求

### 1. 锥齿轮类零件的结构特点（见表 8-1）

表 8-1 锥齿轮类零件的结构特点

| 种类 | 图　　示 | 结构特点 |
|------|---------|---------|
| 直齿锥齿轮 | | 1）大、小齿轮两个轴线相交于锥顶点<br>2）当大齿轮节锥角等于 90°时，即成为平面齿轮；大于 90°时，即成为内啮合锥齿轮 |
| 斜齿锥齿轮 | | 1）齿线是斜的，与某圆相切，齿线不和锥顶相交<br>2）大、小齿轮的螺旋角相等，方向相反<br>3）较直齿锥齿轮传动平稳 |
| 弧齿锥齿轮 | | 1）传动平稳，传力大，适宜高速传动<br>2）大、小齿轮的螺旋角相等，方向相反<br>3）两齿轮轴线相交于锥顶点<br>4）弧齿锥齿轮又分为圆弧齿、延伸外摆线齿轮、准渐开线齿轮 |

### 2. 锥齿轮类零件的技术要求

锥齿轮类零件的技术要求主要包括以下五部分：①齿轮基准面（包括定位基面、度量基面和装配基面等）的尺寸公差和位置公差；②安装距；③面锥角；④表面粗糙度；⑤热处理方面的要求。

## 8.2  锥齿轮类零件的加工工艺分析和定位基准选择

**1. 锥齿轮类零件的加工工艺分析**

影响锥齿轮加工工艺的因素很多，主要有生产类型、精度要求、结构形式、尺寸大小、材料、热处理方式及现有的生产设备等。即使是同一锥齿轮，由于具体情况不同，工艺过程也有所差别。大体可以归纳为以下工艺路线：毛坯制造—齿坯热处理—齿坯加工—齿轮齿面的粗加工—齿轮热处理—齿轮齿面的精加工—检验。

锥齿轮轴的齿坯加工方法如下：加工端面、钻中心孔，在车床上粗、精车齿坯。

锥齿轮齿坯的加工方法如下：在车床上车孔、端面和前后锥面，然后调头车另一端面和其余部分。

**2. 锥齿轮类零件的定位基准选择**

锥齿轮加工时的定位基准应尽可能与设计基准、装配基准和测量基准相一致。齿坯加工主要是为齿面加工准备好定位基准，如齿轮的内孔和端面，轴齿轮的中心孔、轴颈外圆和端面，必须具有一定的精度要求。

对于以内孔作为主要定位基准的锥齿轮，一般先粗、精加工到 IT7，然后以内孔定位加工外圆、端面、前后锥面等。

## 8.3  锥齿轮类零件的材料及热处理

**1. 锥齿轮类零件的材料**

锥齿轮类零件的材料有低碳结构钢、低碳合金结构钢、中碳结构钢、中碳合金结构钢等。选用材料时需考虑锥齿轮的具体工作条件、精度要求以及热处理工艺性等。常用的锥齿轮材料及其力学性能见表 8-2。

**表 8-2  常用的锥齿轮材料及其力学性能**

| 材料 | | 热 处 理 | 力 学 性 能 | | | |
| --- | --- | --- | --- | --- | --- | --- |
| | | | 硬　　度 | 抗拉强度 $R_m$/MPa | 屈服强度 $R_{eL}$/MPa | 疲劳极限 $\sigma_D$/MPa |
| 优质碳素钢 | 35 | 正火 | 150~180HBW | 500 | 320 | 240 |
| | | 调质 | 190~230HBW | 650 | 350 | 270 |
| | 45 | 正火 | 170~200HBW | 600~700 | 360 | 260~300 |
| | | 调质 | 220~250HBW | 750~900 | 450 | 320~360 |
| | | 整体淬火 | 40~45HRC | 1000 | 750 | 430~450 |
| | | 表面淬火 | 45~50HRC | 750 | 450 | 320~360 |

（续）

| 材料 | | 热 处 理 | 力 学 性 能 | | | |
|---|---|---|---|---|---|---|
| | | | 硬　　度 | 抗拉强度 $R_{m}$/MPa | 屈服强度 $R_{eL}$/MPa | 疲劳极限 $\sigma_{D}$/MPa |
| 合金钢 | 35SiMn | 调质 | 200~260HBW | 750 | 500 | 380 |
| | 40Cr 42SiMn 40MnB | 调质 | 250~280HBW | 900~1000 | 800 | 450~500 |
| | | 整体淬火 | 45~50HRC | 1400~1600 | 1000~1100 | 550~650 |
| | | 表面淬火 | 50~55HRC | 1000 | 850 | 500 |
| | 20Cr 20SiMn 20MnB | 渗碳淬火 | 56~62HRC | 800 | 650 | 420 |
| | 18CrMnTi 20MnVB | 渗碳淬火 | 56~62HRC | 1150 | 950 | 550 |
| | 12CrNi4A | 渗碳淬火 | 56~62HRC | 950 | | 500~550 |
| 铸钢 | ZG270-500 | 正火 | 140~270HBW | 500 | 270 | 230 |
| | ZG310-570 | | 160~210HBW | 570 | 310 | 240 |
| | ZG340-640 | | 180~210HBW | 640 | 340 | 260 |
| 铸铁 | HT200 | 正火 | 170~230HBW | 200 | | 100~120 |
| | HT300 | | 190~250HBW | 300 | | 130~150 |
| | QT400-18 | 正火 | 156~200HBW | 400 | 300 | 200~220 |
| | QT600-3 | | 200~250HBW | 600 | 420 | 240~260 |

### 2. 锥齿轮类零件的热处理

1）锥齿轮常用热处理工艺见表8-3。汽车、拖拉机、机床锥齿轮常用钢材及热处理方法见表8-4。

表8-3　锥齿轮常用热处理工艺

| 名称 | 目　　的 |
|---|---|
| 退火 | 1）消除前道工序所产生的内应力 2）提高塑性和韧性 3）细化晶粒,均匀组织,提高工件的力学性能 4）为以后热处理做准备 |
| 淬火 | 提高工件的硬度、强度和耐磨性 |
| 表面淬火 | 工件表面具有高的硬度,而心部具有一定的韧性,使轮齿表面既耐磨又能承受冲击载荷 |
| 渗碳淬火 | 提高工件表面的硬度和耐磨性 |
| 调质 | 可以完全消除内应力,并获得较高的综合力学性能 |
| 正火 | 1）细化晶粒,提高工件的强度和韧性 2）对于力学性能要求不高的工件,常用正火作为最终热处理 3）能够改善低碳钢的切削性能 4）对于碳的质量分数小于0.5%的工件,常用正火代替退火 |
| 渗氮 | 提高轮齿表面的硬度、耐磨性、疲劳强度和耐蚀性 |

**表 8-4 汽车、拖拉机、机床锥齿轮常用钢材及热处理方法**

| 齿轮类型 | 常用钢材 | 热处理方法 |
|---|---|---|
| 汽车驱动桥主动及从动锥齿轮 | 20CrMnTi、20CrMnMo | 渗碳淬火 |
| 拖拉机、工程机械锥齿轮 | 20Cr、20CrMo、20CrMnMo、20CrMnTi、30CrMnTi | 渗碳淬火 |
| 卧式机床、数控机床锥齿轮、龙门镗铣床附件铣头主动及从动弧齿锥齿轮 | 20Cr、20CrMo、20CrMnMo、20CrMnTi | 渗碳淬火 |
| 卧式机床锥齿轮 | 40Cr | 正火 |
| | | 齿部高频感应淬火 |

2）锥齿轮热处理实例见表 8-5。

**表 8-5 锥齿轮热处理实例**

| 齿轮名称 | 材料 | 热处理工艺 | 硬度 HRC | 备注 |
|---|---|---|---|---|
| 汽车后桥主动锥齿轮 | 20CrMnTi | 渗碳:930℃强渗 2.5h,扩散适当时间,预冷至 840℃,保温 30min,油冷<br>回火:200℃,保温 120min,空冷 | 齿面 58~64<br>心部 33~48 | 渗碳层深度为 1.2~1.6mm,渗前须清洗,渗碳与回火前须清洗,回火后喷丸 30~50 min |
| 汽车后桥从动锥齿轮 | 20CrMnTi | 渗碳:930℃强渗 2.5h,扩散适当时间,炉冷至 860℃后空冷<br>淬火:890℃保温 55min,格里森压床油淬<br>回火:200℃,保温 120min 空冷 | 齿面 58~64<br>心部 33~48 | 渗碳层深度为 1.2~1.6mm,渗前须清洗,渗碳与回火前须清洗,回火后喷丸 30~50 min |
| 机床主、从动锥齿轮 | 20CrMnTi | 渗碳:930℃强渗 2.5h,扩散适当时间,炉冷至 860℃后空冷<br>淬火:840℃,保温 30min,油冷<br>回火:200℃,保温 120min,空冷 | 齿面 58~64<br>心部 33~48 | 渗碳层深度为 1.2~1.6mm,渗碳前与回火前须清洗,回火后喷丸 30~50min |

# 8.4 锥齿轮类零件加工实例

**实例 1 弧齿锥齿轮轴**（见图 8-1）

**1. 零件图样分析**

1）图 8-1 所示弧齿锥齿轮轴的两端 1:12 锥孔为基准孔，$\phi130$js5 外圆、$\phi120$js5 外圆尺寸公差及几何公差要求很高。

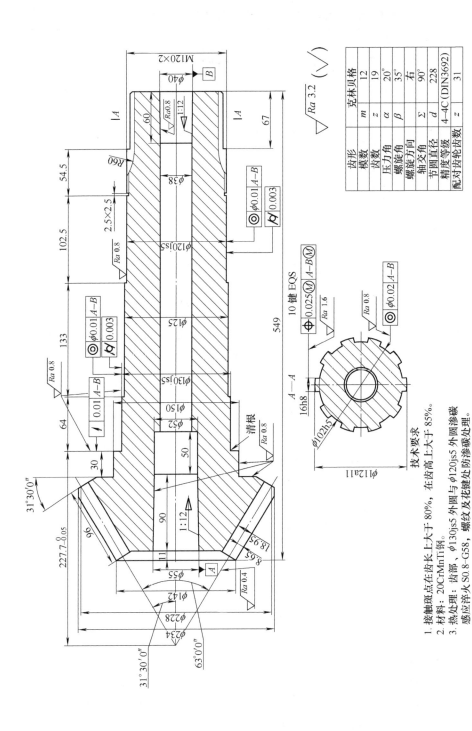

| 克林贝格 |  |  |
| --- | --- | --- |
| 齿形 |  |  |
| 模数 | m | 12 |
| 齿数 | z | 19 |
| 压力角 | α | 20° |
| 螺旋方向 | β | 35° |
| 轴交角 | Σ | 右 |
| 节圆直径 | d | 90° |
| 精度等级 |  | 228 |
|  |  | 4-4C (DIN3692) |
| 配对齿轮齿数 | z | 31 |

$\sqrt{Ra\ 3.2}\ (\sqrt{\ })$

技术要求

1. 接触斑点在齿长上大于80%，在齿高上大于85%。
2. 材料：20CrMnTi钢。
3. 热处理：齿部，φ130js5外圆与φ120js5外圆渗碳
   感应淬火S0.8-G58，螺纹及花键处防渗碳处理。
4. 未注倒角C1。

图8-1 弧齿锥齿轮轴

2）该弧齿锥齿轮精度 4 级，齿制为克林贝格等高齿。

3）零件材料为 20CrMnTi 钢。

4）齿部、φ130js5 外圆与 φ120js5 外圆渗碳感应淬火深度为 0.8~1.2mm，高频感应淬火并回火后硬度为 58~63HRC。

**2. 工艺分析**

1）弧齿锥齿轮轴毛坯为原材料，粗加工前应进行正火处理，精加工前进行渗碳感应淬火处理，然后再精加工。

2）齿部精度要求等级为 4 级，齿制为克林贝格等高齿，需要用专门的弧齿磨齿机加工，磨齿时以 φ130js5 外圆及端面定位。

3）花键部分为小径定心，故花键小径及键侧应进行磨削。

**3. 机械加工工艺过程**（见表 8-6）

表 8-6　弧齿锥齿轮轴机械加工工艺过程　　　　　　（单位：mm）

| 零件名称 | 毛坯种类 | 材　料 | 生产类型 |
|---|---|---|---|
| 弧齿锥齿轮轴 | 圆钢 | 20CrMnTi 钢 | 小批量 |

| 工序 | 工步 | 工序内容 | 设备 | 刀具、量具、辅具 |
|---|---|---|---|---|
| 10 | | 下料 φ250×560 | 锯床 | |
| 20 | | 热处理:正火 | 箱式炉 | |
| 30 | | 粗车 | 卧式车床 | |
| | 1 | 用自定心卡盘夹毛坯外圆一端,找正,夹紧,车端面,留精加工余量 2 | | 45°弯头车刀 |
| | 2 | 车 φ112a11 外圆至 φ155 | | 90°外圆车刀 |
| | 3 | 车 M120×2 螺纹外圆至 φ155 | | 90°外圆车刀 |
| | 4 | 车 φ120js5 外圆至 φ155 | | 90°外圆车刀 |
| | 5 | 车 φ125 外圆至 φ155 | | 90°外圆车刀 |
| | 6 | 车 φ130js5 外圆至 φ155 | | 90°外圆车刀 |
| | 7 | 车 φ150 外圆至 φ155 | | 90°外圆车刀 |
| | 8 | 车尺寸 30,左面留精车量 2 | | 45°弯头车刀 |
| | 9 | 钻内孔至 φ38 | | φ38 麻花钻 |
| | 10 | 调头。用自定心卡盘夹已车过外圆,找正,夹紧,车端面,保证总长 553 | | 35°机夹刀片 |
| | 11 | 车齿部外圆至 φ245,齿部前后锥面不车 | | 35°机夹刀片 |
| 40 | | 精车 | 数控车床 | |
| | 1 | 用自定心卡盘夹齿部外圆,找正,夹紧,车端面成,表面粗糙度 Ra3.2μm | | 35°机夹刀片 |

（续）

| 工序 | 工步 | 工序内容 | 设备 | 刀具、量具、辅具 |
|---|---|---|---|---|
| | 2 | 车 φ112a11 外圆至 φ112.20 | | 35°机夹刀片 |
| | 3 | 车 M120×2 螺纹外圆至 φ120.5 | | 35°机夹刀片 |
| | 4 | 车 φ120js5 外圆至 φ120.5 | | 35°机夹刀片 |
| | 5 | 车 2.5×2.5 槽成，保证尺寸 54.5，表面粗糙度 Ra3.2μm | | 切槽刀 |
| | 6 | 车 φ125 外圆成，表面粗糙度 Ra3.2μm | | 35°机夹刀片 |
| | 7 | 车 φ130js5 外圆至 φ130.50h7(工艺定位圆) | | 35°机夹刀片 |
| | 8 | 车 φ150 外圆至 φ150.20 | | 35°机夹刀片 |
| | 9 | 车尺寸 30，左面留磨量 0.20 | | 35°机夹刀片 |
| | 10 | 车右端 1∶12(φ40) 锥孔，留磨量 0.5 | | 35°机夹刀片 |
| | 11 | 车右端内孔倒角 2×60°(工艺要求) | | 35°机夹刀片 |
| | 12 | 调头。用自定心卡盘夹 φ112a11 外圆，中心架架 φ130js5 外圆，找正，夹紧，车端面，留磨量 0.10，保证总长 549.10 | | 35°机夹刀片 |
| | 13 | 车左端 1∶12(φ55) 锥孔，留磨量 0.5 | | 35°机夹刀片 |
| | 14 | 车左端内孔倒角 2×60°(工艺要求) | | 35°机夹刀片 |
| | 15 | 车 φ52 内孔成，表面粗糙度 Ra3.2μm | | 35°机夹刀片 |
| | 16 | 车齿部前后锥面成，表面粗糙度 Ra3.2μm | | 35°机夹刀片 |
| | 17 | 车外圆倒角 C1 | | 35°机夹刀片 |
| | 18 | 左端面钻 4×M8 螺纹底孔至 φ6.7(工艺用)，中心距 φ80±0.10 | | φ6.7 麻花钻 |
| | 19 | 左端面攻 4×M8 螺纹孔，中心距 φ80±0.10 | | M8 丝锥 |
| | 20 | 右端面钻 4×M8 螺纹底孔(工艺用)，中心距 φ80±0.10 | | φ6.7 麻花钻 |
| | 21 | 右端面攻 4×M8 螺纹孔，中心距 φ80±0.10 | | M8 丝锥 |
| 50 | | 铣齿：以 φ130js5 外圆及尺寸 64 左面定位，找正 φ150 外圆，尺寸 30 左面轴向圆跳动公差控制在 0.01 以内，齿部留磨量 0.60 | 数控铣齿机 | 盘形铣刀 |
| 60 | | 检验：主、从动齿轮对滚检验接触区 | 检验机 | |
| 70 | | 钳工 | 钳工台 | |
| | 1 | 齿部去毛刺、倒角 | | |
| | 2 | 打印零件顺序号 | | |
| | 3 | 装左、右端 M8 螺钉 | | |
| 80 | | 热处理 | | |
| | 1 | 渗碳：渗碳感应淬火层深度为 0.8~1.2mm | | 渗碳炉 |
| | 2 | 高频感应淬火并回火：齿部、φ130js5 外圆与 φ120js5 外圆高频感应淬火并回火，硬度为 58~63HRC | | 高频感应加热设备、回火炉 |

（续）

| 工序 | 工步 | 工 序 内 容 | 设备 | 刀具、量具、辅具 |
|---|---|---|---|---|
| | 3 | 矫直外圆,径向圆跳动误差控制在 0. 10 以内 | 矫直机 | |
| | 4 | 喷砂 | 喷砂机 | |
| 90 | | 磨坡口:磨两端 60°坡口 | 中心孔磨床 | |
| 100 | | 粗磨外圆 | 外圆磨床 | |
| | 1 | 上左端工装盘,按 φ150 外圆及 φ120js5 外圆找正至 0. 05 | | |
| | 2 | 磨 φ130 js5 外圆,留磨量 0. 15 | | |
| | 3 | 磨 φ120js5 外圆,留磨量 0. 15 | | |
| | 4 | 磨 M120×2 螺纹外圆成,表面粗糙度 Ra3. 2 | | |
| | 5 | 靠磨尺寸 30,左面留磨量 0. 10 | | |
| | 6 | 磨 φ112a11 外圆成,表面粗糙度 Ra3. 2μm | | |
| 110 | | 铣花键:夹左端工装盘,顶右端 60°坡口,找正 φ120js5 外圆至 0. 01 以内 | 花键铣床 | |
| | 1 | 铣 16h8 至 16. 50 | | |
| | 2 | 铣 φ102h5(花键小径),留磨量 0. 50 | | |
| 120 | | 车:夹左端工装盘,顶右端 60°坡口,车 M120 螺纹成 | 数控车床 | |
| 130 | | 精磨外圆 | 数控外圆磨床 | |
| | 1 | 装右端堵头,按 φ150 外圆、φ120js5 外圆找正 | | |
| | 2 | 磨 φ150 外圆成,表面粗糙度 Ra0. 8μm | | |
| | 3 | 磨 φ130js5 外圆成,表面粗糙度 Ra0. 8μm | | |
| | 4 | 磨 φ120js5 外圆成,表面粗糙度 Ra0. 8μm | | |
| | 5 | 靠磨尺寸 30 左面成,表面粗糙度 Ra0. 8μm | | |
| | 6 | 靠磨尺寸 30 右面成,表面粗糙度 Ra0. 8μm,此工序完工后不卸两端工装堵头 | | |
| 140 | | 磨花键 | 花键磨床 | |
| | 1 | 磨花键 φ102h5(花键小径)成,表面粗糙度 Ra0. 8μm | | |
| | 2 | 磨花键键侧 16h8 成,表面粗糙度 Ra1. 6μm | | |
| | 3 | 卸两端堵头做标记 | | |
| 150 | | 磨弧齿:以 φ130js5 外圆及尺寸 30 右面定位,按 φ150 外圆及尺寸 30 左面找正,磨弧齿成,表面粗糙度 Ra0. 8μm | 弧齿磨齿机 | |

（续）

| 工序 | 工步 | 工 序 内 容 | 设备 | 刀具、量具、辅具 |
|---|---|---|---|---|
| 160 | | 检验 | | |
| | 1 | 主、从动齿轮对滚检验接触区 | 检验机 | |
| | 2 | 检验齿轮形貌图、齿距极限偏差 $f_p$、齿距累积公差 $F_p$ 和齿圈径向圆跳动公差 $F_r$ | 齿轮测量中心 | |
| 170 | | 磨内孔 | 数控内圆磨床 | |
| | 1 | 夹右端 $\phi112a11$ 外圆，中心架架 $\phi130js5$ 外圆，找正 $\phi150$ 外圆及 $\phi120js5$ 外圆至 $0.003 \sim 0.004$ | | |
| | 2 | 磨左端 $1:12(\phi55)$ 锥孔成，表面粗糙度 $Ra0.8\mu m$ 要求：用左端工装堵头检验锥孔接触区，接触面积 $\geq 85\%$，且靠近大端 | | |
| | 3 | 上左端工装堵头，架 $\phi120js5$ 外圆，找正 $\phi150$ 外圆及 $\phi120js5$ 外圆至 $0.003 \sim 0.004$ | | |
| | 4 | 磨右端 $1:12(\phi40)$ 锥孔成，表面粗糙度 $Ra0.8\mu m$ 要求：用右端工装堵头检验锥孔接触区，接触面积 $\geq 85\%$，且靠近大端 | | |
| 180 | | 钳工：印年、月、顺序号 | 钳工 | |
| 190 | | 检验 | | |
| | 1 | 检验各部尺寸 | 千分尺等 | |
| | 2 | 检验各外圆的径向圆跳动 | | |
| | 3 | 检验表面粗糙度 | 表面粗糙度仪 | |
| 200 | | 涂油、包装 | | |

**实例 2  等高齿弧齿锥齿轮**（1）（见图 8-2）

**1. 零件图样分析**

1）图 8-2 所示等高齿弧齿锥齿轮的内孔为小径定心花键孔。

2）该零件精度为 4 级，齿制为克林贝格等高齿。

3）零件材料为 20CrMnTi 钢。

4）齿部渗碳层深度为 $0.8 \sim 1.2mm$，淬火并回火后硬度为 $58 \sim 63HRC$。

**2. 工艺分析**

1）锥齿轮毛坯为锻件，粗加工前应进行正火处理，精加工前零件进行渗碳淬火处理，然后再精加工。

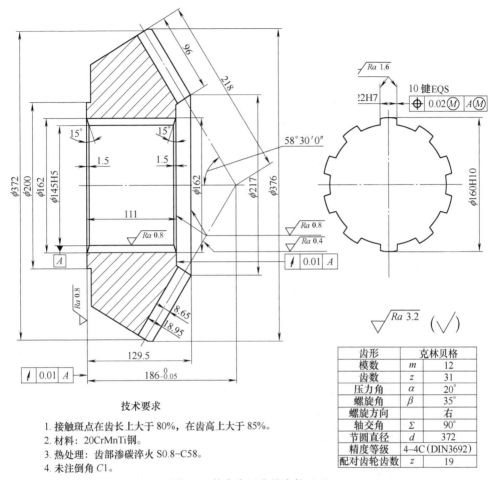

**技术要求**

1. 接触斑点在齿长上大于 80%，在齿高上大于 85%。
2. 材料：20CrMnTi 钢。
3. 热处理：齿部渗碳淬火 S0.8-C58。
4. 未注倒角 C1。

图 8-2　等高齿弧齿锥齿轮（1）

| 齿形 | | 克林贝格 |
|---|---|---|
| 模数 | $m$ | 12 |
| 齿数 | $z$ | 31 |
| 压力角 | $\alpha$ | 20° |
| 螺旋角 | $\beta$ | 35° |
| 螺旋方向 | | 右 |
| 轴交角 | $\Sigma$ | 90° |
| 节圆直径 | $d$ | 372 |
| 精度等级 | | 4-4C（DIN3692） |
| 配对齿轮齿数 | $z$ | 19 |

2）该锥齿轮齿部精度等级为 4 级，齿制为克林贝格等高齿；齿部精加工磨齿时以 $\phi145H5$ 内孔及左端面定位。

3）花键部分为小径定心，故花键小径及键侧应进行磨削。

## 3. 机械加工工艺过程（见表 8-7）

表 8-7　等高齿弧齿锥齿轮（1）机械加工工艺过程　（单位：mm）

| 零件名称 | | 毛坯种类 | 材　料 | 生产类型 |
|---|---|---|---|---|
| 等高齿弧齿锥齿轮 | | 锻件 | 20CrMnTi 钢 | 小批量 |

| 工序 | 工步 | 工　序　内　容 | | 设备 | 刀具、量具、辅具 |
|---|---|---|---|---|---|
| 10 | | 锻造 | | 锻压机床 | |
| 20 | | 热处理:正火 | | 箱式炉 | |
| 30 | | 粗车 | | 卧式车床 | |

（续）

| 工序 | 工步 | 工序内容 | 设备 | 刀具、量具、辅具 |
|---|---|---|---|---|
| | 1 | 用自定心卡盘夹毛坯外圆一端，找正，夹紧，车端面，留精加工余量 2 | | 45°弯头车刀 |
| | 2 | 车各外圆至 φ380，齿部前后锥面不车 | | 90°外圆车刀 |
| | 3 | 车内孔至 φ140 | | 内孔车刀 |
| | 4 | 车左端面，留精加工余量 2，保证尺寸 129.5 至 133.5 | | 90°外圆车刀 |
| 40 | | 精车 | 数控车床 | |
| | 1 | 用自定心卡盘夹齿部外圆，找正，夹紧，车左端面，留磨量 0.10 | | 35°机夹刀片 |
| | 2 | 车 φ145H5 内孔至 φ144.50 H7 | | 35°机夹刀片 |
| | 3 | 车内孔左端 φ162×15°倒角成 | | 35°机夹刀片 |
| | 4 | 车 φ200 外圆成，表面粗糙度 Ra3.2μm | | 35°机夹刀片 |
| | 5 | 调头。车齿部前、后锥面成，表面粗糙度 Ra3.2μm | | 35°机夹刀片 |
| | 6 | 车 φ376 外圆成 | | 35°机夹刀片 |
| | 7 | 车内孔右端 φ162×15°倒角成 | | 35°机夹刀片 |
| | 8 | 车尺寸 111，右面留磨量 0.10 | | 35°机夹刀片 |
| 50 | | 铣齿：以 φ145H5 内孔、左端面定位，铣齿，齿厚留磨量 0.60 | 数控铣齿机 | 盘形铣刀 |
| 60 | | 检验：主、从动齿轮对滚，检验接触区 | 检验机 | |
| 70 | | 钳工 | 钳工台 | |
| | 1 | 齿部去毛刺、倒角 | | |
| | 2 | 打印零件顺序号 | | |
| 80 | | 热处理：齿部渗碳淬火，渗碳层深度为 0.8~1.2mm，淬火并回火后硬度为 58~63HRC | 多用炉 | |
| 90 | | 磨平面 | 平面磨床 | |
| | 1 | 磨右端面，保证尺寸 129.5 为 129.3，表面粗糙度 Ra0.8μm | | |
| | 2 | 磨左端面成，保证尺寸 129.5 为 129.2，表面粗糙度 Ra0.8μm | | |
| 100 | | 磨内孔、外圆 | 立式数控磨床 | |
| | 1 | 以左端面为基准，磨 φ145H5 内孔至要求，表面粗糙度 Ra0.8μm | | |
| | 2 | 磨 φ376 外圆（工艺基准） | | |
| 110 | | 磨弧齿成：以 φ145H5 内孔、左端面定位，按 φ376 外圆找正，磨弧齿成，表面粗糙度 Ra0.4μm | 弧齿磨齿机 | |
| 120 | | 检验 | | |
| | 1 | 主、从动齿轮对滚检验接触区 | 检验机 | |
| | 2 | 检验齿轮形貌图、齿距极限偏差 $f_p$、齿距累积公差 $F_p$ 和齿圈径向圆跳动公差 $F_r$ | 齿轮测量中心 | |
| 130 | | 线切割：按端面及内孔找正至 0.005，线切割内花键成要求：按图样要求加工 | 线切割机床 | |
| 140 | | 钳工：去毛刺、倒棱（内孔花键处） | 钳工台 | |
| 150 | | 涂油、包装 | | |

## 实例 3　等高齿弧齿锥齿轮（2）（见图 8-3）

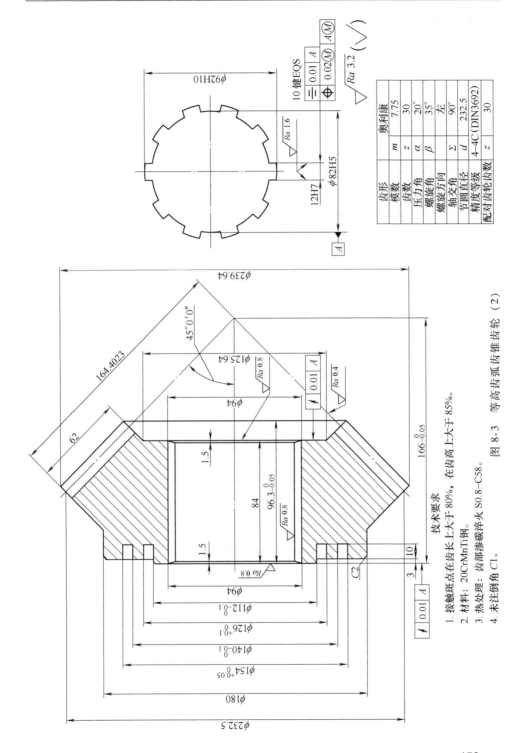

| 齿形 | | 奥利康 |
|---|---|---|
| 模数 | $m$ | 7.75 |
| 齿数 | $z$ | 30 |
| 压力角 | $\alpha$ | 20° |
| 螺旋角 | $\beta$ | 35° |
| 螺旋方向 | | 左 |
| 轴交角 | $\Sigma$ | 90° |
| 节圆直径 | $d$ | 232.5 |
| 精度等级 | | 4-4C (DIN3692) |
| 配对齿轮齿数 | $z$ | 30 |

技术要求

1. 接触斑点在齿长上大于 80%，在齿高上大于 85%。

2. 材料：20CrMnTi 钢。

3. 热处理：齿部渗碳淬火 S0.8-C58。

4. 未注倒角 C1。

图 8-3 等高齿弧齿锥齿轮 (2)

**1. 零件图样分析**

1）图 8-3 所示等高齿弧齿锥齿轮的内孔为小径定心花键孔。

2）该零件精度为 4 级，齿制为奥利康等高齿。

3）零件材料为 20CrMnTi 钢。

4）齿部渗碳层深度为 0.8~1.2mm，淬火并回火后硬度为 58~63HRC。

**2. 工艺分析**

1）锥齿轮毛坯为锻件，粗加工前应进行正火处理，精加工前零件进行渗碳淬火处理，然后再精加工。

2）该锥齿轮齿部精度等级为 4 级，齿制为奥利康等高齿；齿部精加工，磨齿时以 $\phi82H5$ 内孔及左端面定位。

**3. 机械加工工艺过程**（见表 8-8）

表 8-8　等高齿弧齿锥齿轮（2）机械加工工艺过程　（单位：mm）

| 零件名称 | | 毛坯种类 | 材　料 | 生产类型 |
|---|---|---|---|---|
| 等高齿弧齿锥齿轮 | | 锻件 | 20CrMnTi 钢 | 小批量 |

| 工序 | 工步 | 工序内容 | 设备 | 刀具、量具、辅具 |
|---|---|---|---|---|
| 10 | | 锻造 | 锻压机床 | |
| 20 | | 热处理:正火 | 箱式炉 | |
| 30 | | 粗车 | 卧式车床 | |
| | 1 | 用自定心卡盘夹毛坯外圆一端，找正，夹紧，车端面，留精加工余量 2 | | 45°弯头车刀 |
| | 2 | 车各外圆至 $\phi245$，齿部前后锥面不车 | | 90°外圆车刀 |
| | 3 | 车 $\phi82H5$ 内孔至 $\phi77$ | | 内孔车刀 |
| | 4 | 车左端面，留精加工余量 2，保证 $96.3_{-0.05}^{0}$ 至 100.3 | | 90°外圆车刀 |
| 40 | | 精车 | 数控车床 | |
| | 1 | 用自定心卡盘夹齿部外圆，找正，夹紧，车左端面，留磨量 0.10 | | 35°机夹刀片 |
| | 2 | 车 $\phi82H5$ 内孔至 $\phi81.5H7$ | | 35°机夹刀片 |
| | 3 | 车内、外圆倒角成 | | 35°机夹刀片 |
| | 4 | 车 $\phi112_{-0.1}^{0}$ 成 | | 35°机夹刀片 |
| | 5 | 车 $\phi112_{-0.1}^{0}\times\phi126_{0}^{+0.1}\times10$ 槽成 | | 切槽刀 |
| | 6 | 车 $\phi140_{-0.1}^{0}\times\phi154_{0}^{+0.05}\times10$ 槽成 | | 切槽刀 |
| | 7 | 车 $\phi180$ 外圆成 | | 35°机夹刀片 |
| | 8 | 调头，车右端面成 | | 35°机夹刀片 |
| | 9 | 车齿部前、后锥面成，表面粗糙度 $Ra3.2\mu m$ | | 35°机夹刀片 |

（续）

| 工序 | 工步 | 工 序 内 容 | 设备 | 刀具、量具、辅具 |
|------|------|------------|------|------------------|
| 50 | | 铣齿：以 $\phi$82H5 内孔、左端面定位，铣齿，齿厚留磨量 0.60 | 数控铣齿机 | 盘形铣刀 |
| 60 | | 检验：主、从动齿轮对滚检验接触区 | 检验机 | |
| 70 | | 钳工 | 钳工台 | |
| | 1 | 齿部去毛刺、倒角 | | |
| | 2 | 打印零件顺序号 | | |
| 80 | | 热处理：齿部渗碳淬火，齿部渗碳层深度为 0.8~1.2mm，淬火并回火后硬度为 58~63HRC | 多用炉 | |
| 90 | | 磨内孔：磨 $\phi$82H5 内孔至图样要求，表面粗糙度 $Ra$0.8μm | 内圆磨床 | 光滑塞规 $\phi$82H5 |
| 100 | | 磨外圆、端面 | 外圆磨床 | |
| | 1 | 磨 $\phi$180 外圆见圆 | | |
| | 2 | 靠左端面至图样要求，表面粗糙度 $Ra$0.8μm | | |
| 110 | | 磨弧齿成：以 $\phi$82H5 内孔、左端面定位，按 $\phi$180 找正，磨弧齿成，表面粗糙度 $Ra$0.4μm | 弧齿磨齿机 | |
| 120 | | 检验 | | |
| | 1 | 主、从动齿轮对滚检验接触区 | 检验机 | |
| | 2 | 检验齿轮形貌图、齿距极限偏差 $f_p$、齿距累积公差 $F_p$ 和齿圈径向圆跳动公差 $F_r$ | 齿轮测量中心 | |
| 130 | | 线切割：按端面及内孔找正至 0.005，线切割内花键成要求：按图样要求加工 | 线切割机床 | |
| 140 | | 钳工：去毛刺、倒棱（内孔花键处） | 钳工台 | |
| 150 | | 涂油、包装 | | |

### 实例 4　弧齿锥齿轮（1）（见图 8-4）

**1. 零件图样分析**

1）图 8-4 所示的弧齿锥齿轮以内孔为基准。

2）该零件精度为 6 级，齿制为格里森等顶隙收缩齿。

3）工件材料为 20CrMnTi 钢。

4）齿部渗碳层深度为 0.8~1.2mm，淬火并回火后硬度为 58~63HRC。

**2. 工艺分析**

1）锥齿轮毛坯为锻件，粗加工前应进行正火处理，精加工前零件进行渗碳淬火处理，然后再精加工。

2）该锥齿轮齿部精度等级为 6 级，齿制为格里森等顶隙收缩齿。齿部精加工磨齿时以 $\phi$130H6 内孔及左端面定位。

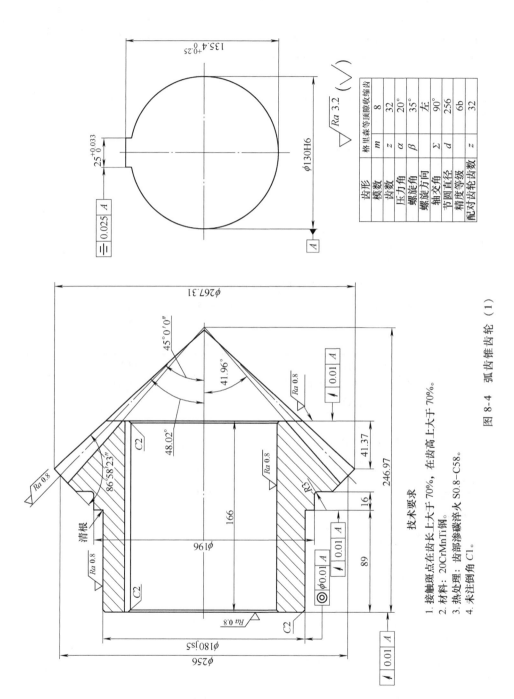

| 齿形 | 格里森等顶隙收缩齿 | |
|---|---|---|
| 模数 | $m$ | 8 |
| 齿数 | $z$ | 32 |
| 压力角 | $\alpha$ | 20° |
| 螺旋角 | $\beta$ | 35° |
| 螺旋方向 | | 左 |
| 轴交角 | $\Sigma$ | 90° |
| 节圆直径 | $d$ | 256 |
| 精度等级 | | 6b |
| 配对齿轮齿数 | $z$ | 32 |

技术要求

1. 接触斑点在齿长上大于70%，在齿高上大于70%。
2. 材料：20CrMnTi钢。
3. 热处理：齿部渗碳淬火 S0.8—C58。
4. 未注倒角 C1。

图 8-4　弧齿锥齿轮（1）

## 3. 机械加工工艺过程（见表 8-9）

### 表 8-9 弧齿锥齿轮（1）机械加工工艺过程　　　（单位：mm）

| 零件名称 | | 毛坯种类 | 材　料 | 生产类型 |
|---|---|---|---|---|
| 弧齿锥齿轮 | | 锻件 | 20CrMnTi 钢 | 小批量 |

| 工序 | 工步 | 工序内容 | 设备 | 刀具、量具、辅具 |
|---|---|---|---|---|
| 10 | | 锻造 | 锻压机床 | |
| 20 | | 热处理:正火 | 箱式炉 | |
| 30 | | 粗车 | 卧式车床 | |
| | 1 | 用自定心卡盘夹毛坯外圆一端,找正,夹紧,车端面,留精加工余量2 | | 45°弯头车刀 |
| | 2 | 车各外圆至φ272,齿部前后锥面不车 | | 90°外圆车刀 |
| | 3 | 车φ130H6 内孔至φ125 | | 内孔车刀 |
| | 4 | 车左端面,留精加工余量2,保证尺寸166至170 | | 90°外圆车刀 |
| 40 | | 精车 | 数控车床 | |
| | 1 | 用自定心卡盘夹齿部外圆,找正,夹紧,车左端面,留磨量0.10 | | 35°机夹刀片 |
| | 2 | 车φ130H6 内孔至φ129.5H7 | | 35°机夹刀片 |
| | 3 | 车内、外圆倒角成 | | 35°机夹刀片 |
| | 4 | 车φ180js5 外圆,留磨量0.50 | | 35°机夹刀片 |
| | 5 | 车φ196 外圆,留磨量0.20 | | 35°机夹刀片 |
| | 6 | 车左端内、外圆倒角成 | | 35°机夹刀片 |
| | 7 | 调头。车右端面,留磨量0.10,保证尺寸166至166.20 | | 35°机夹刀片 |
| | 8 | 车齿部前、后锥面成,表面粗糙度 Ra3.2μm | | 35°机夹刀片 |
| | 9 | 车右端内孔倒角成 | | 35°机夹刀片 |
| 50 | | 铣齿:以φ130H6 内孔、左端面定位,铣齿,齿厚留磨量0.60 | 数控铣齿机 | 盘形铣刀 |
| 60 | | 检验:主、从动齿轮对滚检验接触区 | 检验机 | |
| 70 | | 钳工 | 钳工台 | |
| | 1 | 齿部去毛刺、倒角 | | |
| | 2 | 打印零件顺序号 | | |
| 80 | | 热处理:齿部渗碳淬火,渗碳层深度为0.8~1.2mm,淬火并回火后硬度为58~63HRC | 多用炉 | |
| 90 | | 磨内孔:磨φ130H6 内孔至图样要求,表面粗糙度 Ra0.8μm | 内圆磨床 | 光滑塞规φ130H6 |
| 100 | | 磨外圆、靠端面 | 外圆磨床 | |

（续）

| 工序 | 工步 | 工序内容 | 设备 | 刀具、量具、辅具 |
|---|---|---|---|---|
| | 1 | 磨 $\phi$180js5 外圆成,表面粗糙度 $Ra$0.8μm | | 锥度心轴 $\phi$130 |
| | 2 | 磨 $\phi$196 外圆成,表面粗糙度 $Ra$0.8μm(工艺要求) | | |
| | 3 | 靠磨尺寸 16,右面见光即可,表面粗糙度 $Ra$0.8μm(工艺要求) | | |
| | 4 | 靠磨左端面至图样要求,表面粗糙度 $Ra$0.8μm | | |
| | 5 | 靠磨右端面至图样要求,表面粗糙度 $Ra$0.8μm | | |
| 110 | | 磨弧齿成:以 $\phi$130H6 内孔、左端面定位,按 $\phi$196 外圆找正,磨弧齿成,表面粗糙度 $Ra$0.8μm | 弧齿磨齿机 | |
| 120 | | 检验 | | |
| | 1 | 主、从动齿轮对滚,检验接触区 | 检验机 | |
| | 2 | 检验齿轮形貌图、齿距极限偏差 $f_p$、齿距累积公差 $F_p$ 和齿圈径向圆跳动公差 $F_r$ | 齿轮测量中心 | |
| 130 | | 线切割:按端面及内孔找正 0.005,线切割键槽 $25^{+0.033}_{0}$ × $135.4^{+0.25}_{0}$ 成 | 线切割机床 | |
| 140 | | 钳工:去毛刺、倒棱 | 钳工台 | |
| 150 | | 涂油、包装 | | |

**实例 5　弧齿锥齿轮**（2）（见图 8-5）

**1. 零件图样分析**

1）图 8-5 所示弧齿锥齿轮的 $\phi$140h5 外圆及 $146^{0}_{-0.05}$ 尺寸右面为设计、装配基准,故选其作为加工、测量基准。

2）该零件外齿为弧齿锥齿轮,精度为 5 级,齿制为格里森齿制。

3）该零件内齿为渐开线花键,精度为 6 级。

4）零件材料为 20CrMnTi 钢。

5）齿部渗碳淬火层深度为 0.8~1.2mm,淬火并回火后硬度为 58~63HRC。

**2. 工艺分析**

1）锥齿轮毛坯为锻件,粗加工前应进行正火处理,精加工前零件进行渗碳淬火处理,然后再精加工。

2）该零件外齿为弧齿锥齿轮,精度为 5 级,齿制为格里森齿制。齿部精加工磨齿时以 $\phi$140h5 外圆及 $146^{0}_{-0.05}$ 尺寸右面作为定位基准。

3）该零件内齿为渐开线花键,精度为 6 级,工艺安排精插齿加工。

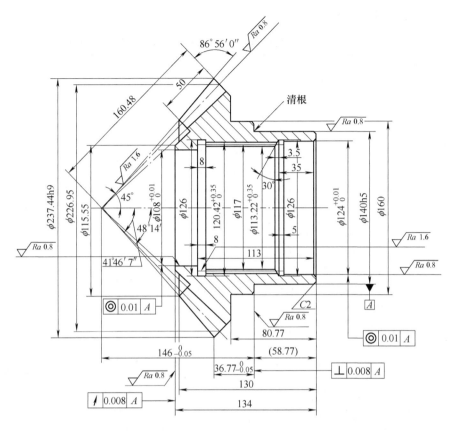

技术要求

1. 接触斑点在齿长上大于 80%，在齿高上大于 85%。

2. 材料：20CrMnTi 钢。

3. 热处理：齿部渗碳淬火 S0.8-C58。

4. 未注倒角 C1。

| 渐开线花键 | | | 弧齿锥齿轮 | | |
|---|---|---|---|---|---|
| 齿数 | $z$ | 39 | 齿形 | | 格里森 |
| 模数 | $m$ | 3 | 模数 | $m$ | 8.7288 |
| 压力角 | $\alpha$ | 30° | 齿数 | $z$ | 26 |
| 公差等级和配合类别 | | 6H GB/T 3478.1—2008 | 压力角 | $\alpha$ | 20° |
| 大径 | $D_{ei}$ | $120.42^{+0.35}_{0}$ | 螺旋角 | $\beta$ | 35° |
| 小径 | $D_{ii}$ | $\phi113.22^{+0.35}_{0}$ | 螺旋方向 | | 左 |
| 实际齿槽宽最大值 | $E_{max}$ | 4.392 | 轴交角 | $\Sigma$ | 90° |
| 量棒直径 | $D_{Ri}$ | $\phi9$ | 全齿高 | $h$ | 16.48 |
| 棒间距 | $M_{Ri}$ | $\phi93.99^{+0.20}_{0}$ | 精度等级 | | 5–dc |
| | | | 配对齿轮齿数 | $z$ | 19 |

图 8-5 弧齿锥齿轮（2）

## 3. 机械加工工艺过程（见表8-10）

**表8-10 弧齿锥齿轮（2）机械加工工艺过程** （单位：mm）

| 零件名称 | 毛坯种类 | | 材　料 | 生　产　类　型 |
|---|---|---|---|---|
| 弧齿锥齿轮 | 锻件 | | 20CrMnTi 钢 | 小批量 |

| 工序 | 工步 | 工序内容 | | 设备 | 刀具、量具、辅具 |
|---|---|---|---|---|---|
| 10 | | 锻造 | | 锻压机床 | |
| 20 | | 热处理:正火 | | 箱式炉 | |
| 30 | | 粗车 | | 卧式车床 | |
| | 1 | 用自定心卡盘夹毛坯外圆一端,找正,夹紧,车端面,留精加工余量2 | | | 45°弯头车刀 |
| | 2 | 车 φ160 外圆至 φ165 | | | 90°外圆车刀 |
| | 3 | 车 φ140h5 外圆至 φ165 | | | 90°外圆车刀 |
| | 4 | 车内孔至 φ95 | | | 内孔车刀 |
| | 5 | 调头。夹已车过外圆,找正,夹紧,车端面,留精加工余量2,保证尺寸 134 至 138 | | | 45°弯头车刀 |
| | 6 | 车齿部外圆至 φ242 | | | 90°外圆车刀 |
| 40 | | 精车 | | 数控车床 | |
| | 1 | 用自定心卡盘夹齿部外圆,找正,夹紧,车端面成,表面粗糙度 $Ra3.2\mu m$ | | | 35°机夹刀片 |
| | 2 | 车内孔至 φ100H7 | | | 35°机夹刀片 |
| | 3 | 车 φ160 外圆成,表面粗糙度 $Ra3.2\mu m$ | | | 35°机夹刀片 |
| | 4 | 车 φ140h5 外圆,留磨量 0.50 | | | 35°机夹刀片 |
| | 5 | 车 $36.77_{-0.05}^{\;\;0}$,右面留磨量 0.10 | | | 35°机夹刀片 |
| | 6 | 车尺寸 80.77 成 | | | 35°机夹刀片 |
| | 7 | 车内、外圆倒角成 | | | 35°机夹刀片 |
| | 8 | 调头。车左端面,留磨量 0.10,保证尺寸 134 至 134.1 | | | 35°机夹刀片 |
| | 9 | 车齿部前、后锥面成,表面粗糙度 $Ra3.2\mu m$ | | | 35°机夹刀片 |
| | 10 | 车内孔倒角成 | | | 35°机夹刀片 |
| 50 | | 铣齿:以 φ100H7 内孔、右端面定位,铣齿,齿厚留磨量 0.60 | | 数控铣齿机 | 盘形铣刀 |
| 60 | | 检验:主、从动齿轮对滚检验接触区 | | 检验机 | |
| 70 | | 钳工 | | 钳工台 | |
| | 1 | 齿部去毛刺、倒角 | | | |
| | 2 | 打印零件顺序号 | | | |
| 80 | | 热处理:渗碳,渗碳层深度为 0.8~1.2mm | | 渗碳炉 | |
| 90 | | 车渗碳层 | | 卧式车床 | |
| | 1 | 车 $φ108_{0}^{+0.01}$ 内孔,留磨量 0.60 | | | 内孔车刀 |

（续）

| 工序 | 工步 | 工 序 内 容 | 设备 | 刀具、量具、辅具 |
|---|---|---|---|---|
|  | 2 | 车 $\phi 113.22^{+0.35}_{0}$ 内孔,留磨量 0.20 |  | 内孔车刀 |
|  | 3 | 车 $\phi 124^{+0.01}_{0}$ 内孔,留磨量 0.60 |  | 内孔车刀 |
|  | 4 | 车槽 $\phi 126 \times 8$ 成,表面粗糙度 $Ra3.2\mu m$ |  | 切槽刀 |
|  | 5 | 车槽 $\phi 126 \times 5$ 成,表面粗糙度 $Ra3.2\mu m$ |  | 切槽刀 |
|  | 6 | 车内孔 30° 倒角成 |  | 30° 弯头车刀 |
|  | 7 | 车内孔其余倒角 C1 |  | 45° 弯头车刀 |
| 100 |  | 热处理:淬火并回火,硬度为 58~63HRC | 盐浴炉、回火炉 |  |
| 110 |  | 磨外圆及端面 | 数控外圆磨床 |  |
|  | 1 | 按 $\phi 140 h5$ 外圆及 146$^{0}_{-0.05}$ 尺寸右面找正,组端压心轴 |  | 端压心轴 |
|  | 2 | 磨 $\phi 140 h5$ 外圆,留磨量 0.10 |  |  |
|  | 3 | 靠磨 36.77$^{0}_{-0.05}$ 右面成,表面粗糙度 $Ra0.8\mu m$ |  |  |
|  | 4 | 磨 $\phi 160$ 外圆见圆(工艺要求),表面粗糙度 $Ra1.6\mu m$ |  |  |
|  | 5 | 靠磨尺寸 80.77 左面成,表面粗糙度 $Ra1.6\mu m$(工艺要求) |  |  |
| 120 |  | 磨内孔 | 数控内圆磨床 |  |
|  | 1 | 按 $\phi 140 h5$ 外圆及 146$^{0}_{-0.05}$ 尺寸右面找正 0.005,磨 $\phi 108^{+0.01}_{0}$ 内孔成,表面粗糙度 $Ra0.8\mu m$ |  |  |
|  | 2 | 靠磨尺寸 134 左端面成,表面粗糙度 $Ra0.8\mu m$ |  |  |
|  | 3 | 磨 $\phi 113.22^{+0.35}_{0}$ 内孔成,表面粗糙度 $Ra0.8\mu m$(工艺要求) |  |  |
|  | 4 | 磨 $\phi 124^{+0.01}_{0}$ 内孔成,表面粗糙度 $Ra0.8\mu m$ |  |  |
| 130 |  | 磨弧齿成:以 $\phi 140 h5$ 外圆及 146$^{0}_{-0.05}$ 尺寸右面定位,按 $\phi 160$ 外圆找正,磨弧齿成,表面粗糙度 $Ra0.8\mu m$ | 弧齿磨齿机床 |  |
| 140 |  | 检验 |  |  |
|  | 1 | 主、从动齿轮对滚检验接触区 | 检验机 |  |
|  | 2 | 检验齿轮形貌图、齿距极限偏差 $f_p$、齿距累积公差 $F_p$ 和齿圈径向圆跳动公差 $F_r$ | 齿轮测量中心 |  |
| 150 |  | 插内齿:按 $\phi 140 h5$ 外圆及 146$^{0}_{-0.05}$ 尺寸右面找正至 0.005,精插内齿成,表面粗糙度 $Ra1.6\mu m$ | 数控插齿机床 |  |
| 160 |  | 磨外圆 | 数控外圆磨床 |  |
|  | 1 | 按 $\phi 140 h5$ 外圆及 146$^{0}_{-0.05}$ 尺寸右面找正,组端压心轴 |  | 端压心轴 |
|  | 2 | 磨 $\phi 140 h5$ 外圆成,表面粗糙度 $Ra0.8\mu m$ |  |  |
| 170 |  | 涂油、包装 |  |  |

## 实例 6 双联弧齿锥齿轮 （见图 8-6）

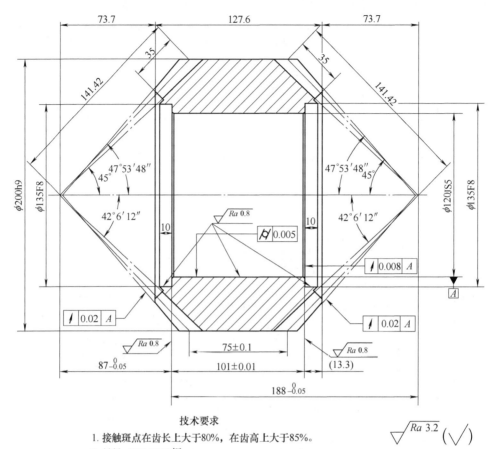

**技术要求**

1. 接触斑点在齿长上大于80%，在齿高上大于85%。

2. 材料：20CrMnTi钢。

3. 热处理：齿部渗碳淬火S0.8-C58。

4. 101±0.01尺寸左右面互为基准，两面平行度公差为0.01。

5. 未注倒角C1。

$\sqrt{Ra\ 3.2}\ (\sqrt{\ })$

| 弧齿锥齿轮 | | | 弧齿锥齿轮 | | |
|---|---|---|---|---|---|
| 齿形 | | 格里森 | 齿形 | | 格里森 |
| 模数 | $m$ | 6.8966 | 模数 | $m$ | 6.8966 |
| 齿数 | $z$ | 29 | 齿数 | $z$ | 29 |
| 压力角 | $\alpha$ | 20° | 压力角 | $\alpha$ | 20° |
| 螺旋角 | $\beta$ | 35° | 螺旋角 | $\beta$ | 35° |
| 螺旋方向 | | 左 | 螺旋方向 | | 右 |
| 轴交角 | $\Sigma$ | 90° | 轴交角 | $\Sigma$ | 90° |
| 全齿高 | $h$ | 13.02 | 全齿高 | $h$ | 13.02 |
| 精度等级 | | 5-dc | 精度等级 | | 5-dc |
| 配对齿轮齿数 | $z$ | 29 | 配对齿轮齿数 | $z$ | 29 |

图 8-6  双联弧齿锥齿轮

**1. 零件图样分析**

1) 图 8-6 所示双联弧齿锥齿轮的 $\phi120JS5$ 内孔精度要求高，作为基准孔；101mm±0.01mm 尺寸左右面是装配的基准，故选此尺寸作为基准面。

2) 该双联弧齿锥齿轮精度为 5 级，齿制为格里森齿制。

3) 零件材料为 20CrMnTi 钢。

4) 齿部渗碳层深度为 0.8~1.2mm，淬火并回火后硬度为 58~62HRC。

**2. 工艺分析**

1) 锥齿轮毛坯为锻件，粗加工前应进行正火处理。

2) 该双联弧齿锥齿轮精度为 5 级。加工左边锥齿轮齿部时，以 $\phi120JS5$ 内孔、101mm±0.01mm 尺寸右面作为定位基准；加工右边锥齿轮齿部时，以 $\phi120JS5$ 内孔、101mm±0.01mm 尺寸左面作为定位基准。由于 101mm±0.01mm 尺寸左右面作为定位基准，故一定要控制 101mm±0.01mm 尺寸左右面的平行度及此面对 $\phi120JS5$ 内孔的垂直度。

3) 齿部渗碳淬火工序要注意控制零件的变形量。

**3. 机械加工工艺过程**（见表 8-11）

表 8-11　双联弧齿锥齿轮机械加工工艺过程　　　（单位：mm）

| 零 件 名 称 | | 毛 坯 种 类 | 材　　　料 | 生 产 类 型 |
|---|---|---|---|---|
| 双联弧齿锥齿轮 | | 锻件 | 20CrMnTi 钢 | 小批量 |
| 工序 | 工步 | 工 序 内 容 | 设备 | 刀具、量具、辅具 |
| 10 | | 锻造 | 锻压机床 | |
| 20 | | 热处理:正火 | 箱式炉 | |
| 30 | | 粗车 | 卧式车床 | |
| | 1 | 用自定心卡盘夹毛坯外圆一端,找正,夹紧,车端面,留精加工余量 2 | | 45°弯头车刀 |
| | 2 | 车外圆至 $\phi214$ | | 90°外圆车刀 |
| | 3 | 车内孔至 $\phi115$ | | 内孔车刀 |
| | 4 | 调头。夹已车过外圆,找正,夹紧,车端面,留精加工余量 2,保证尺寸 127.6 至 131.6 | | 45°弯头车刀 |
| 40 | | 精车 | 数控车床 | |
| | 1 | 用自定心卡盘夹已车过外圆,找正,夹紧,车端面,留磨量 0.10 | | 35°机夹刀片 |
| | 2 | 车 $\phi120JS5$ 内孔至 $\phi119.5H7$ | | 35°机夹刀片 |
| | 3 | 车 $\phi135F8$ 内孔,留磨量 0.40 | | 35°机夹刀片 |
| | 4 | 101±0.01 尺寸右面留磨量 0.10 | | 35°机夹刀片 |

（续）

| 工序 | 工步 | 工序内容 | 设备 | 刀具、量具、辅具 |
|---|---|---|---|---|
| | 5 | 车右边齿部外圆至 $\phi$208.29 | | 35°机夹刀片 |
| | 6 | 车右边齿部前、后锥面成，表面粗糙度 $Ra$1.6μm | | 35°机夹刀片 |
| | 7 | 车 $\phi$200h9 外圆，留磨量 0.30 | | 35°机夹刀片 |
| | 8 | 车内、外圆倒角成 | | 35°机夹刀片 |
| | 9 | 调头。车左端面，留磨量 0.10，保证尺寸 127.6 至要求，表面粗糙度 $Ra$1.6μm | | 35°机夹刀片 |
| | 10 | 车 $\phi$135F8 内孔，留磨量 0.40 | | 35°机夹刀片 |
| | 11 | 101±0.01 尺寸左面留磨量 0.10 | | 35°机夹刀片 |
| | 12 | 车左边齿部外圆至 $\phi$208.29 | | 35°机夹刀片 |
| | 13 | 车左边齿部前、后锥面成，表面粗糙度 $Ra$3.2μm | | 35°机夹刀片 |
| | 14 | 车内孔倒角成 | | 35°机夹刀片 |
| 50 | | 铣齿 | 数控铣齿机 | 盘形铣刀 |
| | 1 | 以 $\phi$120JS5 内孔、101±0.01 尺寸右面定位，铣左齿，齿厚留磨量 0.60 | | |
| | 2 | 以 $\phi$120JS5 内孔、101±0.01 尺寸左面定位，铣右齿，齿厚留磨量 0.60 | | |
| 60 | | 检验：主、从动齿轮对滚检验接触区 | 检验机 | |
| 70 | | 钳工 | 钳工台 | |
| | 1 | 齿部去毛刺、倒角 | | |
| | 2 | 打印零件顺序号 | | |
| 80 | | 热处理：齿部渗碳淬火，渗碳层深度为 0.8~1.2mm，淬火并回火后硬度为 58~62HRC | 多用炉 | |
| 90 | | 平磨右端面成，表面粗糙度 $Ra$0.8μm | 平磨机床 | |
| 100 | | 磨内孔及端面 | 数控立式磨床 | |
| | 1 | 以右端面为基准，磨左端面成，表面粗糙度 $Ra$0.8μm | | |
| | 2 | 磨 $\phi$120JS5 内孔成，表面粗糙度 $Ra$0.8μm | | |
| | 3 | 磨左边 $\phi$135F8 内孔成，表面粗糙度 $Ra$0.8μm | | |
| | 4 | 靠磨 101±0.01 尺寸左面，表面粗糙度 $Ra$0.8μm | | |
| | 5 | 调头。按 $\phi$120JS5 内孔找正，磨右边 $\phi$135F8 内孔成 | | |
| | 6 | 靠磨 101±0.01 尺寸右面成，表面粗糙度 $Ra$0.8μm | | |

（续）

| 工序 | 工步 | 工 序 内 容 | 设备 | 刀具、量具、辅具 |
|---|---|---|---|---|
| 110 | | 磨弧齿 | 弧齿磨齿机 | |
| | 1 | 以 $\phi$120JS5 内孔、101±0.01 尺寸右面定位，磨左边弧齿成，表面粗糙度 $Ra$0.8μm | | |
| | 2 | 以 $\phi$120JS5 内孔、101±0.01 尺寸左面定位，磨右边弧齿成，表面粗糙度 $Ra$0.8μm | | |
| 120 | | 检验 | | |
| | 1 | 主、从动齿轮对滚检验接触区 | 检验机 | |
| | 2 | 检验齿轮形貌图、齿距极限偏差 $f_p$、齿距累积公差 $F_p$ 和齿圈径向圆跳动公差 $F_r$ | 齿轮测量中心 | |
| 130 | | 磨外圆 | 数控立式磨床 | |
| | 1 | 按 $\phi$120JS5 内孔找正，磨右边弧齿外圆至 $\phi$200h9，表面粗糙度 $Ra$1.6μm | | |
| | 2 | 磨 $\phi$200h9 外圆成，表面粗糙度 $Ra$1.6μm | | |
| | 3 | 磨左边弧齿外圆至 $\phi$200h9，表面粗糙度 $Ra$1.6μm | | |
| 140 | | 涂油、包装 | | |

### 实例 7  直齿锥齿轮 （图 8-7）

**1. 零件图样分析**

1）图 8-7 所示直齿锥齿轮的 $\phi$50H6 为基准孔。

2）该齿轮精度为 5 级，齿部加工需安排磨齿。

3）零件材料为 42CrMo 钢。

4）调质硬度为 250~280HBW。

5）渗氮层深度为 0.15~0.30mm，硬度≥850HV。

**2. 工艺分析**

1）该齿轮毛坯为原材料，粗加工前应进行正火处理，粗加工后进行调质处理，精加工前零件进行渗氮处理。

2）$\phi$50H6（2 处）为基准孔，热处理渗氮后应进行磨削。

3）该齿轮左面为圆柱齿轮，右面为锥齿轮，加工时应先安排加工圆柱齿轮，然后再加工锥齿轮。

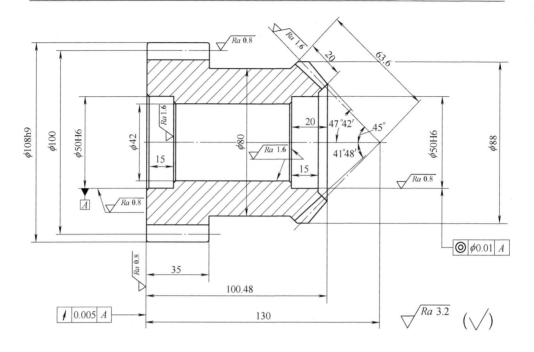

### 技术要求

1. 材料: 42CrMo钢。
2. 热处理:调质 T265,
   渗氮 D0.2-850。
3. 倒角 C1。

| 直齿轮 | | |
|---|---|---|
| 模数 | $m$ | 2.5 |
| 齿数 | $z$ | 40 |
| 压力角 | $\alpha$ | 20° |
| 齿顶高系数 | $h_a^*$ | 1 |
| 螺旋角 | $\beta$ | 0 |
| 螺旋方向 | | |
| 径向变位系数 | $x$ | 0 |
| 精度等级 | | 5 |

| 锥齿轮 | | |
|---|---|---|
| 齿制 | 格里森 | |
| 端面模数 | $m_n$ | 3 |
| 齿数 | $z$ | 30 |
| 压力角 | $\alpha$ | 20° |
| 螺旋角 | $\beta$ | 0° |
| 螺旋方向 | 右 | |
| 轴交角 | $\Sigma$ | 90° |

图 8-7 直齿锥齿轮

## 3. 机械加工工艺过程 (见表8-12)

表 8-12 直齿锥齿轮机械加工工艺过程 (单位: mm)

| 零件名称 | 毛坯种类 | 材料 | 生产类型 |
|---|---|---|---|
| 直齿锥齿轮 | 圆钢 | 42CrMo 钢 | 小批量 |

| 工序 | 工步 | 工序内容 | 设备 | 刀具、量具、辅具 |
|---|---|---|---|---|
| 10 | | 下料 $\phi120×110$ | 锯床 | |
| 20 | | 热处理:正火 | 箱式炉 | |
| 30 | | 粗车 | 卧式车床 | |
| | 1 | 用自定心卡盘夹毛坯外圆一端,找正,夹紧,车端面,留精加工余量3 | | 45°弯头车刀 |

（续）

| 工序 | 工步 | 工 序 内 容 | 设备 | 刀具、量具、辅具 |
|---|---|---|---|---|
| | 2 | 车 $\phi$108h9 外圆至 $\phi$113 | | 90°外圆车刀 |
| | 3 | 钻内孔至 $\phi$35 | | $\phi$35 麻花钻 |
| | 4 | 调头。用自定心卡盘夹已车过外圆,找正,夹紧,车端面,保证总长 136 | | 45°弯头车刀 |
| | 5 | 车 $\phi$88 外圆至 $\phi$96 | | 90°外圆车刀 |
| | 6 | 车 $\phi$80 外圆至 $\phi$96 | | 90°外圆车刀 |
| 40 | | 热处理:调质,硬度为 250~280HBW | 箱式炉 | |
| 50 | | 精车 | 数控车床 | |
| | 1 | 用自定心卡盘夹 $\phi$88 外圆,找正,夹紧,车端面,留磨量 0.10 | | 35°机夹刀片 |
| | 2 | 车 $\phi$108h9 外圆成 | | 35°机夹刀片 |
| | 3 | 车 $\phi$42 内孔至 $\phi$42H7,表面粗糙度 $Ra1.6\mu m$ | | 35°机夹刀片 |
| | 4 | 车左端 $\phi$50H6 内孔,留磨量 0.30 | | 35°机夹刀片 |
| | 5 | 车内、外圆倒角 $C1$ | | 35°机夹刀片 |
| | 6 | 调头。用自定心卡盘夹 $\phi$108h9 外圆,找正,夹紧,车端面,保证总长 100.68 | | 35°机夹刀片 |
| | 7 | 车右端 $\phi$50H6 内孔,留磨量 0.30 | | 35°机夹刀片 |
| | 8 | 锥齿轮外圆车至 $\phi$94,前后锥面不车 | | 35°机夹刀片 |
| | 9 | 车 $\phi$80 外圆成 | | 35°机夹刀片 |
| | 10 | 车齿宽 35 右面成 | | 35°机夹刀片 |
| | 11 | 车内孔倒角 $C1$ | | 35°机夹刀片 |
| 60 | | 插圆柱齿轮:齿部留磨量 0.20,以 $\phi$42H7 定位 | 插齿机 | 留磨插刀 |
| 70 | | 精车 | 数控车床 | |
| | | 要求:按内孔及右端面找正 0.01,车锥齿轮前后锥面成,表面粗糙度 $Ra3.2\mu m$ | | 35°机夹刀片 |
| 80 | | 刨齿成,$m_n3,\alpha20°,z30$ | 刨齿机 | 刨齿刀 |
| 90 | | 钳工去毛刺、倒角 | 钳工台 | |
| 100 | | 磨圆柱齿轮成 | 磨齿机 | |
| 110 | | 热处理:渗氮,渗氮层深度为 0.15~0.30mm,硬度 ≥850HV | 渗氮炉 | |
| 120 | | 磨内孔、靠端面 | 内圆磨床 | |
| | 1 | 按圆柱齿轮节圆及左端面找正,磨 $\phi$50H6 内孔成(两处),表面粗糙度 $Ra0.8\mu m$ | | |
| | 2 | 靠左端面成,表面粗糙度 $Ra0.8\mu m$ | | |

# 第9章

# 端齿盘类零件

## 9.1 端齿盘类零件的结构特点与技术要求

近年来，随着数控技术的进步、自动化程度的提高，数控车床、数控铣床的生产和应用日益广泛，对高精度、高效率的分度装置的需求也越来越大。

端齿盘类零件主要有直齿端齿盘和弧齿端齿盘两种。

**1. 端齿盘类零件的结构特点**

端齿盘类零件定位精度和重复定位精度要求高：确保±2.5″的定位精度，±1″的重复定位精度。与直齿端齿盘相比，弧齿端齿盘能较大地提高齿面接触强度和齿根强度，能够满足大功率机床驱动系统对万向联轴器端齿的性能要求，延长端齿盘的使用寿命。端齿盘是分度设备的关键部件，它能确保 MCT、CNC 车床转塔刀架等多工序自动数控机床和其他分度设备的运行精度。经过严格热处理的、以铬钼钢为材质的端齿盘，具有耐磨、使用寿命长等特点。

**2. 端齿盘类零件的技术要求**

端齿盘类零件在数控机床中起分度作用，主要技术要求如下：

（1）齿盘内孔　其标准公差等级一般为 IT6~IT7，形状公差一般应控制在孔径公差以内。内孔表面粗糙度控制在 $Ra\ 0.63~5\mu m$ 以内。

（2）外圆的技术要求　外圆表面的直径尺寸公差等级为 IT6~IT7，形状公差应控制在外径公差以内。外圆表面粗糙度控制在 $Ra\ 0.63~5\mu m$。

（3）主要表面间的位置公差

1）外圆之间的同轴度公差一般为 0.005~0.02mm。

2）端齿盘端面作为定位基准和装配基准，与孔的中心线有较高的垂直度及端面圆跳动要求，公差一般为 0.005~0.01mm。

## 9.2　端齿盘类零件的加工工艺分析和定位基准选择

**1. 端齿盘类零件的加工工艺分析**

1）端齿盘类零件的加工主要控制端面、内孔、外圆的几何尺寸及形状误差，基准面、孔的精度非常重要，尤其是端面平面度，其误差一定要控制在 0.005mm 以内。

2）加工端齿盘齿部时，一般以端面作为定位基准面找正内孔，然后利用零件的螺孔或通孔压紧。如果齿盘副是三件套时，两件定齿盘要一次装夹加工。

3）端齿盘要分粗、半精、精加工三道工序完成，为了去除零件的应力变形，除正常的热处理工序外，还应采用油煮定性工序。

**2. 端齿盘类零件的定位基准选择**

端齿盘类零件的定位基准主要是零件的端面、内孔和外圆。

## 9.3　端齿盘类零件的材料及热处理

**1. 端齿盘类零件的材料**

端齿盘类零件的材料：低碳合金结构钢有 15CrMo、20Cr、20CrMnTi 等；中碳合金结构钢有 42CrMo、40Cr 等；渗氮钢有 38CrMoAlA。

**2. 端齿盘类零件的热处理**

1）端齿盘类零件的热处理工序有正火、调质、渗碳淬火、高频感应淬火、渗氮、时效、油煮定性等。

2）端齿盘热处理所用的设备有箱式炉、多用炉、高频感应淬火机床、渗碳炉、渗氮炉、回火炉等。

## 9.4　端齿盘类零件加工实例

**实例 1　数控铣床鼠牙盘**（见图 9-1）

**1. 零件图样分析**

1）零件材料为 38CrMoAlA 钢。

2）$\phi$412g6 外圆对 $\phi$275mm 内孔同轴度公差为 $\phi$0.005mm。

3）左端面平面度公差为 0.003mm，右端面对左端面平行度公差为 0.005mm。

4）$\phi$412g6 外圆尺寸精度要求很高。

5）调质硬度为 220~250HBW；渗氮层深度为 0.45~0.65mm，硬度 ≥ 850HV。

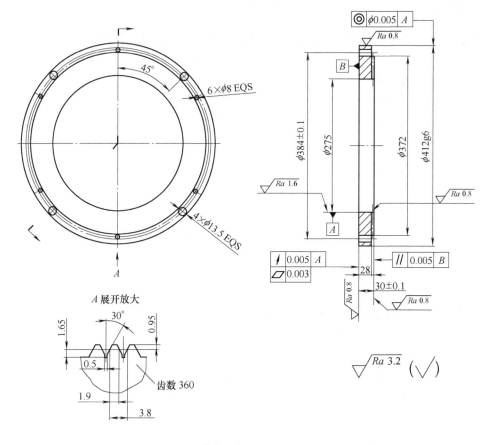

A 展开放大

齿数 360

技术要求

1. 材料：38CrMoAlA 钢。
2. 热处理：T235-D0.5-850。
3. 两齿盘在任意角度啮合时不得有两齿连续不接触，接触齿数不少
   于 90%，每齿接触面积不少于 50%，接触高度不少于 75%。
4. 分度误差不得大于 6。
5. 倒角 C1.5。

图 9-1  数控铣床鼠牙盘

## 2. 工艺分析

1）左端面平面度公差为 0.003mm，加工时，应进行两次平面磨削（分粗磨、精磨），一次研磨。

2）端面齿的磨削分粗磨、精磨两道工序进行。

3）此鼠牙盘是数控铣床分度用的零件，所以精度要求非常高。为了保证零件长期使用不变形，应经调质、时效、渗氮、油煮定性几道热处理工序。

## 3. 机械加工工艺过程（见表 9-1）

**表 9-1　数控铣床鼠牙盘机械加工工艺过程**　　　　（单位：mm）

| 零件名称 | 毛坯种类 | | 材料 | 生产类型 |
|---|---|---|---|---|
| 数控铣床鼠牙盘 | 锻件 | | 38CrMoAlA 钢 | 小批量 |

| 工序 | 工步 | 工序内容 | 设备 | 刀具、量具、辅具 |
|---|---|---|---|---|
| 10 | | 锻造 | 锻压机床 | |
| 20 | | 粗车 | 卧式车床 | |
| | 1 | 用自定心卡盘夹坯料外圆，车右端面见光 | | 45°弯头车刀 |
| | 2 | 车 $\phi$412g6 外圆至 $\phi$417 | | 90°外圆车刀 |
| | 3 | 车 $\phi$372 外圆至 $\phi$377 | | 90°外圆车刀 |
| | 4 | 车 $\phi$275 内孔至 $\phi$270 | | 内孔车刀 |
| | 5 | 调头。车左端面，保证总长至 36 | | 45°弯头车刀 |
| 30 | | 热处理：调质，硬度为 220～250HBW | 箱式炉 | |
| 40 | | 精车 | 数控车床 | |
| | 1 | 用自定心卡盘夹 $\phi$412g6 外圆，找正、夹紧，车右端面，留精车余量 1 | | 35°机夹刀片 |
| | 2 | 镗 $\phi$275 内孔至 $\phi$274 | | 镗刀 |
| | 3 | 车 $\phi$372 外圆至 $\phi$373 | | 35°机夹刀片 |
| | 4 | 调头。撑 $\phi$275 内孔，找正、夹紧，车左端面，留精车余量 1，保证总长至 32.95 | | 35°机夹刀片 |
| | 5 | 车 $\phi$412g6 外圆至 $\phi$413 | | 35°机夹刀片 |
| 50 | | 热处理：高温时效 550～630℃ | 箱式炉 | |
| 60 | | 精车 | 数控车床 | |
| | 1 | 用自定心卡盘夹 $\phi$412g6 外圆，找正、夹紧，车右端面，留磨削余量 0.10 | | 35°机夹刀片 |
| | 2 | 镗 $\phi$275 内孔，留磨削余量 0.20 | | 镗刀 |
| | 3 | 车 $\phi$372 外圆至要求 | | 35°机夹刀片 |
| | 4 | 车内孔、外圆倒角 C1.5 | | 35°机夹刀片 |
| | 5 | 调头。撑 $\phi$275 内孔，找正、夹紧，车左端面，留磨削余量 0.10，保证总长至 31.15 | | 35°机夹刀片 |
| | 6 | 车 $\phi$412g6 外圆，留磨削余量 0.20 | | 35°机夹刀片 |
| | 7 | 车内孔、外圆倒角 C1.5 | | 35°机夹刀片 |
| | 8 | 要求：① 左、右端面平行度误差在 0.04 以内；② 加工 $\phi$275 内孔时夹紧力尽量小，以防止变形；③ 内孔及外圆圆度误差控制在 0.10 以内 | | |

（续）

| 工序 | 工步 | 工 序 内 容 | 设备 | 刀具、量具、辅具 |
|---|---|---|---|---|
| 70 | | 钻孔 | 立式加工中心 | |
| | 1 | 按 φ275 内孔找正，钻 6×φ8 孔成 | | φ8 麻花钻 |
| | 2 | 钻 4×φ13.5 孔成 | | φ13.5 麻花钻 |
| 80 | | 磨端齿：按 φ275 内孔找正，磨端齿，齿厚留精磨余量 0.20 | 数控端齿磨床 | |
| 90 | | 热处理：渗氮，渗氮层深度为 0.45~0.65mm，硬度≥850HV | 渗氮炉 | |
| 100 | | 平磨 | 平面磨床 | |
| | 1 | 磨右端面，留精磨余量 0.03 | | |
| | 2 | 磨左端面，留精磨余量 0.03 | | |
| 110 | | 精平磨 | 精密平面磨床 | |
| | 1 | 磨右端面成，表面粗糙度 $Ra0.8\mu m$ | | |
| | 2 | 磨左端面，留研磨余量 0.01 | | |
| 120 | | 研左端面成，表面粗糙度 $Ra0.8\mu m$，保证总长至 30.95±0.01 要求：保证左端面平面度公差为 0.003 | | |
| 130 | | 磨内孔、外圆 | 立式数控磨床 | |
| | 1 | 按 φ275 内孔找正，磨 φ275 内孔至要求，表面粗糙度 $Ra1.6\mu m$ | | |
| | 2 | 磨 φ412g6 外圆至要求，表面粗糙度 $Ra0.8\mu m$ | | |
| | 3 | 要求：① φ275 内孔、φ412g6 外圆圆度公差为 0.005；② φ275 内孔与 φ412g6 外圆同轴度公差为 φ0.005 | | |
| 140 | | 钳工：打印零件号及年、月、顺序号 | 钳工台 | |
| 150 | | 磨端齿 | 数控端齿磨床 | |
| | 1 | 按 φ275 内孔找正至 0.002，磨端齿至要求，齿的表面粗糙度 $Ra0.8\mu m$ | | |
| | 2 | 成对检验图样技术要求第 3 条及第 4 条 | | |
| 160 | | 热处理：油煮定性 | 油炉 | |
| 170 | | 包装、入库 | 库房 | |

**实例 2　数控车床分齿盘**（见图 9-2）

**1. 零件图样分析**

1）零件材料为 20CrMo 钢。

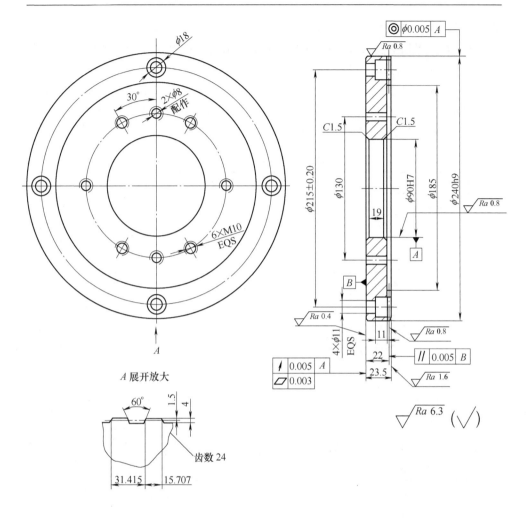

图 9-2　数控车床分齿盘

2）φ240h9 外圆对 φ90H7 内孔的同轴度公差为 φ0.005mm。

3）左端面平面度公差为 0.003mm，齿盘节线对左端面平行度公差为 0.005mm。

4）渗碳层深度为 0.8~1.2mm，淬火并回火后硬度为 58~63HRC。

**2. 工艺分析**

1）左端面平面度公差为 0.003mm，加工时，应进行两次平面磨削（分粗磨、精磨），一次研磨。

2）齿部粗加工安排在铣床加工，齿厚留出足够的磨削余量。热处理后，在专用的数控端齿磨床加工齿部。

3）此分齿盘是数控铣床的分度零件，所以精度要求非常高。为了保证零件长期使用不变形，应经正火、时效、渗碳淬火、油煮定性几道热处理工序。

**3. 机械加工工艺过程**（见表 9-2）

表 9-2　数控车床分齿盘机械加工工艺过程　　　（单位：mm）

| 零件名称 | 毛坯种类 | 材料 | 生产类型 |
|---|---|---|---|
| 数控车床分齿盘 | 锻件 | 20CrMo 钢 | 小批量 |

| 工序 | 工步 | 工序内容 | 设备 | 刀具、量具、辅具 |
|---|---|---|---|---|
| 10 | | 锻造 | 锻压机床 | |
| 20 | | 热处理:正火 | 箱式炉 | |
| 30 | | 粗车 | 卧式车床 | |
| | 1 | 用自定心卡盘夹坯料外圆,车左端面见光 | | 45°弯头车刀 |
| | 2 | 车 $\phi$240h9 外圆至 $\phi$243 | | 90°外圆车刀 |
| | 3 | 车 $\phi$90H7 内孔至 $\phi$87 | | 内孔车刀 |
| | 4 | 车 $\phi$185 至要求,深度为 4.5,表面粗糙度 $Ra6.3\mu m$ | | |
| | 5 | 调头。车右端面,保证总长至 27.5 | | 45°弯头车刀 |
| 40 | | 精车 | 数控车床 | |
| | 1 | 用自定心卡盘夹 $\phi$240h9 外圆,找正、夹紧,车左端面,留磨削余量 0.20 | | 35°机夹刀片 |
| | 2 | 车 $\phi$240h9 外圆,留磨削余量 0.40 | | 35°机夹刀片 |
| | 3 | 镗 $\phi$90H7 内孔,留磨削余量 0.40 | | 镗刀 |
| | 4 | 车内孔、倒角 C1.5,车外圆倒角 C1 | | 35°机夹刀片 |
| | 5 | 调头。撑 $\phi$90H7 内孔,找正、夹紧,车右端面,留磨削余量 0.20,保证总长至 23.90 | | 35°机夹刀片 |
| | 6 | 车内孔倒角 C1.5,车外圆倒角 C1 | | 35°机夹刀片 |
| 50 | | 钻孔 | 立式加工中心 | |
| | 1 | 按 $\phi$90H7 内孔找正,钻 4×$\phi$11 孔成 | | $\phi$11 麻花钻 |
| | 2 | 锪 4×$\phi$18 孔成 | | $\phi$18 锪钻 |
| | 3 | 钻 6×M10 螺纹底孔至 $\phi$8.5 | | $\phi$8.5 麻花钻 |
| | 4 | 攻 6×M10 螺纹孔成 | | M10 丝锥 |
| | 5 | 铣端面牙:齿厚留磨削余量 0.60 | | |

（续）

| 工序 | 工步 | 工 序 内 容 | 设备 | 刀具、量具、辅具 |
|---|---|---|---|---|
| 60 | | 钳工 | 钳工台 | |
| | 1 | 在 2×φ8 孔位置上做出标记打样冲眼 | | |
| | 2 | 装 6×M10 螺钉及垫（两面装） | | |
| | 3 | 去毛刺 | | |
| 70 | | 热处理 | | |
| | 1 | 高温时效 | 箱式炉 | |
| | 2 | 渗碳淬火：渗碳层深度为 0.8~1.2mm，淬火并回火后硬度为 58~63HRC | 多用炉 | |
| | 3 | 喷砂 | 喷砂机 | |
| | 4 | 要求：① 在 2×φ8 孔位置涂防渗碳涂料（两面涂覆）；② 调平矫直两端面 | | |
| 80 | | 钳工：卸 6×M10 螺钉及垫 | 钳工台 | |
| 90 | | 平磨 | 平面磨床 | |
| | 1 | 磨右端面，留精磨余量 0.03 | | |
| | 2 | 磨左端面，留精磨余量 0.03，保证总长至 23.56 | | |
| 100 | | 精平磨 | 精密平面磨床 | |
| | 1 | 磨右端面成，表面粗糙度 $Ra0.8\mu m$ | | |
| | 2 | 磨左端面，留研磨余量 0.01 | | |
| 110 | | 研磨左端面成，表面粗糙度 $Ra0.4\mu m$，保证总长至 23.5±0.01 要求：保证左端面平面度公差为 0.003 | | |
| 120 | | 磨内孔、外圆 | 立式数控磨床 | |
| | 1 | 按 φ90H7 内孔找正，磨 φ90H7 内孔至要求，表面粗糙度 $Ra0.8\mu m$ | | |
| | 2 | 磨 φ240h9 外圆至要求，表面粗糙度 $Ra0.8\mu m$ | | |
| | 3 | 要求：① φ90H7 内孔、φ240h9 外圆圆度公差为 0.005；② φ90H7 内孔与 φ240h9 外圆同轴度公差为 0.005 | | |
| 130 | | 钳工：打印零件号及年、月、顺序号 | 钳工台 | |
| 140 | | 磨端齿 | 数控端齿磨床 | |
| | 1 | 按 φ90H7 内孔找正至 0.002，磨端齿至要求，齿表面粗糙度 $Ra0.8\mu m$ | | |
| | 2 | 成对检验 | | |
| 150 | | 热处理：油煮定性 | 油炉 | |
| 160 | | 包装、入库 | 库房 | |

### 实例 3　齿块（见图 9-3）

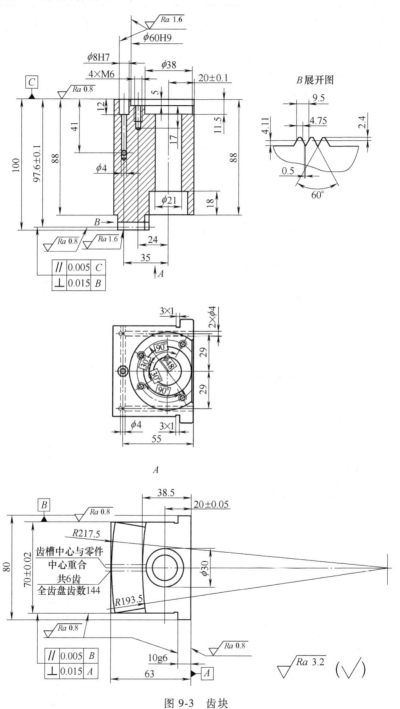

图 9-3　齿块

**1. 零件图样分析**

1）零件材料为 38CrMoAlA 钢。

2）此齿块为全齿盘的一部分，只有 6 个齿。

3）齿块齿部节线对 $C$ 面平行度公差为 0.005mm。

4）调质硬度为 220~250HBW；渗氮层深度为 0.45~0.65mm，硬度 ≥850HV。

**2. 工艺分析**

1）此齿块为全齿盘的一部分，有 6 个齿。加工时可整体加工一个整齿盘，然后切成几个小齿块，也可单独加工齿块。

单独磨削齿块时，应在专用数控端齿磨床上加工，并做专用工装。磨齿块工装如图 9-4 所示。

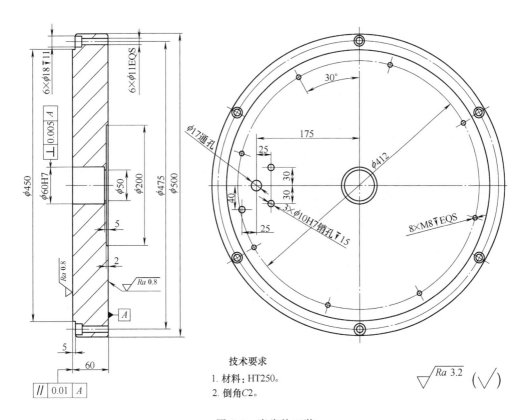

图 9-4　磨齿块工装

2）齿块的基准面为 $C$ 面，做工装时以 $C$ 面及 $B$ 面为定位基准。

**3. 机械加工工艺过程**（见表 9-3）

表 9-3　齿块机械加工工艺过程　　　　　　　（单位：mm）

| 零件名称 | | 毛坯种类 | 材　料 | 生产类型 |
|---|---|---|---|---|
| 齿块 | | 锻件 | 38CrMoAlA 钢 | 小批量 |
| 工序 | 工步 | 工序内容 | 设备 | 刀具、量具、辅具 |
| 10 | | 锻造 | 锻压机床 | |
| 20 | | 热处理:正火 | 箱式炉 | |
| 30 | | 粗铣 | 立式铣床 | |
| | 1 | 铣 C 面,留精铣余量 3 | | 盘铣刀 |
| | 2 | 铣尺寸 100,下面留精铣余量 3 | | 盘铣刀 |
| | 3 | 铣 A 面,留精铣余量 3 | | 盘铣刀 |
| | 4 | 铣尺寸 63,左面留精铣余量 3 | | 盘铣刀 |
| | 5 | 铣尺寸 80,上面留精铣余量 3 | | 盘铣刀 |
| | 6 | 铣尺寸 80,下面留精铣余量 3 | | 盘铣刀 |
| 40 | | 热处理:调质,硬度为 220~250HBW | 箱式炉 | |
| 50 | | 精铣 | 立式加工中心 | |
| | 1 | 铣 C 面,留磨削余量 0.20 | | 盘铣刀 |
| | 2 | 铣尺寸 100 下面成,表面粗糙度 $Ra1.6\mu m$ | | 盘铣刀 |
| | 3 | 铣 A 面,留磨削余量 0.20 | | 盘铣刀 |
| | 4 | 铣尺寸 63 左面成,表面粗糙度 $Ra1.6\mu m$ | | 盘铣刀 |
| | 5 | 铣 10g6,左面留磨削余量 0.20 | | 盘铣刀 |
| | 6 | 铣尺寸 63,右面留磨削余量 0.20 | | 盘铣刀 |
| | 7 | 铣尺寸 80 上面成,表面粗糙度 $Ra1.6\mu m$ | | 盘铣刀 |
| | 8 | 铣尺寸 80 下面成,表面粗糙度 $Ra1.6\mu m$ | | 盘铣刀 |
| | 9 | 铣 70 ±0.02,上面留磨削余量 0.20 | | 杆铣刀 |
| | 10 | 铣 70 ±0.02,下面留磨削余量 0.20 | | 杆铣刀 |
| | 11 | 铣 3×1 槽成(2 处) | | 切槽刀 |
| 60 | | 平磨 | 平面磨床 | |
| | 1 | 磨 C 面,留磨削余量 0.10 | | |
| | 2 | 磨 A 面,留磨削余量 0.10 | | |
| 70 | | 铣 | 立式加工中心 | |
| | 1 | 找正 C 面至 0.01,夹紧 | | |
| | 2 | 钻 $\phi21$ 孔至 $\phi18$ | | $\phi18$ 麻花钻 |
| | 3 | 镗 $\phi21$ 孔至 $\phi21H7$,表面粗糙度 $Ra1.6\mu m$(工艺要求) | | 镗刀 |
| | 4 | 铣 $\phi38$ 孔成 | | 铣刀 |

（续）

| 工序 | 工步 | 工 序 内 容 | 设备 | 刀具、量具、辅具 |
|---|---|---|---|---|
| | 5 | 镗 $\phi$60H9 孔成,表面粗糙度 $Ra$1.6$\mu$m(工艺要求) | | 镗刀 |
| | 6 | 钻 $\phi$4 孔成 | | $\phi$4 麻花钻 |
| | 7 | 钻、铰 $\phi$8H7 孔成,表面粗糙度 $Ra$3.2$\mu$m | | $\phi$8 铰刀 |
| | 8 | 钻、攻 4×M6 螺纹孔成 | | M6 丝锥 |
| | 9 | 铣 $\phi$30 孔成,表面粗糙度 $Ra$3.2$\mu$m | | 铣刀 |
| | 10 | 铣 $R$217.5 成,表面粗糙度 $Ra$3.2$\mu$m | | 杆铣刀 |
| | 11 | 铣 $R$193.5 成,表面粗糙度 $Ra$3.2$\mu$m | | 杆铣刀 |
| | 12 | 铣端齿,齿部两侧面各留磨削余量 0.25 | | 60°铣刀 |
| 80 | | 钳工 | 钳工台 | |
| | 1 | 去毛刺、倒角 | | |
| | 2 | 装 4×M6 螺钉,并对 $\phi$8H7 进行保护,防止 4×M6 螺纹孔和 $\phi$8H7 渗碳淬火 | | |
| 90 | | 热处理:渗氮,渗氮层深度为 0.45~0.65mm,硬度 ≥850HV | 渗氮炉 | |
| 100 | | 精平磨 | 精密平面磨床 | |
| | 1 | 磨 10g6 左面成,表面粗糙度 $Ra$0.8$\mu$m | | |
| | 2 | 磨 $C$ 面成,表面粗糙度 $Ra$0.8$\mu$m | | |
| | 3 | 磨尺寸 63 右面成,表面粗糙度 $Ra$0.8$\mu$m | | |
| | 4 | 磨 70±0.02 上面成,表面粗糙度 $Ra$0.8$\mu$m | | |
| | 5 | 磨 70±0.02 下面成,表面粗糙度 $Ra$0.8$\mu$m | | |
| 110 | | 磨端齿成 | 数控端齿磨床 | |
| 120 | | 检验 | 检验台 | |
| 130 | | 热处理:油煮定性 | 油炉 | |
| 140 | | 成对入库 | | |

**实例 4  端面齿盘**（见图 9-5）

**1. 零件图样分析**

1）零件材料为 20CrMnTi 钢。

2）齿盘齿数为 60。

3）齿盘齿部节线对 $A$ 面平行度公差为 0.005mm。

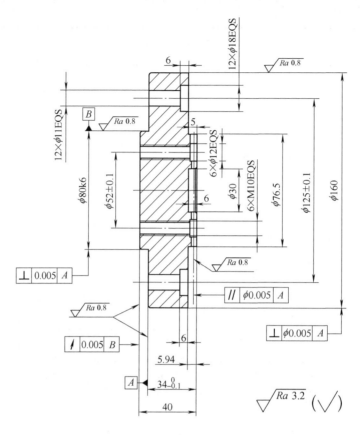

**技术要求**

1. 两齿盘在任意角度啮合时不得有两齿连续不接触，接触齿数不少于90%，每齿接触面积不少于50%，接触深度不少于75%。
2. 分度误差不得大于3″。
3. 材料：20CrMnTi钢。
4. 齿数60。
5. 齿顶旋转角2°36′±10″。
6. 磨削砂轮角60°。
7. 铣角2°35′58″。
8. 齿顶间隙0.4。
9. 总装尺寸85±0.2。

图 9-5 端面齿盘

## 2. 工艺分析

1）齿盘齿数为60，齿部可一次加工完成。

2）齿盘的基准面为 A 面，做工装时以 A 面及 B 面为定位基准。

## 3. 机械加工工艺过程（见表 9-4）

**表 9-4  端面齿盘机械加工工艺过程** （单位：mm）

| 零 件 名 称 | 毛 坯 种 类 | | 材 料 | 生 产 类 型 |
|---|---|---|---|---|
| 端面齿盘 | 锻件 | | 20CrMnTi 钢 | 小批量 |

| 工序 | 工步 | 工 序 内 容 | 设备 | 刀具、量具、辅具 |
|---|---|---|---|---|
| 10 | | 锻造 | 锻压机床 | |
| 20 | | 热处理：正火 | 箱式炉 | |
| 30 | | 粗车 | 卧式车床 | |
| | 1 | 车左端面，见光即可 | | 45°弯头车刀 |
| | 2 | 车 $\phi$80K6 外圆，留精车余量 2 | | 90°外圆车刀 |
| | 3 | 车 $\phi$160 外圆，留精车余量 2 | | 90°外圆车刀 |
| | 4 | 调头。车右端面，留精车余量 2，保证尺寸 40 至 44 | | 45°弯头车刀 |
| | 5 | 车 $\phi$76.5 外圆，留精车余量 2 | | 90°外圆车刀 |
| 40 | | 精车 | 数控车床 | |
| | 1 | 车左端面，留磨削余量 0.10 | | 35°机夹刀片 |
| | 2 | 车 $\phi$80k6 外圆，留磨削余量 0.30 | | 35°机夹刀片 |
| | 3 | 车 $\phi$160 外圆，留磨削余量 0.30 | | 35°机夹刀片 |
| | 4 | 车 $34_{-0.1}^{0}$，左端面留磨削余量 0.10 | | 35°机夹刀片 |
| | 5 | 调头，车右端面成 | | 35°机夹刀片 |
| | 6 | 车 $\phi$76.5 外圆，留精车余量 2 | | 35°机夹刀片 |
| | 7 | 车 $\phi$30×6 成 | | 35°机夹刀片 |
| | 8 | 车 2°36′±10″齿顶旋转角成 | | 35°机夹刀片 |
| 50 | | 钻 | 立式加工中心 | 35°机夹刀片 |
| | 1 | 按 $\phi$160 外圆找正 | | |
| | 2 | 钻 12×$\phi$11 孔成 | | $\phi$11 麻花钻 |
| | 3 | 锪 12×$\phi$18 孔成 | | $\phi$18 锪钻 |
| | 4 | 钻 6×M10 螺纹底孔至 $\phi$8.5 | | $\phi$8.5 麻花钻 |
| | 5 | 攻 6×M10 螺纹孔成 | | M10 丝锥 |
| | 6 | 锪 6×$\phi$12 孔成 | | $\phi$12 锪钻 |
| 60 | | 钳工：打印零件号及年、月、顺序号 | 钳工台 | |
| 70 | | 磨外圆、端面 | 数控外圆磨床 | |
| | 1 | 按 $\phi$160 外圆及 $34_{-0.1}^{0}$ 尺寸左面找正 | | |

（续）

| 工序 | 工步 | 工 序 内 容 | 设备 | 刀具、量具、辅具 |
|---|---|---|---|---|
| | 2 | 磨 φ160 外圆成（工艺圆），表面粗糙度 Ra0.8μm | | |
| | 3 | 磨 φ80k6 外圆成，表面粗糙度 Ra0.8μm | | |
| | 4 | 靠磨 34$_{-0.10}^{0}$ 尺寸左面成，表面粗糙度 Ra0.8μm | | |
| | 5 | 靠磨 40 尺寸左面成，表面粗糙度 Ra0.8μm | | |
| 80 | | 磨端齿：按 φ160 外圆找正至 0.01，磨端齿成 | 数控端齿磨床 | |
| 90 | | 检验齿盘 | 检验站 | |

## 实例5　下齿盘（见图9-6）

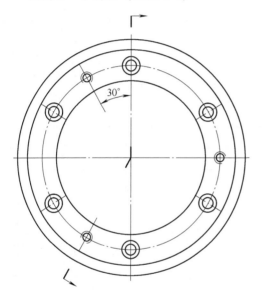

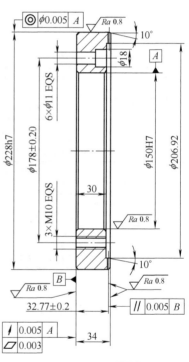

**技术要求**

1. 材料：35CrMoV钢。
2. 真空热处理：C50。
3. 表面发蓝。
4. 齿数60。
5. 端面弧齿在GLEASON专用机床加工。
6. 未注倒角C2。

| 齿数 | 72 |
|---|---|
| 齿型 | 凹 |
| 压力角 | 30° |
| 齿全高 | 2.78$_{0}^{+0.1}$ |
| 齿顶高 | 1.23±0.02 |
| 弧齿节线曲率 | φ395.5 |

图 9-6　下齿盘

**1. 零件图样分析**

1）零件材料为 35CrMoV 钢。

2）真空热处理：淬火并回火后硬度为 50~55HRC。

3）表面发蓝处理。

4）齿盘齿型为凹齿。

**2. 工艺分析**

1）此齿盘材料为 35CrMoV 钢，粗加工前进行球化退火，精加工后进行真空热处理。

2）齿盘齿型为凹齿，在 GLEASON 弧齿磨齿机上加工齿部。

3）磨齿时以左端面和 $\phi150H7$ 内孔作为基准。

**3. 机械加工工艺过程**（见表 9-5）

表 9-5 下齿盘机械加工工艺过程　　　（单位：mm）

| 零件名称 | 毛坯种类 | 材　料 | 生产类型 |
| --- | --- | --- | --- |
| 下齿盘 | 锻件 | 35CrMoV 钢 | 小批量 |

| 工序 | 工步 | 工序内容 | 设备 | 刀具、量具、辅具 |
| --- | --- | --- | --- | --- |
| 10 | | 锻造 | 锻压机床 | |
| 20 | | 热处理:球化退火 | 箱式炉 | |
| 30 | | 粗车 | 卧式车床 | |
| | 1 | 车左端面见光即可 | | 45°弯头车刀 |
| | 2 | 车 $\phi228h7$ 外圆,留精车余量 2 | | 90°外圆车刀 |
| | 3 | 车 $\phi150H7$ 内孔,留精车余量 2 | | 内孔车刀 |
| | 4 | 调头。车右端面,留精车余量 2 | | 45°弯头车刀 |
| 40 | | 精车 | 数控车床 | |
| | 1 | 车左端面,留磨削余量 0.10 | | 35°机夹刀片 |
| | 2 | 车 $\phi228h7$ 外圆,留磨削余量 0.30 | | 35°机夹刀片 |
| | 3 | 车 $\phi150H7$ 内孔,留磨削余量 0.30 | | 35°机夹刀片 |
| | 4 | 车内、外圆倒角 C2 成 | | 35°机夹刀片 |
| | 5 | 调头。车右端面,留磨削余量 0.10,保证尺寸 34 至 34.20 | | 35°机夹刀片 |
| | 6 | 车 $\phi206.92$ 成,深 4,保证尺寸 30,表面粗糙度 $Ra3.2\mu m$ | | 35°机夹刀片 |
| | 7 | 车 $\phi150H7$ 右端倒角 C2 成 | | 35°机夹刀片 |
| | 8 | 车 10°倒角成 | | |
| 50 | | 钻 | 立式加工中心 | |

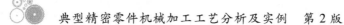

（续）

| 工序 | 工步 | 工 序 内 容 | 设备 | 刀具、量具、辅具 |
|---|---|---|---|---|
| | 1 | 按 φ150H7 内孔找正 | | |
| | 2 | 钻 6×φ11 孔成 | | φ11 麻花钻 |
| | 3 | 锪 6×φ18 孔成 | | φ18 锪钻 |
| | 4 | 钻 3×M10 螺纹底孔至 φ8.5 | | φ8.5 麻花钻 |
| | 5 | 攻 3×M10 螺纹孔成 | | M10 丝锥 |
| 60 | | 钳工:打印零件号及年、月、顺序号 | 钳工台 | |
| 70 | | 真空热处理:淬火并回火后硬度为 50~55HRC | 真空炉 | |
| 80 | | 平磨 | 平面磨床 | |
| | 1 | 磨左端面,留精磨余量 0.05 | | |
| | 2 | 磨右端面,留精磨余量 0.05 | | |
| 90 | | 精平磨 | 精密平面磨床 | |
| | 1 | 磨左端面至要求,表面粗糙度 $Ra0.8\mu m$ | | |
| | 2 | 磨右端面至要求,表面粗糙度 $Ra0.8\mu m$ | | |
| 100 | | 磨外圆、内孔 | 数控立磨机床 | |
| | 1 | 磨 φ150H7 内孔至要求,表面粗糙度 $Ra0.8\mu m$ | | |
| | 2 | 磨 φ228h7 外圆至要求,表面粗糙度 $Ra0.8\mu m$ | | |
| 110 | | 磨端齿:按 φ228h7 外圆找正至 0.005,磨端齿成 | GLEASON 磨齿机 | |
| 120 | | 检验齿盘 | 检验站 | |
| 130 | | 包装入库 | | |

# 第10章

# 蜗杆蜗轮类零件

## 10.1 蜗杆蜗轮类零件的结构特点与技术要求

蜗杆传动可以分为三大类：圆柱蜗杆传动、环面蜗杆传动和锥蜗杆传动。

**1. 蜗杆蜗轮类零件的结构特点**

圆柱蜗杆的齿形与梯形螺纹类似。常用蜗杆的齿形角有 40°（米制蜗杆）和 29°（英寸制蜗杆）两种。

米制蜗杆的齿形角为 40°（即压力角等于 20°），其齿形又分为轴向直廓（阿基米德螺旋线，ZA 蜗杆）和法向直廓（延长渐开线，ZN 蜗杆）两种。

轴向直廓蜗杆在轴向截面内牙形两侧是直线，所以称为轴向直廓蜗杆；而在垂直于轴心线的截面内齿形是阿基米德螺旋线，所以又称阿基米德蜗杆。

法向直廓蜗杆在法向截面内牙形两侧是直线，所以称为法向直廓蜗杆；而在垂直于轴心线的截面内齿形是延长渐开线，所以又称延长渐开线蜗杆。

由于法向直廓蜗杆传动的蜗轮制造比较困难，所以目前绝大部分采用轴向直廓蜗杆。

**2. 蜗杆传动的特点**

蜗杆传动用以传递空间交错两轴之间的运动和转矩。其主要特点如下：

1) 传动平稳，振动、冲击和噪声较小。

2) 蜗杆传动的结构紧凑；传动比大，减速比的范围为 5~70，增速比的范围为 5~15。

3) 蜗杆与蜗轮间啮合摩擦损耗较大，传动效率比齿轮低，且易产生发热和出现温升过高现象，传动件也较易磨损。

## 10.2　蜗杆蜗轮类零件的加工工艺分析和定位基准选择

**1. 蜗杆的加工工艺分析**

1）粗加工蜗杆各面。

2）精切蜗杆的装配表面或定位基准面：对于不需要热处理的蜗杆，应直接加工到成品尺寸；对于需要热处理的蜗杆，要给热处理留有加工余量。

3）热处理前粗、精加工的蜗杆螺旋面：对于不要求热处理的蜗杆，应直接加工到成品尺寸。对于要求热处理的蜗杆螺旋面，应留有磨削余量；若热处理后不再加工蜗杆螺旋面，则热处理前的精加工要考虑热处理变形的影响。

4）对于需要热处理的蜗杆进行热处理。

5）对热处理以后蜗杆的安装表面和定位表面要进行加工。

6）对蜗杆进行精加工和光整加工。

**2. 蜗杆、蜗轮的定位基准选择**

（1）蜗杆的定位基准　一般选轴两端中心孔作为加工、测量基准。

（2）蜗轮的定位基准　一般选蜗轮内孔、端面作为加工、测量基准。

## 10.3　蜗杆蜗轮类零件的材料及热处理

**1. 蜗杆蜗轮类零件的材料**

蜗杆和蜗轮的材料要求具有足够的强度、良好的耐磨性和良好的抗胶合性。

（1）蜗杆材料　一般选用碳素钢或合金钢。一般不太重要的低速中载的蜗杆，可采用 40 钢、45 钢，并经调质处理；高速重载蜗杆常选用 15Cr 或 20Cr、20CrMnTi 等，并经渗碳淬火。

（2）蜗轮材料　一般选用铸造锡青铜、铸造铝铁青铜及灰铸铁等。

**2. 蜗杆蜗轮类零件的热处理**

1）对于负载不大、断面较小的蜗杆，要求：45 钢，调质，硬度为 220~250HBW。

2）对于有精度要求（螺纹磨出）而速度<2m/s 的蜗杆，要求：45 钢，淬火并回火，硬度为 45~50HRC。

3）对于速度较高、负载较轻的中小尺寸蜗杆，要求：15 钢，渗碳，淬火并低温回火，硬度为 56~62HRC。

4）对于要求足够耐磨性和硬度的蜗杆，要求：40Cr、42SiMn、45MnB，油淬并回火，硬度为 45~50HRC。

5）对于中载、要求高精度并与青铜蜗轮配合使用（热处理后再加工齿部）的蜗杆，要求：35CrMo，调质，硬度为 255~303HBW（850~870℃油淬，600~650

回火)。

6) 对于要求高硬度和最小变形的蜗杆,要求:38CrMoAlA、38CrAlA,正火或调质后渗氮,硬度>850HV。

7) 对于铸铁蜗轮,为防止变形一般应进行时效处理。

## 10.4　蜗杆蜗轮类零件加工实例

**实例 1　蜗杆**(见图 10-1)

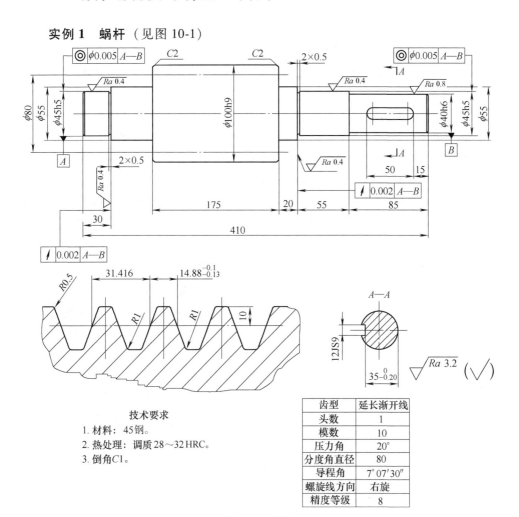

| 齿型 | 延长渐开线 |
|---|---|
| 头数 | 1 |
| 模数 | 10 |
| 压力角 | 20° |
| 分度角直径 | 80 |
| 导程角 | 7°07′30″ |
| 螺旋线方向 | 右旋 |
| 精度等级 | 8 |

**技术要求**

1. 材料:45 钢。
2. 热处理:调质 28~32 HRC。
3. 倒角 C1。

图 10-1　蜗杆

### 1. 零件图样分析

1) 图 10-1 中以左边 $\phi45h5$ 和右边 $\phi40h6$ 两轴颈的公共轴线为基准,尺寸 $\phi55$ 两端面对基准的轴向圆跳动公差为 0.002mm。

2）齿顶圆直径为 $\phi$100h9，输入端直径为 $\phi$40h6。

3）零件材料为 45 钢。

4）调质硬度为 28～32HRC。

**2. 工艺分析**

1）该蜗杆的结构比较典型，代表了一般蜗杆的结构形式，其加工工艺过程具有代表性。

2）在加工工艺过程中，粗加工后整体进行调质，再精加工。

3）在单件或小批生产时，采用卧式车床加工，粗、精车可在一台车床上完成；批量较大时，粗、精车应在不同的车床上完成。

4）$\phi$40h6、$\phi$45h5 外圆精度要求较高，精车工序留磨量，最后用外圆磨床磨削。

5）为了保证两端中心孔同心，该蜗杆轴中心孔在开始时仅作为临时中心孔。最后在精加工时，修研中心孔或磨中心孔，再以精加工过的中心孔定位。

6）粗切渐开线蜗杆螺纹面时，应注意成形刀安装，刀具安装要垂直螺纹面方向，目的是使切削角相同，以利于切削。

7）精切渐开线蜗杆螺纹面时，应注意用单面直线成形车刀，切削刃分别置于垂直蜗杆螺旋面螺纹两侧，先加工螺纹的一边，然后将工件转动 180°，再加工另一螺旋面，或用两把直线刃边车刀车削。

**3. 机械加工工艺过程**（见表 10-1）

表 10-1 蜗杆机械加工工艺过程 （单位：mm）

| 零件名称 | 毛坯种类 | 材 料 | 生产类型 |
|---|---|---|---|
| 蜗杆 | 圆钢 | 45 钢 | 小批量 |

| 工序 | 工步 | 工序内容 | 设备 | 刀具、量具、辅具 |
|---|---|---|---|---|
| 10 | | 下料 $\phi$105×415 | 锯床 | |
| 20 | | 粗车 | 卧式车床 | |
| | 1 | 夹坯料的外圆，车端面，见光即可 | | 45°弯头车刀 |
| | 2 | 钻一端中心孔 A3.15/7 | | 中心钻 |
| | 3 | 调头。夹坯料的外圆，车端面,保证总长 412 | | 45°弯头车刀 |
| | 4 | 钻另一端中心孔 A3.15/7 | | 中心钻 |
| | 5 | 夹坯料左端外圆，另一端顶住中心孔,粗车 $\phi$100h9 外圆至 $\phi$102,长度至 177 | | 90°外圆车刀 |
| | 6 | 车 $\phi$55 外圆至 $\phi$57，长度至 20 | | 90°外圆车刀 |
| | 7 | 车 $\phi$45h5 外圆至 $\phi$47，长度至 55 | | 90°外圆车刀 |
| | 8 | 车 $\phi$40h6 外圆至 $\phi$42，长度至 85 | | 90°外圆车刀 |

（续）

| 工序 | 工步 | 工 序 内 容 | 设备 | 刀具、量具、辅具 |
|---|---|---|---|---|
| | 9 | 调头。用自定心卡盘夹 $\phi$40h6 外圆处,另一端用顶尖顶住中心孔,夹紧,车 $\phi$55 外圆至 $\phi$57,长至 $\phi$100 端面 | | 90°外圆车刀 |
| | 10 | 车左端 $\phi$45h5 外圆至 $\phi$47,长度至 30 | | 90°外圆车刀 |
| | 11 | 粗车蜗杆螺纹,各面留余量 1 | | 40°直刃车刀 |
| 30 | | 热处理:调质,硬度为 28~32HRC | 箱式炉 | |
| 40 | | 精车 | 卧式车床 | |
| | 1 | 用自定心卡盘夹 $\phi$55 外圆处,另一端用顶尖顶住中心孔,夹紧,在 $\phi$40h6 外圆和靠近卡爪端 $\phi$100h9 外圆处各车一段架位,表面粗糙度 $Ra3.2\mu m$ | | 90°外圆车刀 |
| | 2 | 在 $\phi$40h6 外圆架位上装上中心架,找正,移去顶尖。车端面,保证总长 411 | | 45°弯头车刀 |
| | 3 | 修中心孔至 A4/8.5 | | 中心钻 |
| | 4 | 调头。用自定心卡盘夹 $\phi$40h6 外圆处,另一端用顶尖顶住中心孔,夹紧,在 $\phi$100h9 架位上装上中心架,找正,移去顶尖。车端面,保证总长 410 | | 45°弯头车刀 |
| | 5 | 修中心孔至 A4/8.5 | | 中心钻 |
| | 6 | 顶住中心孔,夹紧,移去中心架,车 $\phi$55 外圆至要求,长至 $\phi$100h9 端面 | | 90°外圆车刀 |
| | 7 | 车尺寸 175 左面至要求,保证齿部尺寸 175 至 176 | | 90°外圆车刀 |
| | 8 | 切 2×0.5 的退刀槽至要求 | | 切槽刀 |
| | 9 | 车 $\phi$45h5 外圆,留磨削余量 0.30,长至 29.90 | | 90°外圆车刀 |
| | 10 | 车外圆倒角 C1、C2 | | 45°弯头车刀 |
| | 11 | 调头。用自定心卡盘夹 $\phi$45h5 外圆,另一端用顶尖顶住中心孔,夹紧,车 $\phi$100h9 至要求,表面粗糙度 $Ra3.2\mu m$ | | 45°弯头车刀 |
| | 12 | 车 $\phi$55 外圆至要求,长至 175 尺寸右面 | | 90°外圆车刀 |
| | 13 | 车 175 尺寸右面至要求,保证齿部尺寸 175 | | 90°外圆车刀 |
| | 14 | 切 2×0.5 的退刀槽至要求 | | 切槽刀 |
| | 15 | 车 $\phi$45h5 外圆,留磨削余量 0.30,长至 55 | | 90°外圆车刀 |
| | 16 | 车 $\phi$40h6 外圆,留磨削余量 0.30,长至 84.9 | | 90°外圆车刀 |
| | 17 | 车外圆倒角 C1、C2 | | 45°弯头车刀 |
| | 18 | 用两把直线刃边车刀粗、精车螺纹面至要求,保证分度圆 $\phi$80,表面粗糙度 $Ra3.2\mu m$ | | 单边 20°直刃车刀 |
| 50 | | 铣键槽 | 立式加工中心 | 键槽铣刀 |

（续）

| 工序 | 工步 | 工序内容 | 设备 | 刀具、量具、辅具 |
|------|------|---------|------|----------------|
| 60 | | 钳工:去毛刺 | 钳工台 | |
| 70 | | 磨两端中心孔 | 中心孔磨床 | |
| 80 | | 磨外圆 | 数控外圆磨床 | |
| | 1 | 磨左端 $\phi$45h5 外圆至要求,表面粗糙度 $Ra0.4\mu m$ | | |
| | 2 | 靠磨 30 尺寸右面至要求,表面粗糙度 $Ra0.4\mu m$ | | |
| | 3 | 磨右端 $\phi$45h5 外圆至要求,表面粗糙度 $Ra0.4\mu m$ | | |
| | 4 | 靠磨 55 尺寸左面至要求,表面粗糙度 $Ra0.4\mu m$ | | |
| | 5 | 磨 $\phi$40h6 外圆至要求,表面粗糙度 $Ra0.8\mu m$ | | |
| 90 | | 检验:检验各部尺寸、几何公差及表面粗糙度等 | 检验站 | |
| 100 | | 涂油、包装、入库 | 库房 | |

### 实例2　夹紧蜗杆（见图10-2）

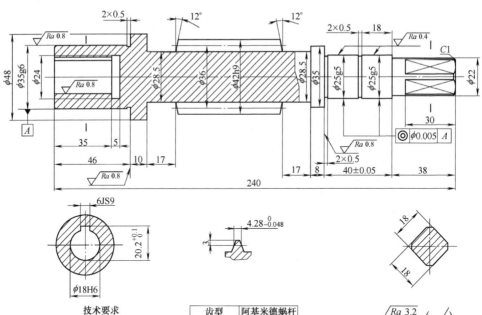

图 10-2　夹紧蜗杆

**1. 零件图样分析**

1）该蜗杆为阿基米德蜗杆。

2）图 10-2 中 $\phi18H6$ 孔、$\phi35g6$ 外圆及 $\phi25g5$ 外圆尺寸精度要求高。

3）零件材料为 45 钢。

4）调质硬度为 28~32HRC。

**2. 工艺分析**

1）该蜗杆为阿基米德蜗杆，通过蜗杆轴心平面的截面为直线形，法向截面为曲线。

2）粗加工后整体调质处理，再精加工。

3）粗加工时，刀具垂直于螺旋面安装，其外形对称中心线和蜗杆螺旋面的中心线相合。这样安装的车刀两切削刃的切削角相同，利于切削，并且切削分力垂直于车刀外形平面，所以刀具切削性能好。

4）精加工时，用直线刃成形刀，安装于蜗杆轴中心平面。

**3. 机械加工工艺过程**（见表 10-2）

表 10-2　夹紧蜗杆机械加工工艺过程　　　　　（单位：mm）

| 零件名称 | 毛坯种类 | 材料 | 生产类型 |
|---|---|---|---|
| 夹紧蜗杆 | 圆钢 | 45 钢 | 小批量 |

| 工序 | 工步 | 工序内容 | 设备 | 刀具、量具、辅具 |
|---|---|---|---|---|
| 10 | | 下料 $\phi55\times246$ | 锯床 | |
| 20 | | 粗车 | 卧式车床 | |
| | 1 | 夹坯料的外圆，伸出长度小于 30，车端面，车平即可 | | 45°弯头车刀 |
| | 2 | 钻一端中心孔 A2.5/6 | | 中心钻 |
| | 3 | 重新装夹。用自定心卡盘夹毛坯料的外圆一端，另一端用顶尖顶住，夹紧，车 $\phi42h9$ 外圆至 $\phi44$ | | 90°外圆车刀 |
| | 4 | 车 $\phi35$ 外圆至 $\phi37$ | | 90°外圆车刀 |
| | 5 | 车 $\phi25g5$ 外圆至 $\phi27$ | | 90°外圆车刀 |
| | 6 | 车 $\phi28.5$、宽 17 的槽至 $\phi30$，两侧面各留余量 1 | | 切槽刀 |
| | 7 | 车另一个 $\phi28.5$、宽 17 的槽至 $\phi30$，两侧面各留余量 1 | | 切槽刀 |
| | 8 | 调头。用自定心卡盘夹 $\phi42h9$ 外圆处，找正，夹紧，车端面，保证总长 242 | | 45°弯头车刀 |
| | 9 | 车 $\phi48$ 外圆至 $\phi50$ | | 90°外圆车刀 |

（续）

| 工序 | 工步 | 工序内容 | 设备 | 刀具、量具、辅具 |
|---|---|---|---|---|
| | 10 | 车φ35g6外圆至φ37,长46 | | 90°外圆车刀 |
| | 11 | 钻φ18H6孔至φ16,深42 | | φ16麻花钻 |
| | 12 | 调头。用自定心卡盘夹φ35g6外圆处,另一端用顶尖顶住中心孔,夹紧,粗车蜗杆螺纹,各面留余量1 | | 直线刃边成形车刀 |
| 30 | | 热处理:调质,硬度为28~32HRC | 箱式炉 | |
| 40 | | 精车 | 卧式车床 | |
| | 1 | 用自定心卡盘夹φ42h9外圆处,找正,夹紧,车φ48外圆至要求 | | 90°外圆车刀 |
| | 2 | 车端面,保证总长241 | | 45°弯头车刀 |
| | 3 | 车2×0.5的退刀槽至2×0.5,保证尺寸46 | | 切槽刀 |
| | 4 | 车φ35g6外圆,留磨削余量0.30,长至φ46端面,靠平端面 | | 90°外圆车刀 |
| | 5 | 车φ18H6孔,留磨削余量0.30,深39 | | 内孔车刀 |
| | 6 | 车φ24内孔退刀槽至要求,宽5,保证尺寸35 | | 内孔车槽刀 |
| | 7 | 车内孔倒角30°成 | | 30°弯头车刀 |
| | 8 | 车外圆倒角C1成 | | 45°弯头车刀 |
| | 9 | 调头。用自定心卡盘夹φ35g6外圆处,另一端用顶尖顶住中心孔,夹紧,在φ25g5外圆车一段架位,表面粗糙度Ra3.2μm | | 90°外圆车刀 |
| | 10 | 在架位处装上中心架,夹紧,移去顶尖,车端面,保证总长240 | | 45°弯头车刀 |
| | 11 | 修中心孔至A3.15/7 | | 中心钻 |
| | 12 | 用顶尖顶住中心孔,移去中心架,车φ22外圆至要求,长38 | | 90°外圆车刀 |
| | 13 | 车φ25g5外圆,留磨削余量0.30,长40 | | 90°外圆车刀 |
| | 14 | 切两个2×0.5的退刀槽至要求,保证尺寸40、18 | | 切槽刀 |
| | 15 | 车φ35外圆至要求,表面粗糙度Ra3.2μm | | 90°外圆车刀 |
| | 16 | 车φ42h9外圆至要求,表面粗糙度Ra3.2μm | | 90°外圆车刀 |
| | 17 | 车φ28.5、宽17的槽至要求,保证尺寸17、8 | | 切槽刀 |
| | 18 | 车另一个φ28.5、宽16的槽至要求,保证尺寸17、10 | | 切槽刀 |
| | 19 | 车外圆倒角C1成 | | 45°弯头车刀 |
| | 20 | 车蜗杆齿部两端倒角12° | | 12°弯头车刀 |

（续）

| 工序 | 工步 | 工 序 内 容 | 设备 | 刀具、量具、辅具 |
|---|---|---|---|---|
| | 21 | 粗、精车螺纹面至要求，保证尺寸 $\phi36$，表面粗糙度 $Ra3.2\mu m$ | | 直线刃边成形车刀 |
| 50 | | 划键槽线 | 划线台 | |
| 60 | | 插 6JS9 键槽：用自定心卡盘夹 $\phi25g5$ 外圆，找正 $\phi35g6$ 外圆及左端面，插 6JS9 键槽至要求 | 插床 | 6JS9 测槽塞规 |
| 70 | | 钳工去毛刺 | 钳工台 | |
| 80 | | 磨两端中心孔 | 中心孔磨床 | |
| 90 | | 磨外圆 | 数控外圆磨床 | |
| | 1 | 磨 $\phi35g6$ 外圆至要求，表面粗糙度 $Ra0.8\mu m$ | | |
| | 2 | 靠磨 46 尺寸右面，表面粗糙度 $Ra0.8\mu m$ | | |
| | 3 | 磨 $\phi25g5$ 外圆至要求，表面粗糙度 $Ra0.4\mu m$ | | |
| | 4 | 靠磨 $40\pm0.05$ 尺寸左面至要求，表面粗糙度 $Ra0.8\mu m$ | | |
| 100 | | 磨内孔：用自定心卡盘夹 $\phi25g5$ 外圆处，中心架架在 $\phi35g6$ 外圆处，磨 $\phi18H6$ 孔至要求，表面粗糙度 $Ra0.8\mu m$ | 内圆磨床 | |
| 110 | | 铣四方至图样要求 | 铣床 | |
| 120 | | 检验：检验各部尺寸、几何公差及表面粗糙度等 | 检验站 | |
| 130 | | 涂油、包装、入库 | 库房 | |

**实例 3　圆环砂轮包络成形蜗杆**（见图 10-3）

**1. 零件图样分析**

1）该蜗杆为圆环砂轮包络成形蜗杆。

2）蜗杆左右两端 $\phi45js5$ 外圆精度及同轴度要求都很高。

3）零件材料为 20CrMnTi 钢。

4）渗碳层深度为 $0.9\sim1.3mm$，淬火并回火后硬度为 $60\sim65HRC$。

**2. 工艺分析**

1）该蜗杆精度要求较高，工艺应安排磨齿加工。

2）由于 $\phi45js5$ 外圆精度要求高，热处理渗碳淬火后应安排磨削加工。

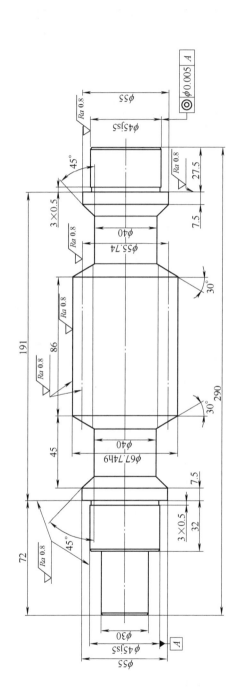

轴截面齿廓

$\sqrt{Ra\,3.2}\ (\sqrt{\ })$

| 圆弧面砂轮包络型 | |
|---|---|
| 齿型 | 2 |
| 头数 | 6 |
| 模数 | 23 |
| 砂轮轴截面产形角 | 36 |
| 砂轮轴截面圆弧半径 | 1 |
| 齿顶高系数 | |
| 分度圆直径 | 55.74 |
| 导程角 | 12°8′58″ |
| 螺旋线方向 | 右旋 |
| 精度等级 | 7-7-6C |

技术要求
1. 材料：20CrMnTi钢。
2. 热处理：渗碳淬火S0.9-C60。
3. 倒角C1。

图 10-3 圆环砂轮包络成形蜗杆

## 3. 机械加工工艺过程（见表 10-3）

表 10-3　圆环砂轮包络成形蜗杆机械加工工艺过程　（单位：mm）

| 零件名称 | | 毛坯种类 | 材　料 | 生产类型 |
|---|---|---|---|---|
| 圆环砂轮包络成形蜗杆 | | 圆钢 | 20CrMnTi 钢 | 小批量 |

| 工序 | 工步 | 工序内容 | 设备 | 刀具、量具、辅具 |
|---|---|---|---|---|
| 10 | | 下料 $\phi75\times296$ | 锯床 | |
| 20 | | 粗车 | 卧式车床 | |
| | 1 | 夹坯料的外圆，伸出小于 30，车端面，车平即可 | | 45°弯头车刀 |
| | 2 | 钻一端中心孔 A3.15/7 | | 中心钻 |
| | 3 | 重新装夹。用自定心卡盘夹毛坯料的外圆一端，另一端用顶尖顶住，夹紧，车 $\phi45js5$ 外圆至 $\phi47$ | | 90°外圆车刀 |
| | 4 | 车 $\phi55$ 外圆至 $\phi57$ | | 90°外圆车刀 |
| | 5 | 车 $\phi40$ 外圆至 $\phi42$，两侧面各留余量 1 | | 切槽刀 |
| | 6 | 车另一个 $\phi40$ 外圆至 $\phi42$，两侧面各留余量 1 | | 切槽刀 |
| | 7 | 车 $\phi67.74$ 外圆至 70 | | 90°外圆车刀 |
| | 8 | 调头。用自定心卡盘夹 $\phi45js5$ 外圆处，找正，夹紧，车端面，保证总长 292 | | 45°弯头车刀 |
| | 9 | 钻另一端中心孔 A3.15/7 | | 中心钻 |
| | 10 | 夹坯料左端外圆，另一端顶住中心孔，粗车 $\phi30$ 外圆至 $\phi32$，长度至 40 | | 90°外圆车刀 |
| | 11 | 车 $\phi45js5$ 外圆至 $\phi47$，长度至 32 | | 90°外圆车刀 |
| | 12 | 车 $\phi55$ 外圆至 $\phi57$ | | 90°外圆车刀 |
| 30 | | 精车 | 卧式车床 | |
| | 1 | 用自定心卡盘夹 $\phi30$ 外圆，另一端用顶尖顶住，夹紧，车 $\phi45js5$ 外圆，留磨削余量 0.30 | | 90°外圆车刀 |
| | 2 | 车尺寸 27.5，左面留磨削余量 0.10 | | 45°弯头车刀 |
| | 3 | 车 $\phi55$ 外圆至图样要求，表面粗糙度 $Ra3.2\mu m$ | | 90°外圆车刀 |
| | 4 | 车 $\phi40$ 外圆至图样要求 | | 切槽刀 |
| | 5 | 车另一个 $\phi40$ 外圆至图样要求 | | 切槽刀 |
| | 6 | 车 $\phi67.74$ 外圆至图样要求，表面粗糙度 $Ra3.2\mu m$ | | 90°外圆车刀 |
| | 7 | 车外圆倒角 C1 成 | | 45°弯头车刀 |
| | 8 | 车蜗杆齿部两端倒角 30° | | 30°弯头车刀 |
| | 9 | 车外圆倒角 45° 成 | | 45°弯头车刀 |

（续）

| 工序 | 工步 | 工序内容 | 设备 | 刀具、量具、辅具 |
|---|---|---|---|---|
| | 10 | 车蜗杆螺纹,单侧法向齿厚留磨量 0.5 | | 螺纹车刀 |
| | 11 | 车 3×0.5 的退刀槽至要求,保证尺寸 27.5 | | 切槽刀 |
| | 12 | 车端面,保证总长 241 | | 45°弯头车刀 |
| | 13 | 调头。用自定心卡盘夹 $\phi$45js5 外圆处,另一端用顶尖顶住中心孔,夹紧,车 30 外圆至图样要求,表面粗糙度 $Ra3.2\mu m$ | | 90°外圆车刀 |
| | 14 | 车 $\phi$45js5 外圆,留磨削余量 0.30 | | 90°外圆车刀 |
| | 15 | 车尺寸 32,右面留磨削余量 0.10 | | 45°弯头车刀 |
| | 16 | 车 3×0.5 的退刀槽至 3×0.5,保证尺寸 27.5 | | 切槽刀 |
| | 17 | 车 $\phi$55 外圆至图样要求,表面粗糙度 $Ra3.2\mu m$ | | 90°外圆车刀 |
| | 18 | 车左端面成,保证总长 290 | | 45°弯头车刀 |
| 40 | | 铣:铣两端螺纹扣头,至齿厚 1/3 | 立铣机床 | |
| 50 | | 钳工:锉修两端螺纹头 | 钳工台 | |
| 60 | | 热处理 | | |
| | 1 | 渗碳淬火:渗碳层深度为 0.9~1.3mm,淬火并回火后硬度为 60~65HRC | 多用炉 | |
| | 2 | 喷砂 | 喷砂机 | |
| | 3 | 矫直外圆径向跳动公差至 0.10 以内 | 矫直机 | |
| 70 | | 磨外圆 | 外圆磨床 | |
| | 1 | 磨左端 $\phi$45js5 外圆,留磨削余量 0.08 | | |
| | 2 | 靠磨 32 尺寸右面,留磨削余量 0.05 | | |
| | 3 | 磨另一端 $\phi$45js5 外圆,留磨削余量 0.08 | | |
| | 4 | 靠磨 27.5 尺寸左面,留磨削余量 0.05 | | |
| 80 | | 磨蜗杆:半精磨蜗杆螺纹,单侧留余量 0.06 | 蜗杆磨床 | |
| 90 | | 热处理:油煮定性,油温低于 110℃ | 油炉 | |
| 100 | | 磨两端中心孔 | 中心孔磨床 | |
| 110 | | 磨外圆 | 数控外圆磨床 | |
| | 1 | 磨左端 $\phi$45js5 外圆至要求,表面粗糙度 $Ra0.8\mu m$ | | |
| | 2 | 靠磨 32 尺寸右面至要求,表面粗糙度 $Ra0.8\mu m$ | | |
| | 3 | 磨另一端 $\phi$45js5 外圆至要求,表面粗糙度 $Ra0.8\mu m$ | | |
| | 4 | 靠磨 27.5 尺寸左面至要求,表面粗糙度 $Ra0.8\mu m$ | | |
| 120 | | 磨蜗杆:精磨蜗杆螺纹成,保证图样技术要求 | 蜗杆磨床 | |
| 130 | | 检验:检验各部尺寸、几何公差及表面粗糙度等 | 检验站 | |
| 140 | | 涂油、包装、入库 | 库房 | |

## 实例 4　蜗轮（见图 10-4）

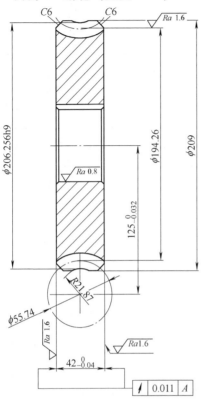

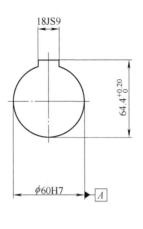

$$\sqrt{Ra\ 3.2}\ \left(\sqrt{\phantom{x}}\right)$$

**技术要求**

1. 材料：ZCuSn10Zn2。
2. 铸件不得有夹渣、疏松、裂纹等缺陷。
3. 材料硬度≥100HBW。
4. 两端面互为基准，其平行度公差为0.01。
5. 未注倒角C2。

| 齿型 | 圆弧面砂轮包络成形 |
| --- | --- |
| 蜗轮齿数 | 31 |
| 模数 | 6 |
| 齿顶高系数 | 1 |
| 蜗轮变位系数 | 0.688 |
| 分度圆直径 | 194.26 |
| 分度圆柱导程角 | 12°08′58 |
| 螺旋线方向 | 右旋 |
| 精度等级 | 7 |
| 砂轮轴截面产形角 | 23°±0.5° |
| 砂轮轴截面圆弧半径 | 36 |

图 10-4　蜗轮

## 1. 零件图样分析

1）$\phi60H7$ 孔的尺寸精度要求高。

2）人工时效处理。

3）零件材料为 ZCuSn10Zn2。

## 2. 工艺分析

1）蜗轮的精度取决于蜗轮坯的加工精度和齿部的加工精度，所以要首先保证蜗轮坯的加工精度。

2）粗加工后进行人工时效处理，然后进行精加工和滚齿加工。

**3. 机械加工工艺过程**（见表 10-4）

表 10-4  蜗轮机械加工工艺过程　　　　　　（单位：mm）

| 零件名称 | 毛坯种类 | | 材料 | 生产类型 |
|---|---|---|---|---|
| 蜗轮 | 铸件 | | ZCuSn10Zn2 | 小批量 |

| 工序 | 工步 | 工序内容 | 设备 | 刀具、量具、辅具 |
|---|---|---|---|---|
| 10 | | 铸造 | | |
| 20 | | 粗车 | 卧式车床 | |
| | 1 | 用自定心卡盘夹毛坯大端外圆，找正，夹紧，车端面，车平即可 | | 45°弯头车刀 |
| | 2 | 车 φ209 外圆至 φ211 | | 90°外圆车刀 |
| | 3 | 调头。用自定心卡盘夹已车过外圆，找正，夹紧，车左端面，保证总长 44 | | 45°弯头车刀 |
| | 4 | 车 φ60H7 孔至 φ58 | | 内孔车刀 |
| 30 | | 热处理:人工时效处理 | | |
| 40 | | 精车 | 数控车床 | |
| | 1 | 用自定心卡盘夹 φ209 外圆，找正，夹紧，车右端面成，保证总长 43，表面粗糙度 $Ra1.6\mu m$ | | 35°机夹刀片 |
| | 2 | 车外圆倒角 C6 | | 35°机夹刀片 |
| | 3 | 精镗 φ60H7 孔至要求，表面粗糙度 $Ra0.8\mu m$ | | 精镗刀 |
| | 4 | 车右端内孔倒角 C2 | | 35°机夹刀片 |
| | 5 | 调头。用自定心卡盘撑内孔，找正，夹紧，车左端面成，保证总长 $42_{-0.04}^{0}$，表面粗糙度 $Ra1.6\mu m$ | | 35°机夹刀片 |
| | 6 | 车 φ209 外圆至要求，表面粗糙度 $Ra3.2\mu m$ | | 35°机夹刀片 |
| | 7 | 车外圆倒角 C6 | | 35°机夹刀片 |
| | 8 | 车右端内孔倒角 C2 | | 35°机夹刀片 |
| | 9 | 车 R21.87 圆弧至要求，表面粗糙度 $Ra3.2\mu m$ | | 圆弧车刀 |
| 50 | | 滚齿:找正中心高及中心距,滚齿加工蜗轮 | 数控滚齿机 | |
| 60 | | 插键槽:插 18JS9 键槽成,表面粗糙度 $Ra3.2\mu m$ | 插床 | |
| 70 | | 钳工 | 钳工台 | |
| | 1 | 去毛刺 | | |
| | 2 | 打印标记 | | |
| 80 | | 检验 | 检验站 | |
| | 1 | 测量齿部尺寸 | | |
| | 2 | 与蜗轮配接触区 | | |
| 90 | | 包装入库 | | |

**实例 5　大蜗轮**（见图 10-5）

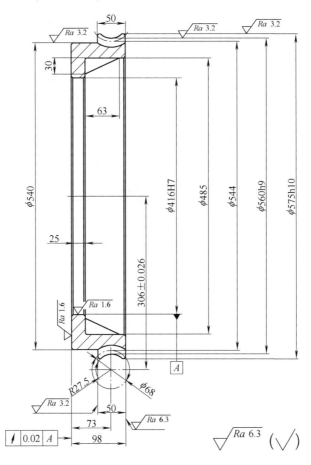

技术要求

1. 材料：QT450-10。
2. 铸件不得有夹渣、疏松、裂纹等缺陷。
3. 热处理：正火165～195HBW。
4. 人工时效处理。
5. 未注倒角C2。

| 齿型 | 圆柱形阿基米德蜗杆 |
| --- | --- |
| 蜗杆齿数 | 1 |
| 蜗轮齿数 | 68 |
| 模数 | 8 |
| 压力角 | 20° |
| 齿顶高系数 | 1 |
| 螺旋角 | 6°42′35″ |
| 螺旋线方向 | 右旋 |
| 精度等级 | 7 |

图 10-5　大蜗轮

## 1. 零件图样分析

1）$\phi416H7$ 孔的尺寸精度要求较高。

2）零件材料为 QT450-10。

3）铸件正火硬度为 170~180HBW。

4）人工时效处理。

**2. 工艺分析**

1）蜗轮的尺寸比较大，孔的尺寸也很大，精加工齿部外圆时可以孔定位。

2）粗加工后进行人工时效处理，然后进行精加工和滚齿，要求左端面与 $\phi$416H7 孔一次装夹车出。

3）以左端面及 $\phi$416H7 孔定位，定好中心距、中心高后开始滚齿。

**3. 机械加工工艺过程**（见表 10-5）

表 10-5　大蜗轮机械加工工艺过程　　　　　　　（单位：mm）

| 零件名称 | 毛坯种类 | | 材　　料 | 生产类型 |
|---|---|---|---|---|
| 大蜗轮 | 铸件 | | QT450-10 | 小批量 |

| 工序 | 工步 | 工序内容 | 设备 | 刀具、量具、辅具 |
|---|---|---|---|---|
| 10 | | 铸造:铸造单边留加工余量 8 | | |
| 20 | | 热处理:正火,硬度为 165~195HBW | 箱式炉 | |
| 30 | | 粗车 | 卧式车床 | |
| | 1 | 用自定心卡盘夹 $\phi$575h10 外圆处,找正,夹紧,车 98 尺寸左端面见平 | | 45°弯头车刀 |
| | 2 | 车 $\phi$540 外圆至 $\phi$542,长 48 | | 90°外圆车刀 |
| | 3 | 车 $\phi$416H7 孔至 $\phi$414 | | 内孔车刀 |
| | 4 | 调头。用自定心卡盘夹已车过的 $\phi$540 外圆,找正,夹紧,车 98 尺寸右端面,保证总长 100 | | 45°弯头车刀 |
| | 5 | 车 $\phi$575h10 外圆至 $\phi$577 | | 90°外圆车刀 |
| 40 | | 热处理:人工时效处理 | | |
| 50 | | 精车 | 卧式车床 | |
| | 1 | 用自定心卡盘夹 $\phi$575h10 外圆处,找正,夹紧,车 98 尺寸左端面,保证尺寸 25,表面粗糙度 $Ra1.6\mu m$ | | 45°弯头车刀 |
| | 2 | 车 $\phi$540 外圆至要求,表面粗糙度 $Ra3.2\mu m$ | | 90°外圆车刀 |
| | 3 | 车 $\phi$575h10 端面,保证齿厚 51 | | 90°外圆车刀 |
| | 4 | 车 $\phi$416H7 孔至要求,表面粗糙度 $Ra1.6\mu m$ | | 内孔车刀 |
| | 5 | 车左端内孔倒角 C2 | | 45°弯头车刀 |
| | 6 | 车外圆倒角 C2 | | 45°弯头车刀 |
| | 7 | 调头。用自定心卡盘夹 $\phi$540 外圆,找正,夹紧,车右端面成,保证总长 98,表面粗糙度 $Ra1.6\mu m$ | | 45°弯头车刀 |

（续）

| 工序 | 工步 | 工 序 内 容 | 设备 | 刀具、量具、辅具 |
|---|---|---|---|---|
| | 8 | 车 $\phi$575h10 外圆至要求,表面粗糙度 $Ra$3.2$\mu$m | | 90°外圆车刀 |
| | 9 | 车右端内孔倒角 $C2$ | | 45°弯头车刀 |
| | 10 | 车 $R$27.5 圆弧至要求,表面粗糙度 $Ra$3.2$\mu$m | | 圆弧车刀 |
| 60 | | 滚蜗轮齿:以左端面为基准,找正 $\phi$560h9 外圆,加工蜗轮 | 滚齿机 | |
| 70 | | 检验 | 检验站 | |
| | | 测量齿部尺寸 | | |
| | | 与蜗轮配接触区 | | |
| 80 | | 包装入库 | | |

# 第11章

# 箱体类零件

## 11.1 箱体类零件的结构特点与技术要求

常见的箱体类零件有：机床主轴箱、机床进给箱、变速箱体、发动机缸体和机座等。根据箱体零件的结构形式不同，可分为整体式箱体和分离式箱体。整体式箱体是整体铸造、整体加工，加工较困难，但装配精度高；分离式箱体可分别制造，便于加工和装配，但增加了装配工作量。

**1. 箱体类零件的功用及结构特点**

箱体类是机器或部件的基础零件，它将机器或部件中的轴、套、齿轮等有关零件组装成一个整体，使它们之间保持正确的相互位置，并按照一定的传动关系协调地传递运动或动力。因此，箱体的加工质量将直接影响机器或部件的精度、性能和寿命。

箱体的结构形式虽然多种多样，但仍有共同的主要特点：形状复杂、壁薄且不均匀，内部呈腔形，加工部位多，加工难度大，既有精度要求较高的孔系和平面，也有许多精度要求较低的紧固孔。因此，一般中型机床制造厂用于箱体类零件的机械加工劳动量约占整个产品加工量的15%～20%。

**2. 箱体类零件的技术要求**

箱体类零件中以机床主轴箱的精度要求最高。箱体零件的主要技术要求如下：

（1）主要平面的形状公差和表面粗糙度　箱体的主要平面是装配基准，并且往往是加工时的定位基准，因此，应有较高的平面度和较小的表面粗糙度值；否则，直接影响箱体加工时的定位精度，影响箱体与机座总装时的接触刚度和相互位置精度。

一般箱体主要平面的平面度公差为 0.03 ~ 0.1mm，表面粗糙度 $Ra$ 0.63 ~ 2.5 $\mu$m，各主要平面对装配基准面垂直度公差为 0.1mm/300mm。

（2）孔的尺寸公差、几何公差和表面粗糙度　箱体上轴承支承孔的尺寸公差、形状公差和表面质量都要求较高；否则，将影响轴承与支承孔的配合精度，使轴的回转精度下降，也易使传动件（如齿轮）产生振动和噪声。一般机床主轴箱的主轴支承孔尺寸公差等级为 IT6，圆度、圆柱度公差不超过孔径公差的一半，表面粗糙度为 $Ra$ 0.32 ~ 0.63 $\mu$m。其余支承孔尺寸公差等级为 IT6 ~ IT7，表面粗糙度为 $Ra$ 0.63 ~ 2.5 $\mu$m。

（3）主要孔和平面相互位置精度　同一轴线的孔应有一定的同轴度要求，各支承孔之间也应有一定的孔距尺寸精度及平行度要求；否则，不仅装配有困难，而且使轴的运转情况恶化，温度升高，轴承磨损加剧，齿轮啮合精度下降，引起振动和噪声，影响齿轮寿命。支承孔之间的孔距公差为 0.05 ~ 0.12mm，平行度公差应小于孔距公差，一般在全长选取 0.04 ~ 0.1mm。同一轴线上孔的同轴度公差一般为 0.01 ~ 0.04mm。支承孔与主要平面的平行度公差为 0.05 ~ 0.1mm。主要平面间及主要平面对支承孔之间垂直度公差为 0.04 ~ 0.1mm。

## 11.2　箱体类零件的加工工艺分析和定位基准选择

### 1. 箱体类零件的加工工艺分析

（1）主要表面加工方法的选择　箱体的主要表面有平面和轴承支承孔。

主要平面的加工，对于中小件，一般在牛头刨床、普通铣床、数控铣床上进行；对于大件，一般在龙门刨床或龙门铣床上进行。刨削的刀具结构简单，机床成本低，调整方便，但生产率低；在大批量生产时，多采用铣削；当生产批量大且精度又较高时可采用磨削。单件小批生产精度较高的平面时，除一些高精度的箱体仍需手工刮研外，一般采用宽刃精刨。当生产批量较大或为保证平面间的相互位置精度，可采用组合铣削和组合磨削。

箱体支承孔的加工，对于直径小于 $\phi$50mm 的孔，一般不铸出，可采用钻—扩（或半精镗）—铰（或精镗）的方案。对于已铸出的孔，可采用粗镗—半精镗—精镗（用浮动镗刀片）的方案。由于主轴轴承孔精度和表面质量要求比其余轴孔高，在精镗后，还要用浮动镗刀片进行精细镗。对于箱体上的高精度孔，最后精加工工序也可采用珩磨、滚压等工艺方法。

（2）拟定工艺过程的原则

1）先面后孔的加工顺序。箱体主要是由平面和孔组成的，这也是它的主要表面。先加工平面，后加工孔，是箱体加工的一般规律。因为主要平面是箱体在机器上的装配基准，先加工主要平面后加工支承孔，使定位基准与设计基准和装配基准重合，从而消除因基准不重合而引起的误差。另外，先以孔为粗基准加工平面，再以平面为精基准加工孔，这样可为孔的加工提供稳定可靠的定位基准，并且加工平面时切去了铸件的硬皮和凹凸不平，对后序孔的加工有利，可减少钻头引偏和崩刃现象，对刀调整也比较方便。

2）粗、精加工分阶段进行。粗、精加工分开的原则是：对于刚性差、批量较大、要求精度较高的箱体，一般要粗、精加工分开进行，即在主要平面和各支承孔的粗加工之后，再进行主要平面和各支承孔的精加工。这样可以消除由粗加工所造成的内应力、切削力、切削热、夹紧力对加工精度的影响，并且有利于合理地选用设备等。

粗、精加工分开进行，会使机床、夹具的数量及工件安装次数增加，使成本提高，所以对单件小批生产、精度要求不高的箱体，常常将粗、精加工合并在一道工序进行，但必须采取相应措施，以减少加工过程中的变形。例如，粗加工后松开工件，让工件充分冷却，然后用较小的夹紧力，以较小的切削用量，多次进给进行精加工。

**2. 箱体类零件的定位基准选择**

（1）粗基准的选择　箱体类零件一般都选择重要孔（如主轴孔）为粗基准，但由于生产类型的不同，实现以主轴孔为粗基准的工件装夹方式有所不同。

1）中小批生产时，由于毛坯精度较低，一般采用划线装夹，其方法如下：

首先将箱体用千斤顶安放在平台上（见图11-1），调整千斤顶，使主轴孔 I 和 A 面与台面基本平行，D 面与台面基本垂直，根据毛坯的主轴孔划出主轴孔的水平线 I—I，在 4 个面上均要划出，作为第 1 矫正线。划此线时，应根据图样要求，检查所有加工部位在水平方向是否均有加工余量，若有的加工部位无加工余量，则需要重新调整 I—I 线的位置，做必要的矫正，直到所有的加工部位均有加工余量，才将 I—I 线最终确定下来。I—I 线确定之后，即划出 A 面和 C 面的加工线。然后将箱体翻转90°，D 面置于 3 个千斤顶上，调整千斤顶，使 I—I 线与台面垂直（用直角尺在两个方向上矫正），根据毛坯的主轴孔并考虑各加工部位在垂直方向的加工余量，按照上述同样的方法划出主轴孔的垂直轴线 II—II 作为第 2 矫正线，也在 4 个面上均划出。依据 II—II 线划出 D 面加工线。再将箱体翻转90°，将 E 面置于 3 个千斤顶上，使 I—I 线和 II—II 线与台面垂直。根据凸台高度尺寸，先划出 F 面，然后再划出 E 面加工线。加工箱体平面时，按线找正，装夹工件，就体现了以主轴孔为粗基准。

2）大批量生产时，对于精度较高的毛坯，可直接以主轴孔在夹具上定位，

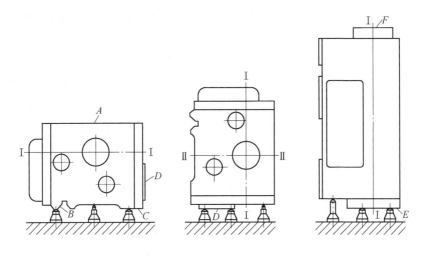

图 11-1 主轴箱的划线

采用图 11-2 所示的夹具装夹。

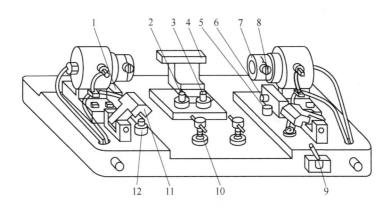

图 11-2 以主轴孔为粗基准铣顶面的夹具

1、3、5—支承 2—辅助支承 4—挡块 6—挡销 7—短轴 8—活动支承

9、10—手柄 11—夹紧块 12—可调支承

先将工件放在支承 1、3、5 上,并使箱体侧面紧靠挡块 4,端面紧靠挡销 6,进行工件预定位;然后操纵手柄 9,将液压控制的两个短轴 7 伸入主轴孔中。每个短轴上有 3 个活动支承 8,分别顶住主轴孔的毛面,将工件抬起,离开支承 1、3、5 的各支承面。这时,主轴孔轴心线与两短轴轴心线重合,实现了以主轴孔为粗基准定位。为了限制工件绕两短轴的回转自由度,在工件抬起后,调节两可

调支承 12,辅以简单找正,使顶面基本成水平,再调整辅助支承 2,使其与箱体底面接触。最后操纵手柄 10,将液压控制的两个夹紧块 11 压紧箱体两端面,即可加工。

(2)精基准的选择 箱体加工精基准的选择与生产批量大小有关。

1)单件小批量生产用装配基面作为定位基准。图 11-1 所示车床主轴箱单件小批加工孔系时,选择箱体底面导轨 B、C 面作为定位基准,B、C 面既是主轴箱的装配基准,又是主轴孔的设计基准,并与箱体的两端面、侧面及各主要纵向轴承孔在相互位置上有直接联系,故选择 B、C 面作为定位基准,不仅消除了主轴孔加工时的基准不重合误差,而且用导轨面 B、C 定位稳定可靠,装夹误差较小。加工各孔时,由于箱口朝上,所以更换导向套、安装调整刀具、测量孔径尺寸、观察加工情况等都很方便。

这种定位方式也有它的不足之处。加工箱体中间壁上的孔时,为了提高刀具系统的刚度,应当在箱体内部相应的部位设置刀杆的导向支承。由于箱体底部是封闭的,中间支承只能用如图 11-3 所示的吊架从箱体顶面的开口处伸入箱体内,每加工一件须装卸一次,吊架与镗模之间虽有定位销定位,但吊架刚性差,制造安装精度较低,经常装卸也容易产生误差,且使加工的辅助时间增加。因此,这种定位方式只适用于单件小批生产。

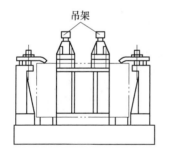
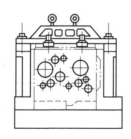
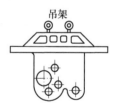

图 11-3 吊架式镗模夹具

2)大批量生产时,采用一面两孔作为定位基准,如图 11-4 所示。主轴箱常以顶面和两定位销孔作为精基准。

采用这种定位方式加工时箱体口朝下,中间导向支架可固定在夹具上。由于简化了夹具结构,提高了夹具的刚度,同时工件的装卸也比较方便,因而提高了孔系的加工质量和生产率。

这种定位方式的不足之处在于定位基准与设计基准不重合,产生了基准不重合误差。为了保证箱体的加工精度,必须提高作为定位基准的箱体顶面和两定位

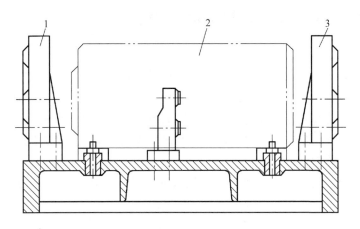

图 11-4 箱体以一面两孔定位

1、3—镗模夹具 2—箱体

销孔的加工精度。另外，由于箱口朝下，加工时不便于观察各表面的加工情况，所以不能及时发现毛坯是否有砂眼、气孔等缺陷，而且加工中不便于测量和调刀。因此，用箱体顶面和两定位销孔作为精基准加工时，必须采用定径刀具（扩孔钻和铰刀等）。

上述两种方案的对比分析，仅仅是针对类似主轴箱而言，许多其他形式的箱体，采用一面两孔的定位方式，上面所提及的问题也不一定存在。实际生产中，一面两孔的定位方式在各种箱体加工中应用十分广泛。因为这种定位方式很简便地限制了工件 6 个自由度，定位稳定可靠；在一次安装下，可以加工除定位以外的所有 5 个面上的孔或平面，也可以作为从粗加工到精加工的大部分工序的定位基准，实现基准统一；此外，这种定位方式夹紧方便，工件的夹紧变形小；易于实现自动定位和自动夹紧。因此，在组合机床与自动线上加工箱体时，多采用这种定位方式。

由以上分析可知，箱体精基准的选择有两种方案：一种是以 3 个平面为精基准（主要定位基面为装配基面）；另一种是以一面两孔为精基准。这两种定位方式各有优缺点，实际生产中的选用与生产类型有很大的关系。中小批量生产时，通常考虑基准统一，尽可能使定位基准与设计基准重合，即一般选择设计基准作为统一的定位基准；大批量生产时，优先考虑的是如何稳定加工质量和提高生产率，不过分地强调基准重合问题，一般多用典型的一面两孔作为统一的定位基准，由此而引起的基准不重合误差，可采用适当的工艺措施去解决。

## 11.3 箱体类零件的材料及热处理

**1. 箱体类零件的材料**

箱体材料一般选用 HT200～HT400 各种牌号的灰铸铁，最常用的为 HT200。灰铸铁不仅成本低，而且具有较好的耐磨性、铸造性、可加工性和阻尼特性。在单件生产时或某些简易机床的箱体，为了缩短生产周期和降低成本，可采用钢材焊接结构。此外，精度要求较高的坐标镗床主轴箱则选用耐磨铸铁；负载大的主轴箱也可采用铸钢件。

毛坯的加工余量与生产批量、毛坯尺寸、结构、精度和铸造方法等因素有关。有关数据可查相关资料及根据具体情况决定。

毛坯铸造时，应防止砂眼和气孔的产生。为了减少毛坯制造时产生残余应力，应使箱体壁厚尽量均匀，箱体浇注后应安排时效或退火工序。

**2. 箱体类零件的热处理**

普通精度的箱体零件，一般在铸造之后安排一次人工时效处理。对一些高精度或形状特别复杂的箱体零件，在粗加工之后还要安排一次人工时效处理，以消除粗加工所造成的残余应力。有些精度要求不高的箱体零件毛坯，有时不安排时效处理，而是利用粗、精加工工序间的停放和运输时间，使之得到自然时效。

箱体零件人工时效的方法，除了加热保温法外，也可采用振动时效来达到消除残余应力的目的。

## 11.4 箱体类零件加工实例

**实例 1　齿轮传动箱体**（见图 11-5）

**1. 零件图样分析**

1）图 11-5 中 $\phi$25H7 内孔轴线对 $A$ 面的平行度公差为 0.02mm；$B$ 面对 $A$ 面的平行度公差为 0.02mm。

2）零件材料为 HT200。

3）采用人工时效处理。

**2. 工艺分析**

1）$\phi$25H7 内孔轴线与 $A$ 面的平行度公差为 0.02mm，$B$ 面对 $A$ 面的平行度公差为 0.02mm。为了保证此要求，先划线，粗铣 $A$ 面、$B$ 面，然后精铣 $A$ 面或磨 $A$ 面，保证 $A$ 面平面度公差在 0.01mm 以内，再以 $A$ 面为基准，粗、精镗 $\phi$25H7 内孔。

2）加工 $\phi$18H7 内孔、$\phi$14H8 内孔时，都要以 $A$ 面为基准。

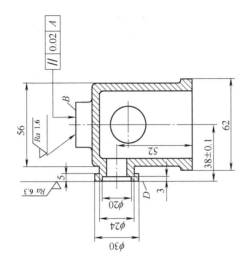

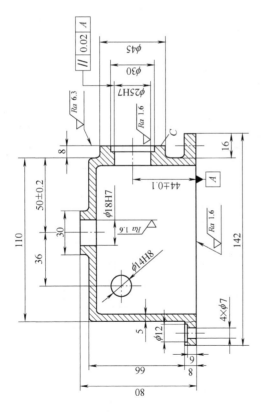

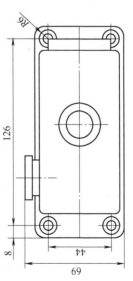

技术要求
1. 材料：HT200。
2. 人工时效处理。
3. 未注铸造圆角$R2\sim R3$。

图 11-5 齿轮传动箱体

## 3. 机械加工工艺过程（见表 11-1）

**表 11-1 齿轮传动箱体机械加工工艺过程** （单位：mm）

| 零件名称 | | 毛坯种类 | 材 料 | 生产类型 |
|---|---|---|---|---|
| 齿轮传动箱体 | | 铸件 | HT200 | 小批量 |

| 工序 | 工步 | 工序内容 | 设备 | 刀具、量具、辅具 |
|---|---|---|---|---|
| 10 | | 铸造 | | |
| 20 | | 人工时效 | | |
| 30 | | 油底漆 | | |
| 40 | | 划线：注意 $\phi$25H7 内孔、$\phi$18H7 内孔、$\phi$14H8 内孔的加工余量应尽量均匀 | 划线台 | |
| 50 | | 粗铣 | 立铣机床 | |
| | 1 | 按线找正，粗铣 A 面，留精铣余量 2 | | 盘铣刀 |
| | 2 | 粗铣 B 面，留精铣余量 2 | | 盘铣刀 |
| | 3 | 粗铣 C 面，留精铣余量 2 | | 盘铣刀 |
| | 4 | 粗铣 D 面，留精铣余量 2 | | 盘铣刀 |
| 60 | | 铣、镗、钻 | 立式加工中心 | |
| | 1 | 精铣 A 面成，表面粗糙度 $Ra1.6\mu m$ | | 盘铣刀 |
| | 2 | 精铣 B 面成，表面粗糙度 $Ra1.6\mu m$ | | 盘铣刀 |
| | 3 | 钻 $\phi$18H7 内孔至 $\phi$16，表面粗糙度 $Ra6.3\mu m$ | | $\phi$16 麻花钻 |
| | 4 | 精镗 $\phi$18H7 内孔至要求，表面粗糙度 $Ra1.6\mu m$ | | 精镗刀 |
| | 5 | 钻 $4\times\phi$7 孔成，表面粗糙度 $Ra6.3\mu m$ | | $\phi$7 麻花钻 |
| | 6 | 锪 $\phi$12 孔成，表面粗糙度 $Ra6.3\mu m$ | | $\phi$12 锪钻 |
| 70 | | 铣、镗 | 卧式加工中心 | |
| | 1 | 精铣 C 面成，表面粗糙度 $Ra6.3\mu m$ | | 盘铣刀 |
| | 2 | 精铣 D 面成，表面粗糙度 $Ra6.3\mu m$ | | 盘铣刀 |
| | 3 | 粗镗 $\phi$25H7 内孔至 $\phi$24 | | 粗镗刀 |
| | 4 | 精镗 $\phi$25H7 内孔至要求，表面粗糙度 $Ra1.6\mu m$ | | 精镗刀 |
| | 5 | 镗 $\phi$30 内孔至要求，表面粗糙度 $Ra3.2\mu m$ | | 精镗刀 |
| | 6 | 钻 $\phi$14H8 内孔至 $\phi$12 | 卧式加工中心 | $\phi$12 麻花钻 |
| | 7 | 精镗 $\phi$14H8 内孔至要求，表面粗糙度 $Ra1.6\mu m$ | 卧式加工中心 | 精镗刀 |
| | 8 | 镗 $\phi$20 内孔至要求，保证尺寸 3，表面粗糙度 $Ra3.2\mu m$ | 卧式加工中心 | 精镗刀 |

（续）

| 工序 | 工步 | 工 序 内 容 | 设备 | 刀具、量具、辅具 |
|---|---|---|---|---|
| 80 | | 钳工 | 钳工台 | |
| | 1 | 打印标记:年、月、顺序号 | | |
| | 2 | 清洗、去毛刺、倒角 | | |
| 90 | | 检验 | 检验台 | |
| | 1 | 检验各部尺寸、表面粗糙度 | | |
| | 2 | 检验 $\phi25H7$ 内孔轴线与底面平行度 | | |

**实例 2　铣头箱体**（见图 11-6）

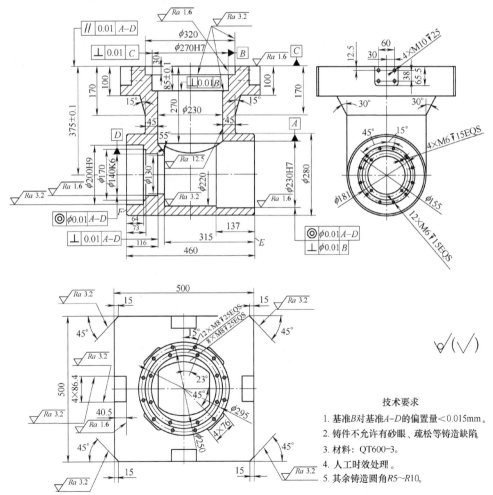

技术要求

1. 基准B对基准A-D的偏置量<0.015mm。
2. 铸件不允许有砂眼、疏松等铸造缺陷。
3. 材料: QT600-3。
4. 人工时效处理。
5. 其余铸造圆角R5~R10。

图 11-6　铣头箱体

**1. 零件图样分析**

1）图 11-6 中 $\phi$270H7 内孔轴线对 $C$ 面的垂直度公差为 $\phi$0.01mm，$C$ 面对 $A$、$D$ 轴线面平行度公差要求为 0.01mm。

2）$\phi$230H7 内孔对 $\phi$140K6 内孔的同轴度公差为 $\phi$0.01mm。

3）$\phi$230H7 内孔、$\phi$140K6 内孔轴线与 $\phi$270H7 内孔轴线垂直，相交误差小于 0.015mm。

4）零件材料为 QT600-3。

5）采用人工时效处理。

**2. 工艺分析**

1）加工此零件时，首先应先加工 $C$ 面、$\phi$270H7 内孔，然后以 $C$ 面为基准，加工 $\phi$230H7 内孔、$\phi$140K6 内孔。注意精镗 $\phi$230H7 内孔、$\phi$140K6 内孔时，要一次装夹完成加工。

2）为保证 $\phi$230H7 内孔、$\phi$140K6 内孔轴线与 $\phi$270H7 内孔轴线垂直、相交，加工时先加工 $C$ 面及 $\phi$270H7 内孔，然后加工 $E$ 面、$\phi$230H7 内孔、$\phi$140K6 内孔，注意一定要保证 $C$ 面与 $E$ 面垂直。

**3. 机械加工工艺过程**（见表 11-2）

表 11-2　铣头箱体机械加工工艺过程　　　　（单位：mm）

| 零件名称 | 毛坯种类 | | 材料 | 生产类型 |
|---|---|---|---|---|
| 铣头箱体 | 铸件 | | QT600-3 | 小批量 |

| 工序 | 工步 | 工序内容 | 设备 | 刀具、量具、辅具 |
|---|---|---|---|---|
| 10 | | 铸造 | | |
| 20 | | 人工时效 | | |
| 30 | | 油底漆 | | |
| 40 | | 划线：保证 $\phi$270H7 内孔、$\phi$230H7、$\phi$140K6 内孔的加工余量应尽量均匀 | 划线台 | |
| 50 | | 粗铣 | 立铣机床 | |
| | 1 | 按线找正，粗铣 $C$ 面，留精铣余量 2 | | 盘铣刀 |
| | 2 | 粗铣 500 尺寸四面，留精铣余量 2 | | 铣刀 |
| | 3 | 翻转 180°粗铣 $E$ 面，留精铣余量 2 | | 盘铣刀 |
| | 4 | 粗铣 $F$ 面，留精铣余量 2 | | 盘铣刀 |
| 60 | | 精铣、镗 | 立式加工中心 | |
| | 1 | 精铣 $C$ 面至要求，表面粗糙度 $Ra1.6\mu m$ | | 盘铣刀 |
| | 2 | 精铣 500 尺寸四面成，表面粗糙度 $Ra3.2\mu m$ | | 杆铣刀 |
| | 3 | 铣 15×45°成 | | 杆铣刀 |
| | 4 | 铣 86.4×40.5×65.5(4 处)槽成 | | 杆铣刀 |

（续）

| 工序 | 工步 | 工 序 内 容 | 设备 | 刀具、量具、辅具 |
|---|---|---|---|---|
| | 5 | 钻 12×M8 螺纹底孔至 $\phi$6.7 | | $\phi$6.7 麻花钻 |
| | 6 | 攻 12×M8、深 25 螺纹孔成 | | M8 丝锥 |
| | 7 | 钻 8×M8 螺纹底孔至 $\phi$6.7 | | $\phi$6.7 麻花钻 |
| | 8 | 攻 8×M8、深 25 螺纹孔成 | | M8 丝锥 |
| | 9 | 镗 $\phi$230 内孔成，表面粗糙度 $Ra$12.5μm | | 镗刀 |
| | 10 | 粗镗 $\phi$270H7 内孔，留精镗余量 2 | | 镗刀 |
| | 11 | 精镗 $\phi$270H7 内孔成，保证 85±0.1，表面粗糙度 $Ra$1.6μm | | 精镗刀 |
| | 12 | 镗 $\phi$320 内孔成，保证尺寸 30，表面粗糙度 $Ra$3.2μm | | 镗刀 |
| 70 | | 精铣、镗 | 卧式加工中心 | |
| | 1 | 以 C 面为基准，找正，用压板压住工件，精铣 E 面至要求，表面粗糙度 $Ra$3.2μm | | 盘铣刀 |
| | 2 | 粗镗 $\phi$230H7 内孔，留精镗余量 2 | | 镗刀 |
| | 3 | 精镗 $\phi$230H7 内孔成，保证尺寸 137，表面粗糙度 $Ra$1.6μm | | 精镗刀 |
| | 4 | 镗 $\phi$220 内孔成，表面粗糙度 $Ra$3.2μm | | 镗刀 |
| | 5 | 镗 $\phi$130 内孔成，表面粗糙度 $Ra$6.3μm | | 镗刀 |
| | 6 | 粗镗 $\phi$140K6 内孔、$\phi$170 内孔、$\phi$200H9 内孔至 $\phi$138 | | 镗刀 |
| | 7 | 水平旋转 180°，不松压板，精铣 F 面成，表面粗糙度 $Ra$3.2μm | | 精镗刀 |
| | 8 | 精镗 $\phi$140K6 内孔至要求，表面粗糙度 $Ra$1.6μm | | 精镗刀 |
| | 9 | 镗 $\phi$170 内孔成，表面粗糙度 $Ra$3.2μm | | 镗刀 |
| | 10 | 镗 $\phi$200H9 内孔成，表面粗糙度 $Ra$3.2μm | | 镗刀 |
| | 11 | 钻 12×M6 螺纹底孔至 $\phi$5 | | $\phi$5 麻花钻 |
| | 12 | 攻 12×M6、深 15 螺纹孔成 | | M6 丝锥 |
| | 13 | 钻 4×M6 螺纹底孔至 $\phi$5 | | $\phi$5 麻花钻 |
| | 14 | 攻 4×M6、深 15 螺纹孔成 | | M6 丝锥 |
| | 15 | 钻 4×M10 螺纹底孔至 $\phi$8.5 | | $\phi$8.5 麻花钻 |
| | 16 | 攻 4×M10、深 25（4 处）螺纹孔成 | | M10 丝锥 |
| 80 | | 钳工 | 钳工台 | |
| | 1 | 打印标记：年、月、顺序号 | | |
| | 2 | 清洗、去毛刺、倒角 | | |
| 90 | | 检验 | 检验台 | |
| | 1 | 检验各部尺寸、表面粗糙度 | | |
| | 2 | 检验 $\phi$230H7 内孔、$\phi$140K6 内孔轴线与 $\phi$270H7 内孔轴线垂直、相交误差 | | |
| | 3 | 检验 $\phi$140K6 内孔与 $\phi$270H7 内孔的同轴度 | | |
| | 4 | 检验 $\phi$270H7 内孔轴线与 C 面的垂直度 | | |
| | 5 | 填写检验报告 | | |
| 100 | | 入库 | | |

## 实例 3　车床主轴箱体（见图 11-7）

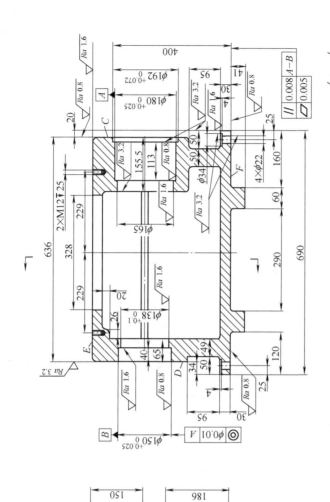

技术要求
1. 材料：HT200。
2. 人工时效处理。
3. 未注铸造圆角 R5～R10。

图 11-7　车床主轴箱体

**1. 零件图样分析**

1）图 11-7 中 $\phi150^{+0.025}_{0}$ mm 内孔对 $\phi180^{+0.025}_{0}$ mm 内孔的同轴度公差为 $\phi0.01$ mm。

2）$F$ 面对 $\phi150^{+0.025}_{0}$ mm 内孔、$\phi180^{+0.025}_{0}$ mm 内孔轴线平行度公差为 $0.01$ mm。

3）零件材料为 HT200。

4）采用人工时效处理。

**2. 工艺分析**

1）加工时，首先应先加工 $F$ 面，然后以 $F$ 面为基准，加工 $\phi150^{+0.025}_{0}$ mm 内孔、$\phi180^{+0.025}_{0}$ mm 内孔。精镗此二孔时，要一次装夹完成加工，以保证两内孔轴线同轴度要求。

2）$\phi150^{+0.025}_{0}$ mm 内孔、$\phi180^{+0.025}_{0}$ mm 内孔精度要求较高，应进行精镗加工。

**3. 机械加工工艺过程**（见表 11-3）

表 11-3　车床主轴箱体机械加工工艺过程 （单位：mm）

| 零件名称 | 毛坯种类 | | 材　料 | 生产类型 |
|---|---|---|---|---|
| 车床主轴箱体 | 铸件 | | HT200 | 小批量 |
| 工序 | 工步 | 工序内容 | 设备 | 刀具、量具、辅具 |
| 10 | | 铸造 | | |
| 20 | | 人工时效 | | |
| 30 | | 油底漆 | | |
| 40 | | 划线：$\phi150^{+0.025}_{0}$ 内孔、$\phi180^{+0.025}_{0}$ 内孔的加工余量应尽量均匀 | 划线台 | |
| 50 | | 粗铣 | 立铣机床 | |
| | 1 | 按线找正,粗铣 $E$ 面,留精铣余量 2 | | 盘铣刀 |
| | 2 | 粗铣 $C$ 面,留精铣余量 2 | | 盘铣刀 |
| | 3 | 粗铣 $D$ 面,留精铣余量 2 | | 盘铣刀 |
| | 4 | 粗铣 $F$ 面,留精铣余量 2 | | 盘铣刀 |
| 60 | | 铣、钻 | 立式加工中心 | |
| | 1 | 精铣 $F$ 面,留磨余量 0.30 | | 盘铣刀 |
| | 2 | 钻 $4\times\phi22$ 孔成,表面粗糙度 $Ra6.3\mu m$ | | $\phi22$ 麻花钻 |
| | 3 | 锪 $\phi34$ 孔成,表面粗糙度 $Ra6.3\mu m$ | | $\phi34$ 锪钻 |
| 70 | | 磨 $F$ 面至要求,表面粗糙度 $Ra0.8\mu m$ | 平面磨床 | |
| 80 | | 铣 | 立式加工中心 | |
| | 1 | 精铣 $E$ 面至要求,表面粗糙度 $Ra3.2\mu m$ | | 盘铣刀 |

（续）

| 工序 | 工步 | 工序内容 | 设备 | 刀具、量具、辅具 |
|---|---|---|---|---|
| | 2 | 钻 2×M12 螺纹底孔至 $\phi10.20$ | | $\phi10.20$ 麻花钻 |
| | 3 | 攻 2×M12、深 25 螺纹孔成 | | M12 丝锥 |
| 90 | | 铣、镗 | 卧式加工中心 | |
| | 1 | 精铣 C 面成，表面粗糙度 $Ra0.8\mu m$ | | 盘铣刀 |
| | 2 | 镗 $\phi165$ 内孔成，表面粗糙度 $Ra3.2\mu m$ | | 粗镗刀 |
| | 3 | 粗镗 $\phi180^{+0.025}_{0}$ 内孔至 $\phi178$ | | 粗镗刀 |
| | 4 | 精镗 $\phi180^{+0.025}_{0}$ 内孔至要求，表面粗糙度 $Ra0.8\mu m$ | | 精镗刀 |
| | 5 | 镗 $\phi192^{+0.072}_{0}$ 内孔至要求，表面粗糙度 $Ra3.2\mu m$ | | 精镗刀 |
| | 6 | 不松压板，水平旋转 180°，精铣 D 面成，表面粗糙度 $Ra3.2\mu m$ | | 盘铣刀 |
| | 7 | 镗 $\phi138^{+0.1}_{0}$ 内孔至要求，表面粗糙度 $Ra3.2\mu m$ | | 精镗刀 |
| | 8 | 粗镗 $\phi150^{+0.025}_{0}$ 内孔至 $\phi148$ | | 粗镗刀 |
| | 9 | 精镗 $\phi150^{+0.025}_{0}$ 内孔至要求，保证尺寸 40，表面粗糙度 $Ra0.8\mu m$ | | 精镗刀 |
| 100 | | 检验 | 检验台 | |
| | 1 | 检验各部尺寸、表面粗糙度 | | |
| | 2 | 检验 $\phi150^{+0.025}_{0}$ 内孔与 $\phi180^{+0.025}_{0}$ 内孔的同轴度 | | |
| | 3 | 填写检验报告 | | |
| 110 | | 入库 | | |

### 实例 4　小型箱体（见图 11-8）

**1. 零件图样分析**

1）图 11-8 中 $\phi52^{+0.025}_{0}$ mm 两内孔的同轴度公差为 $\phi0.005$mm。

2）零件材料为 HT150。

3）采用人工时效处理。

**2. 工艺分析**

1）为了保证 $\phi50^{+0.025}_{0}$ mm 两内孔的同轴度公差为 $\phi0.005$mm，先划线，粗铣 D 面、B 面，然后精铣 D 面或磨 D 面，保证 D 面平面度误差在 0.01mm 以内，再以 D 面为基准，精镗 $\phi52^{+0.025}_{0}$ mm 内孔。

2）加工 $\phi52^{+0.025}_{0}$ mm 内孔时，要分粗、精镗加工。

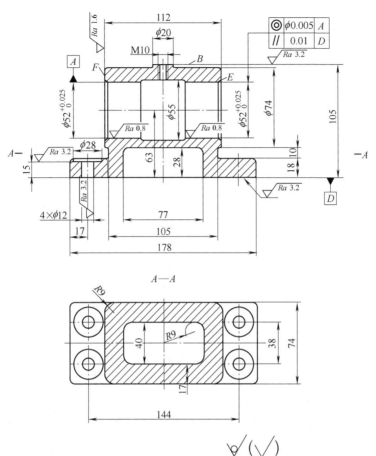

图 11-8　小型箱体

技术要求

1. 材料: HT150。

2. 人工时效处理。

3. 全部倒角 C2。

4. 未注圆角 R2~R5。

## 3. 机械加工工艺过程（见表 11-4）

表 11-4　小型箱体机械加工工艺过程　　　（单位：mm）

| 零件名称 | 毛坯种类 | | 材料 | 生产类型 |
|---|---|---|---|---|
| 小型箱体 | 铸件 | | HT150 | 小批量 |
| 工序 | 工步 | 工序内容 | 设备 | 刀具、量具、辅具 |
| 10 | | 铸造 | | |
| 20 | | 人工时效 | | |

（续）

| 工序 | 工步 | 工 序 内 容 | 设备 | 刀具、量具、辅具 |
|---|---|---|---|---|
| 30 | | 油底漆 | | |
| 40 | | 划线:保证 $\phi52_0^{+0.025}$ 内孔有加工余量,并尽量均匀 | 划线台 | |
| 50 | | 粗铣 | | |
| | 1 | 按线找正,粗铣 D 面,留精铣余量 2 | 立铣机床 | 盘铣刀 |
| | 2 | 粗铣 B 面,留精铣余量 2 | 立铣机床 | 盘铣刀 |
| | 3 | 粗铣 E 面,留精铣余量 2 | 立铣机床 | 盘铣刀 |
| | 4 | 粗铣 F 面,留精铣余量 2 | 立铣机床 | 盘铣刀 |
| 60 | | 铣、钻 | | |
| | 1 | 精铣 D 面成,表面粗糙度 $Ra3.2\mu m$ | 立式加工中心 | 盘铣刀 |
| | 2 | 钻 $4\times\phi12$ 孔成,表面粗糙度 $Ra3.2\mu m$ | 立式加工中心 | $\phi12$ 麻花钻 |
| | 3 | 锪 $\phi28$ 孔成,保证尺寸 15,表面粗糙度 $Ra3.2\mu m$ | 立式加工中心 | $\phi28$ 锪钻 |
| | 4 | 翻面,以 D 面为基准,用压板压紧,精铣 B 面成,表面粗糙度 $Ra3.2\mu m$ | 立式加工中心 | 盘铣刀 |
| | 5 | 钻 M10 螺纹底孔至 $\phi8.5$ | 立式加工中心 | $\phi8.5$ 麻花钻 |
| | 6 | 攻 M10 螺纹孔成 | 立式加工中心 | M10 丝锥 |
| 70 | | 铣、镗 | | |
| | 1 | 精铣 E 面成,表面粗糙度 $Ra3.2\mu m$ | 卧式加工中心 | 盘铣刀 |
| | 2 | 粗镗 $\phi52_0^{+0.025}$ 内孔至 $\phi50$ | 卧式加工中心 | 粗镗刀 |
| | 3 | 精镗 $\phi52_0^{+0.025}$ 内孔至要求,表面粗糙度 $Ra0.8\mu m$ | 卧式加工中心 | 精镗刀 |
| | 4 | 不松压板,水平旋转 180°,精铣 F 面成,表面粗糙度 $Ra3.2\mu m$ | 卧式加工中心 | 盘铣刀 |
| 80 | | 检验 | 检验台 | |
| | 1 | 检验各部尺寸、表面粗糙度 | | |
| | 2 | 检验 $\phi52_0^{+0.025}$ 两内孔的同轴度 | | |
| | 3 | 填写检验报告 | | |
| 90 | | 入库 | | |

# 第12章

# 精密零件的检测

## 12.1 轴类零件的检测

在轴类零件中最复杂的应该是机床主轴（见图 12-1），本节选择机床主轴为典型零件，介绍轴类零件的检测方法及相关问题的处理方案。

图 12-1 主轴

**1. 直径的检测**

直径检测是测量长度尺寸，技术要求不高时，选用外径千分尺检测即可。采用外径千分尺检测主轴如图 12-2 所示。如果轴向尺寸较大，要多测几个截面，任何一个截面尺寸超差，即为不合格。在使用千分尺等有测力功能的量具时，要正确使用量具本身的测力装置，测量头与被测件接触时不可以有冲击，保证读数准确。应使用经计量检定校准后有合格证并且在有效期内的量具，当感觉发现量具可能已经失准时，要及时送计量技术部门检定校准。

图 12-2 采用外径千分尺检测主轴

零件尺寸精度较高时，应使用刻度值为微米的计量器具，如杠杆千分尺（见图 12-3）、杠杆卡规（见图 12-4）等，操作方法同外径千分尺测量。用杠杆千分尺测量是绝对测量，直接读出被测直径值即可；用杠杆卡规测量是相对测量，测量时要与标准量块配套使用。检测大批量同规格的工件时，选用杠杆卡规效率高也能保证检测质量。

图 12-3　杠杆千分尺

图 12-4　杠杆卡规

### 2. 圆度误差的检测

圆度误差是单一要素，单一要素所允许的变动量是形状公差。圆度公差是指在一个圆的截面上，规定的实际圆对理想圆最大偏离的允许值。

（1）圆度仪检测法　采用圆度仪检测圆度误差（见图 12-5）属专业检测，一般由专职计量检测人员操作。仪器记录零件回转一周测量截面上各点的半径差，应用处理程序，按技术规范自动计算该截面的圆度误差。当轴向尺寸较大时，应增加测量截面，取最大值为圆度误差。

（2）直径测量法　用千分尺、杠杆千分尺或同类型量具检测，测量主轴同一截面上不同方向的直径值（见图 12-2）。当轴向尺寸较大时应增加测量截面，多选几个取样截面。某一截面上直径差最大，取此值的一半为圆度误差。

（3）指示表法　如图 12-6 所示，将被测轴放置在两 V 形架上，轴线应垂直于测量截面，注意要有轴向定位。被测件回转一周，指示表读数最大差值的一半为圆度误差。当轴向尺寸较大时应增加测量截面。

测量圆度还有其他方法，注意确定测量结果时，要符合圆度误差的定义。

**3. 圆柱度误差的检测**

同圆度误差一样，圆柱度误差属形状误差，是单一要素。圆柱度误差是指实际圆柱表面要素对其理想圆柱面的变动量。圆柱度误差是圆柱形状的综合表现，可直接反映出零件的使用性能，是精密轴（孔）零件检测的主要参数。

（1）圆度仪检测法　采用圆度仪检测圆柱度误差（见图 12-5）属专业检测，一般由专职计量检测人员操作。仪器记录零件回转一周被测截面上各点半径之间的差，测头在零件圆柱面上沿轴向移动，检测全部截面，应用处理程序，按技术规范计算该零件的圆柱度误差值。

图 12-5　圆度仪检测

图 12-6　V 形架上检测圆度误差

（2）直径测量法　用千分尺或同类型量具，测量同一截面上不同方向的直径值（见图 12-2，与检测圆度误差的区别在于要在轴向取更多截面），原则上要求要测量全部截面，操作中要测量尽量多截面。取最大直径差的一半为圆柱度误差。建议在检测主轴类零件时选择准确度等级高于千分尺的量具。

也可以采用指示表检测圆柱度误差，通常此法比用千分尺测量直径的准确度高，指示表的测头要对准零件最高点，测量轴线与零件轴线垂直。同样要检测尽量多的截面，取最大直径差的一半为圆柱度误差。

（3）指示表法　方法同圆度误差检测（见图 12-5），只是要比检测圆度时要检测尽量多的截面。

**4. 圆跳动误差的检测**

圆跳动公差是有基准的参数，就是说这是一个关联要素。被测要素绕基准轴线旋转一周（不可轴向移动），在限定的位置、方向上所允许的变动量，回转表面在限定的测量面方向内，相对于基准轴线实际的偏离量是跳动误差。圆跳动误差可能包含圆度、垂直度、平面度、同轴度误差，对轴类零件普遍有此项要求，实际检测操作方便，应用广泛。

（1）径向圆跳动　如图 12-7 所示，按零件图要求，需检测外圆 $d$ 中心线对外圆 $D$ 中心线的径向圆跳动误差。检测方法如图 12-8 所示，零件旋转一周表盘上显示的最大差值就是此截面的径向圆跳动误差。注意：在检测过程中被测件不可以有轴向移动，指示表测头应接触在被测轴的最高点，测量轴线与零件轴线垂直，需要多测几个截面，以最大差值为此零件的径向圆跳动误差。

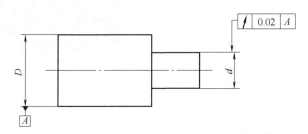

图 12-7　待检测零件

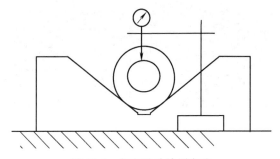

图 12-8　径向跳动检测方法

（2）轴向圆跳动误差　图 12-9 所示为待检测零件，需检测被测零件大端面对小轴 $d$ 中心线的轴向圆跳动误差。检测方法如图 12-10 所示。指示表水平安装，测量轴线与零件轴线平行，被测零件在 V 形架上旋转一周表盘上显示的最大差值就是此圆柱面的轴向圆跳动误差。

注意：应将指示表沿被测端面径向移动，移动范围略小于半径长度，取 3～7

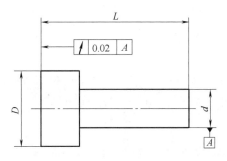

图 12-9　待检测零件

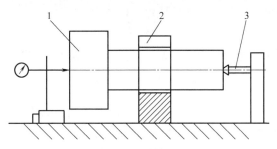

图 12-10　轴向圆跳动误差检测方法
1—被测零件　2—V 形架　3—轴向定位

个点，测得多个圆柱面的轴向圆跳动数值，取最大值作为该零件的轴向圆跳动误差。测量过程要有轴向定位（如图 12-10 所示的右端面装置）。

轴类零件的圆度误差与径向圆跳动误差的主要区别如下：

圆度误差表现被测要素自身的缺陷，是形状误差，属于单一要素；径向圆跳动误差表现被测要素与相关量的关联程度，属关联要素。简单地说，圆度误差没有基准，径向圆跳动误差有基准。了解了这些，就可以充分理解两种测量结果为何采用不同的数据处理方法。

**5. 表面粗糙度的检测**

经过机械加工，零件的表面质量有了很大改进，通过人们的目力观察感觉很好，但微观审视还是存在着一定程度的缺陷。表面粗糙度就反映出了零件表面微观几何误差参数，即微小沟槽峰谷间的高低差和峰峰间的平面距离值。

（1）样块比较法　用经过检定、校准的标准表面粗糙度样块（见图 12-11）与被测零件表面进行比较，判断出表面粗糙度数值。注意应选择与被测零件加工方法相同的标准样块比较，既主轴表面多为磨削加工，比对时应选择磨削样块，样块的材料、形状应尽可能与被测零件相同。比对时要充分发挥人体感官的作用，不仅仅是目力观察，还要上手触摸，手指甲垂直加工纹路方向感受，多次比较，综合感官判断，得出最后结论。如果被测表面加工纹路的深度小于样块加工纹路的深度，可确定被测表面粗糙度合格。注意，触摸后要充分擦拭标准样块和被测件表面，防止生锈。

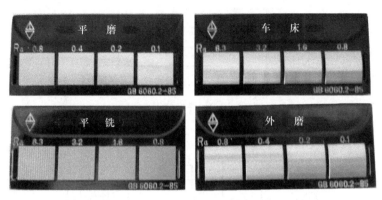

图 12-11 表面粗糙度标准样块

（2）专用仪器检测 根据实际条件选择使用台式或便携式表面粗糙度仪。便携式主要用于现场检测，方便快捷适应不同环境条件；台式通常检测技术要求较高且方便移动的零件。将被测表面置于仪器下方，使仪器测针可以在表面上运动，按照技术要求选择取样长度和评定长度（见表 12-1），仪器应用软件处理数据，可直接给出测量结果。

表 12-1 取样长度 $ln$ 与评定长度 $l$ 的选用值

| $Ra/\mu m$ | $Rz/\mu m$ | $l/mm$ | $ln/mm(ln = 5l)$ |
| --- | --- | --- | --- |
| 0.008 ~ 0.02 | 0.025 ~ 0.10 | 0.08 | 0.4 |
| >0.02 ~ 0.10 | >0.10 ~ 0.50 | 0.25 | 1.25 |
| >0.10 ~ 2.0 | >0.50 ~ 10.0 | 0.8 | 4.0 |
| >2.0 ~ 10.0 | >10.0 ~ 50.0 | 2.5 | 12.5 |
| >10.0 ~ 80.0 | >50.0 ~ 320 | 8.0 | 40.0 |

注：$Ra$、$Rz$ 均为表面粗糙度评定参数。

注意：测量时应保证仪器测针运动方向与被测零件表面加工纹路方向垂直，即如果是外圆磨床加工的轴，测量时仪器测针运动方向应与零件轴线平行。在零件被测表面应多选几个位置实施检测，取最大值为此零件的表面粗糙度值。

**6. 同轴度误差的检验**

同轴度误差属于位置误差，是关联要素，有基准。同轴度是表示两个轴线的相互关系，即被测轴线与基准轴线的重合程度。

（1）圆度仪检测法 圆度仪（见图 12-5）检测同轴度误差属专业检测，一般由专职计量检测人员操作。将被测零件放置在仪器工作台上，零件轴线调整到仪器转台回转轴的延长线上。测头分别测量基准轴和被测轴，仪器应用自带软件处理数据，评定被测轴对基准轴的同轴度误差。

（2）指示表法　与检测外圆径向圆跳动误差的方法相同，只是要在被测表面多个位置检测，取最大值为此零件的同轴度误差。

### 7. 主轴圆锥孔误差的检测

主轴圆锥孔误差主要是用专用圆锥塞规通过研合的方法来检测的，如图 12-12 所示。将标准圆锥塞规涂抹适当研合剂（章丹）放入圆锥孔内，主轴相对固定，旋转圆锥塞规 60°，看研合剂的变化情况来判断接触面积。现场检测主轴圆锥孔通常有两项要求。

（1）锥面接触比的判定　使用圆锥塞规检测圆锥孔时，应在圆锥塞规圆锥表面间隔 60°从大端到小端用研合剂划三条线，线条宽度取 3~5mm，研合剂涂抹厚度应控制在 2μm 左右，圆锥塞规旋转后观察圆锥表面线条的变化情况，线条变宽定义为接触部分，线条没有变化定义为未接触，接触部分线条的长度与未接触部分线条长度的比值是考核要求，通常要大于 85% 。

图 12-12　检测主轴圆锥孔误差

（2）主轴大端直径的定性判定　在圆锥塞规锥体表面标准大端直径位置有两条刻线，分别是大端直径上下偏差位置，检验人员将圆锥塞规放入主轴圆锥孔内，如果在主轴端面可以看到一条刻线就判定主轴大端直径合格；如果看到两条刻线或看不到刻线都可以判定主轴大端直径不合格（看不到刻线说明主轴大端直径大于公差要求；看到两条刻线说明主轴大端直径小于公差要求）。

## 12. 2　套类零件的检测

### 1. 内孔尺寸检测

（1）一般精度内孔尺寸的检测　可以用光滑塞规检测。检测时应停止工件转动，擦净内孔和塞规表面，然后手握塞规柄部，并使塞规中心线与工件中心线一致，然后将塞规轻轻推入工件孔中。若塞规的通端通过，止端不过，则表示内孔尺寸已在公差范围之内。

（2）高精度内孔尺寸的检测

1）一般用内径百分表和内径千分表来测量。测量时应把量具放正，不能歪斜，要注意松紧适度，并要在几个方向上检测。

2）高精度的内孔尺寸也可以用三坐标测量仪测量。

需要注意，不要在零件温度很高时就进行测量，否则会由于热胀冷缩而使孔径尺寸不符合要求，最好是测量前将零件放置在有空调恒温的地方，过几个小时后再测量。

**2. 几何公差检测**

（1）同轴度检测

1）套类零件的同轴度，一般可以用检测径向圆跳动量来确定。检测同轴度时，可以将工件套在心轴上，然后连同心轴一起安装在两顶尖间，当工件转一周时，百分表读数的变动值就等于径向圆跳动量。

2）同轴度也可用测量管壁厚度的百分尺来检测，这种百分尺与普通的外径百分尺相似，所不同的是它的砧座为一凸圆弧面，能与内孔的凹圆弧面很好地接触。检测时测量工件各个方向上壁厚，就可以测得其同轴度。

（2）端面与轴线的垂直度检测工件端面与轴线的垂直度，通常用轴向圆跳动量来评定。如果检测同轴度时，是将工件套在心轴上，那么这时只要把百分表放在端面上，就可以测量工件的轴向圆跳动量。

（3）工件的几何形状检测 喇叭口、圆度、锥度等可以用内径百分尺、内径百分表、内径千分表或三坐标测量仪来测量（见图 12-13）。

图 12-13 三坐标测量仪

# 12.3 活塞类零件的检测

（1）缸动活塞不动结构与缸不动活塞动结构的活塞类零件的检测

1）活塞内孔的检测一般用百分表、千分表测量或在三坐标测量仪上检测。

2）活塞外圆用千分尺、专用量具测量或在三坐标测量仪上检测。

（2）双杆活塞结构的活塞类零件的检测

1）由于端齿面的存在，除常规检测外，还应检查与其相配合齿盘的结合率。

2）检验端齿分度精度。

## 12.4 盘类零件的检测

盘类零件（见图 12-14）主要形状特点在于端面有比较大的实体，轴向尺寸小，通常有检测端面平面度的要求。其他检测内容与轴、套类零件类似。

图 12-14 盘类零件

**1. 平面度误差检测**

由于被测对象是盘类零件，对平面度的要求一般不会很高，现场检测要求高效快捷，推荐以下几种方法：

（1）刀口尺缝隙法 如图 12-15 所示，将与被测零件表面长度相当的刀口尺轻轻地放置在被测表面上，通过光隙判断平面度误差。该方法操作过程简单，把刀口尺放在被测平面上，在自然光或白炽灯光下观察刀口尺刀口位置与平面间的

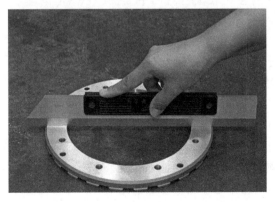

图 12-15 刀口尺检测平面度

间隙，如果是彩色光，可以确定平面度误差小于 3μm。如果可以透过无色光或自然光，此时应进一步判断，可用 0.02mm 塞尺试探，如果塞尺不可以塞进缝隙，判定此时平面度误差小于 0.02mm；如果塞尺可以塞进缝隙，判定平面度误差大于 0.02mm，可继续使用更大尺寸的塞尺检测，直至确定零件平面度误差（区间）。应在被测零件表面多测几个位置。此法检测为不同位置、不同方向的直线度误差，取最大值为近似平面度误差。

（2）塞尺、平板判定法　此法适用于零件直径尺寸较大，刀口尺规格不能满足检测要求条件的情况。选择一块满足精度要求的平板，平板尺寸要大于被测零件表面尺寸，将被测零件放置在平板上，使被测面与平板平面自然接触，在零件边缘不同位置轻按。如果有晃动或位移，说明此平面中间凸起，此时按住零件一个位置使晃动或位移量为最大，在相应位置缝隙处塞入塞尺，塞尺数值即为这个位置的平面度误差。如此操作，在不同位置多选择几处，取最大值确定为零件被测面的平面度误差。

在同样操作过程中，如零件无晃动，不能说明此面平面度误差小，其平面可能是圆周边缘与平板接触中间呈凹形，这时应采取进一步验证措施，选择面积较小的塞尺片（将标准塞尺片折断、去刺后），放在零件靠近中间位置，试探能否晃动，如放入 0.02mm 塞尺片后仍无晃动，说明零件平面度误差大于 0.02mm，为确定零件平面度误差值，可选择更大尺寸的塞尺片放在零件靠近中间位置，直至出现晃动即可确定零件平面度误差（区间）。例如，如果在零件被测平面与平板之间放入 0.04mm 塞尺，轻按压零件边缘，零件无晃动，再放入 0.06mm 塞尺后，零件晃动了，这时可以判断，零件被测表面的平面度误差小于 0.06mm。

如果盘类零件内径比较大，对凹平面测量时也可采用从内径伸入塞尺检测的方法，如图 12-16 所示。此时应在零件内圆周多选几个位置检测，取最大值为零件平面度误差。

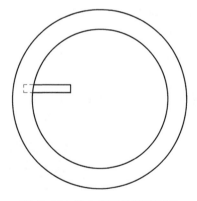

图 12-16　伸入塞尺检测平面度

（3）指示表法　如图 12-17 所示，选用能够满足技术要求的平板为基面，运用三个可调支撑将被测件支起，在距离尽量远的三点调整，使被测面与平板等高，再用指示表在被测面上取点，点要均匀分布，取点间距可选择边长的 1/5。以各点高度差的最大值为平面度误差。

（4）仪器检测法　当平面度要求较高时可采用三坐标测量机、电子水平仪、准直仪等其他仪器检测。这些属于专业检测范畴，通常由专职检测人员操作，需要时可以请计量检测技术部门帮助检测。

图 12-17　指示表法检测平面度

**2. 垂直度误差检测**

盘类零件一般都有端面与轴线垂直度要求，由于此类零件的直径尺寸一般远大于轴向尺寸，现场检测比较困难。

通常借助标准心轴（见图 12-18）在偏摆仪上检测盘类零件的垂直度。检验时旋转零件多测几个位置，取最大值为垂直度误差。按图 12-18 安装完成后，将直角刀口尺的横边（底座低面是长方形）放置在偏摆仪平台上，直角刀口尺竖边（瞄子）为刀口形是一条直线，用这条直线与被测表面接触，通过光隙法判断误差值。光隙会在直径远端或近端出现最大、最亮现象，应以有效尺寸内最大、最亮处为零件误差值判断依据。

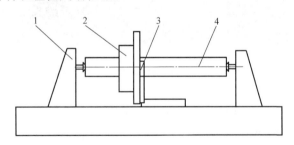

图 12-18　盘类零件检测图
1—偏摆仪　2—被测零件　3—直角刀口尺　4—标准心轴

当零件技术条件要求较高时，应选用三坐标测量机进行检测。如果零件轴向与直径尺寸之比过小，三坐标测量机建立基准坐标时，可能因采点不充分，检测结果出现偏离。此时应考虑使用实物检具，就是当基准要素不充分时，不能坚持采用仪器检测数据。

当零件轴向与直径尺寸之比过小、零件批量较大时，也可考虑使用功能量规配合塞尺检测。使用时应注意图样技术要求，使基准要素（轴孔）充分接触后，用塞尺检测被测要素（端面）的误差值。

**3. 平行度误差检测**

检测零件的平行度必须先检测相关平面的平面度误差，只有当平面的平面度误差满足要求后，再检测平行度误差。检测零件的平面度可以参照前面介绍的办法，下面介绍检测平行度的方法。

（1）间接检测法　在确定平面度合格以后，用千分尺等量具测量两平面间厚度，以多次检测后的最大差值近似为零件平行度误差。此方法适用于平行度要求不高的零件的检测。

（2）指示表法　图 12-19 所示为采用指示表检测盘类零件的平行度。在检测平面度确定合格以后，把平面度误差较小的一面放在平板上，用指示表在零件平面上均匀采点，以指示表最大变化值近似为零件平行度误差。此方法适用于一般零件检测，操作时应移动表座在平板上采点，不要移动零件取点。

图 12-19　采用指示表检测盘类零件的平行度

（3）仪器检测法　当对零件技术要求较高时，可采用三坐标测量机检测，这属专业检测，由专职技术人员操作，使用固定检测程序，自动生成检测结果。

平面度误差属于形状误差，平行度误差属于位置误差，形状误差应小于位置误差，即平面度误差小于平行度误差时检测的平行度误差才有意义。

**4. 孔距检测**

盘类零件通常会有孔距要求，现场可使用卡尺、千分尺、光滑塞规进行检测，必要时可两种量具配合使用（测量孔距）。当技术要求较高时，应选用三坐标测量机进行检测。

**5. 其他参数检测**

盘类零件的直径尺寸、圆度（圆柱度）、同轴度、表面粗糙度检测均可以参照轴、套类零件相关要素的检测方法。

## 12.5 板类零件的检测

**1. 几何尺寸的检测**

板类零件的主要尺寸一般为长度、宽度、高度，以及平面上的孔、螺纹孔的尺寸等，这些尺寸可通过游标卡尺、千分尺检测。

**2. 平面度的检测**

1）一般的板类零件可用三坐标测量仪检测。

2）对于三坐标测量仪无法检测的大型板类零件，可用电子水平仪器测量。

**3. 平行度的检测**

有的板类零件要求上下面平行。检测其平行度的方法是，将零件放置在检验平台上，用百分表、千分表检测或框式水平仪检测。

**4. 垂直度的检测**

检测板类零件垂直度的方法是，将板类零件放置在检验平台上，用直角尺或框式水平仪检测。

**5. 外观检测**

1）板类零件工作面上不应有锈蚀、划痕、碰伤及其他影响使用的外观缺陷。

2）板类零件工作面上不应有砂孔、气孔、裂纹、夹渣及疏松等铸造缺陷。

## 12.6 轴承座类零件的检测

**1. 几何尺寸的检测**

（1）轴承座内孔的检测 轴承座内孔是起支承作用或定位作用最主要的表面，内孔的精度直接影响装配质量，所以检测轴承座的内孔非常重要。轴承座的内孔尺寸一般用百分表、千分表检测，精度高的内孔使用三坐标测量仪检测。

（2）轴承座内孔中心线到底面距离的检测 该距离的检测有两种方法：一种方法是在三坐标测量仪测量；另一种方法是利用工装间接测量，即将心轴装在内孔中，将高度尺底座放在平台上，然后移动高度尺到工装心轴外圆上的最高点，测量出的数值减去心轴半径就是中心线到底面的距离。

**2. 基准面平面度的检测**

轴承座类零件基准面的平面度非常重要，可使用三坐标测量仪检测或电子水平仪检测。

**3. 轴承座内孔圆度、同轴度的检测**

（1）轴承座内孔圆度的检测 其圆度用百分表、千分表检测都可以，精度高的内孔须使用三坐标测量仪检测。

（2）轴承座内孔同轴度的检测 其同轴度的检测方法有：①一般机床使用的轴承座都是成对使用的，因此，镗孔时需要将两个轴承座同时装夹在工作台上，镗孔后在线检测就可以检测两孔的同轴度；②使用三坐标测量仪检测加工后的轴承座内孔同轴度；③在装配现场将两个轴承座安装好后，通过激光检测仪器或其他方法检测两个轴承座内孔同轴度。

# 12. 7 圆柱齿轮类零件的检测

## 1. 齿厚的测量

1）用游标齿厚卡尺测量。用游标齿厚卡尺测量齿厚，优点是使用方便简单；缺点是测量的结果受齿顶圆直径公差（齿顶公差一般为 h9）的影响。齿厚极限偏差见表 12-2。

表 12-2　齿厚极限偏差

| $C = +1f_{pt}$ | $G = -6f_{pt}$ | $L = -16f_{pt}$ | $R = -40f_{pt}$ |
|---|---|---|---|
| $D = 0$ | $H = -8f_{pt}$ | $M = -20f_{pt}$ | $S = -50f_{pt}$ |
| $E = -2f_{pt}$ | $J = -10f_{pt}$ | $N = -25f_{pt}$ | |
| $F = -4f_{pt}$ | $K = -12f_{pt}$ | $P = -32f_{pt}$ | |

注：$C$、$D$、$E$、$F$、$G$、$H$、$J$、$K$、$L$、$M$、$N$、$P$、$R$、$S$—齿厚极限偏差；$f_{pt}$—齿距极限偏差。

2）用三坐标测量仪或齿轮检测中心测量齿厚。

3）用量柱（球）跨距测量。将滚柱或滚珠放在齿轮直径上的两个相对齿沟内，然后利用卡尺或其他测量仪器测量两滚柱或滚珠之间的距离，将实测值与理论值比较，即可间接表明齿厚尺寸。

4）用公法线千分尺测量。测量公法线长度使用的是公法线千分尺。公法线测量的实质是测量两个不同侧齿廓两点间所包容的基圆弧长。因此，公法线长度误差除包含齿厚误差以外，还包含基节误差与渐开线齿形误差在内。

## 2. 螺旋线偏差的测量

1）利用齿向检查仪测量。测量时须先调好螺旋角，表值对到零，将测量楔块插入齿间内，其表值即为齿向误差。

2）利用振摆检查仪测量。在齿轮齿槽内放上一个圆柱，用振摆仪上的千分表测量圆柱的两端，其读数差即为该齿间的齿向误差。

3）用齿轮检测中心测量。

4）齿向公差 $F_\beta$ 见表 12-3。

表 12-3　齿向公差 $F_\beta$　（单位：μm）

| 精度等级 | 法向模数 $m_n$/mm | 有效宽度/mm | | | | | |
|---|---|---|---|---|---|---|---|
| | | ≤40 | >40~100 | >100~160 | >160~250 | >250~400 | >400~630 |
| 3 | 1~10 | 4.5 | 6 | 8 | 10 | 12 | 14 |
| 4 | 1~10 | 5.5 | 8 | 10 | 12 | 14 | 17 |
| 5 | 1~16 | 7 | 10 | 12 | 14 | 18 | 22 |
| 6 | 1~16 | 9 | 12 | 16 | 20 | 24 | 28 |
| 7 | 1~25 | 11 | 16 | 20 | 24 | 28 | 34 |
| 8 | 1~25 | 18 | 25 | 32 | 38 | 45 | 55 |
| 9 | 1~40 | 28 | 40 | 50 | 60 | 75 | 90 |
| 10 | 1~40 | 45 | 65 | 80 | 105 | 120 | 140 |
| 11 | 1~40 | 71 | 100 | 125 | 160 | 190 | 220 |
| 12 | 1~40 | 112 | 160 | 200 | 240 | 300 | 360 |

### 3. 齿圈径向圆跳动的测量

1）用齿轮跳动检查仪测量齿圈径向圆跳动，也可用进口的齿轮专用检测仪器。

2）用三坐标测量仪或齿轮检测中心测量齿圈径向圆跳动。

3）齿圈径向圆跳动公差 $F_r$ 值见表 12-4。

表 12-4　齿圈径向圆跳动公差 $F_r$ 值　（单位：μm）

| 分度圆直径/mm | 法向模数/mm | 精度等级 | | | | | | | | | | | |
|---|---|---|---|---|---|---|---|---|---|---|---|---|---|
| | | 1 | 2 | 3 | 4 | 5 | 6 | 7 | 8 | 9 | 10 | 11 | 12 |
| ≤125 | 1~3.5 | 3.6 | 5.5 | 9 | 14 | 22 | 36 | 50 | 63 | 80 | 100 | 125 | 160 |
| | >3.5~6.3 | 4.5 | 7.0 | 11 | 18 | 28 | 45 | 63 | 80 | 100 | 125 | 160 | 200 |
| | >6.3~10 | 5.0 | 8.0 | 13 | 20 | 32 | 50 | 71 | 90 | 112 | 140 | 180 | 224 |
| >125~400 | 1~3.5 | 4.0 | 6.0 | 10 | 16 | 25 | 40 | 56 | 71 | 90 | 112 | 140 | 180 |
| | >3.5~6.3 | 5.0 | 8.0 | 13 | 20 | 32 | 50 | 71 | 90 | 112 | 140 | 180 | 224 |
| | >6.3~10 | 5.5 | 9.0 | 14 | 22 | 36 | 56 | 80 | 100 | 125 | 160 | 200 | 250 |
| | >10~16 | 6.0 | 10 | 16 | 25 | 40 | 63 | 90 | 112 | 140 | 180 | 224 | 280 |
| | >16~25 | 8.0 | 13 | 20 | 32 | 50 | 80 | 112 | 140 | 180 | 224 | 280 | 355 |
| >400~800 | 1~3.5 | 4.5 | 7.0 | 11 | 18 | 28 | 45 | 63 | 80 | 100 | 125 | 160 | 200 |
| | >3.5~6.3 | 5.0 | 8.0 | 13 | 20 | 32 | 50 | 71 | 90 | 112 | 140 | 180 | 224 |
| | >6.3~10 | 5.5 | 9.0 | 14 | 22 | 36 | 66 | 80 | 100 | 125 | 160 | 200 | 250 |
| | >10~16 | 7.0 | 11 | 18 | 28 | 45 | 71 | 100 | 125 | 160 | 200 | 250 | 315 |
| | >16~25 | 9.0 | 14 | 22 | 36 | 56 | 90 | 125 | 160 | 200 | 250 | 315 | 400 |
| | >25~40 | 11 | 18 | 28 | 45 | 71 | 112 | 160 | 200 | 250 | 315 | 400 | 500 |

（续）

| 分度圆直径/mm | 法向模数 /mm | 精 度 等 级 | | | | | | | | | | | |
|---|---|---|---|---|---|---|---|---|---|---|---|---|---|
| | | 1 | 2 | 3 | 4 | 5 | 6 | 7 | 8 | 9 | 10 | 11 | 12 |
| >800~1600 | 1~3.5 | 5.0 | 8.0 | 13 | 20 | 32 | 50 | 71 | 90 | 112 | 140 | 180 | 224 |
| | >3.5~6.3 | 5.5 | 9.0 | 14 | 22 | 36 | 56 | 80 | 100 | 125 | 160 | 200 | 250 |
| | >6.3~10 | 6.0 | 10 | 16 | 25 | 40 | 63 | 90 | 112 | 140 | 180 | 224 | 260 |
| | >10~16 | 7.0 | 11 | 18 | 28 | 45 | 71 | 100 | 125 | 160 | 200 | 250 | 315 |
| | >16~25 | 9.0 | 14 | 22 | 36 | 56 | 90 | 125 | 160 | 200 | 250 | 315 | 400 |
| | >25~40 | 11 | 18 | 28 | 45 | 71 | 112 | 160 | 200 | 250 | 315 | 400 | 500 |
| >1600~2500 | 1~3.5 | 5.5 | 9.0 | 14 | 22 | 36 | 56 | 80 | 100 | 125 | 160 | 200 | 250 |
| | >3.5~6.3 | 6.0 | 10 | 16 | 25 | 40 | 63 | 90 | 112 | 140 | 180 | 224 | 280 |
| | >6.3~10 | 7.0 | 11 | 18 | 28 | 45 | 71 | 100 | 125 | 160 | 200 | 250 | 315 |
| | >10~16 | 8.0 | 13 | 20 | 32 | 50 | 80 | 112 | 140 | 180 | 224 | 280 | 355 |
| | >16~25 | 10 | 16 | 25 | 40 | 63 | 100 | 140 | 180 | 224 | 280 | 355 | 450 |
| | >25~40 | 13 | 20 | 32 | 50 | 80 | 125 | 180 | 224 | 280 | 355 | 450 | 560 |
| >2500~4000 | 1~3.5 | 6.0 | 10 | 16 | 25 | 40 | 63 | 90 | 112 | 140 | 180 | 224 | 280 |
| | >3.5~6.3 | 7.0 | 11 | 18 | 28 | 45 | 71 | 100 | 125 | 160 | 200 | 250 | 315 |
| | >6.3~10 | 8.0 | 13 | 20 | 32 | 50 | 80 | 112 | 140 | 180 | 224 | 280 | 355 |
| | >10~16 | 9.0 | 14 | 22 | 36 | 56 | 90 | 125 | 160 | 200 | 250 | 315 | 400 |
| | >16~25 | 10 | 16 | 25 | 40 | 63 | 100 | 140 | 180 | 224 | 280 | 355 | 450 |
| | >25~40 | 13 | 20 | 32 | 50 | 80 | 125 | 180 | 224 | 280 | 355 | 450 | 560 |

**4. 齿距偏差的测量**

（1）用万能测齿仪测量　万能测齿仪是较精密的仪器，可测量 4~7 级精度，读数精度可达 0.001mm；可测量齿轮的基节偏差、公法线长度变动量、周节偏差和周节累积误差、固定弦齿厚及齿圈跳动。在万能测齿仪上可检测圆柱齿轮、锥齿轮、蜗杆和蜗轮。

（2）用齿轮周节检测仪和齿轮基节检测仪测量　这两种检测仪用于 7 级或低于 7 级精度齿轮的检测。

（3）用齿轮检测中心测量　齿轮检测中心测量 2 级精度齿轮，可测量周节偏差、周节累积误差、齿圈径向圆跳动误差等项目。齿轮齿距累积公差 $F_p$ 及 $k$ 个齿距累积公差 $F_{pk}$ 值见表 12-5。

**5. 齿廓误差的测量**

（1）展成法　将被测齿轮齿廓与仪器机构展成运动所形成的理论渐开线轨迹进行比较，检测渐开线齿廓误差。

表 12-5　齿距累积公差 $F_p$ 及 $k$ 个齿距累积公差 $F_{pk}$ 值　（单位：μm）

| L/mm | 精 度 等 级 | | | | | | | | | | | |
|------|---|---|---|---|---|---|---|---|---|---|---|---|
| | 1 | 2 | 3 | 4 | 5 | 6 | 7 | 8 | 9 | 10 | 11 | 12 |
| ≤11.2 | 1.1 | 1.8 | 2.8 | 4.5 | 7 | 11 | 16 | 22 | 32 | 45 | 63 | 90 |
| >11.2~20 | 1.6 | 2.5 | 4.0 | 6 | 10 | 16 | 22 | 32 | 45 | 63 | 90 | 125 |
| >20~32 | 2.0 | 3.2 | 5.0 | 8 | 12 | 20 | 28 | 40 | 56 | 80 | 112 | 160 |
| >32~50 | 2.2 | 3.6 | 5.5 | 9 | 14 | 22 | 32 | 45 | 63 | 90 | 125 | 180 |
| >50~80 | 2.5 | 4.0 | 6.0 | 10 | 16 | 25 | 36 | 50 | 71 | 100 | 140 | 200 |
| >80~160 | 3.2 | 5.0 | 8.0 | 12 | 20 | 32 | 45 | 63 | 90 | 125 | 180 | 250 |
| >160~315 | 4.5 | 7.0 | 11 | 18 | 28 | 45 | 63 | 90 | 125 | 180 | 250 | 355 |
| >315~630 | 6.0 | 10 | 16 | 25 | 40 | 63 | 90 | 125 | 180 | 250 | 355 | 500 |
| >630~1000 | 8.0 | 12 | 20 | 32 | 50 | 80 | 112 | 160 | 224 | 315 | 450 | 630 |
| >1000~1600 | 10 | 16 | 25 | 40 | 63 | 100 | 140 | 200 | 280 | 400 | 560 | 800 |
| >1600~2500 | 11 | 18 | 28 | 45 | 71 | 112 | 160 | 224 | 315 | 450 | 630 | 900 |
| >2500~3150 | 14 | 22 | 36 | 56 | 90 | 140 | 200 | 280 | 400 | 560 | 800 | 1120 |
| >3150~4000 | 16 | 25 | 40 | 63 | 100 | 160 | 224 | 315 | 450 | 630 | 900 | 1250 |
| >4000~5000 | 18 | 28 | 45 | 71 | 112 | 180 | 250 | 355 | 500 | 710 | 1000 | 1400 |
| >5000~7200 | 20 | 32 | 50 | 80 | 125 | 200 | 280 | 400 | 560 | 800 | 1120 | 1600 |

注：1. $F_p$ 和 $F_{pk}$ 按分度圆弧长 $L$ 查表。查 $F_p$ 时，取 $L=\dfrac{1}{2}\pi d=\dfrac{\pi m_n z}{2\cos\beta}$；查 $F_{pk}$ 时，取 $L=\dfrac{k\pi m_n}{\cos\beta}$（$k$ 为 2 到小于 $z/2$ 的整数）。

2. 一般对于 $F_{pk}$，$k$ 值规定取小于 $z/6$（或 $z/8$）的最大整数。

（2）影像法　实际齿廓投影仪放大后的影像与理论齿廓的放大图进行比较，测出齿廓误差。

（3）单啮法　测量元件与被测齿轮进行点啮合，将实际齿廓与理论的法向啮合齿廓进行比较，检测出齿廓误差。

（4）齿形公差　齿形公差 $f_t$ 值见表 12-6。

表 12-6　齿形公差 $f_t$ 值　　　　　（单位：μm）

| 法向模数 $m_n$/mm | 精 度 等 级 | | | | | | | | | |
|------|---|---|---|---|---|---|---|---|---|---|
| | 3 | 4 | 5 | 6 | 7 | 8 | 9 | 10 | 11 | 12 |
| 1~3.5 | 3 | 5 | 7.5 | 12 | 18 | 25 | 35 | 50 | 70 | 100 |
| >3.5~6.3 | 4.5 | 7 | 10 | 17 | 24 | 34 | 48 | 63 | 90 | 130 |
| >6.3~10 | 5 | 8 | 12 | 20 | 28 | 40 | 55 | 75 | 110 | 150 |
| >10~16 | 7 | 10 | 16 | 25 | 35 | 50 | 70 | 95 | 132 | 190 |
| >16~25 | 8 | 12 | 20 | 32 | 45 | 63 | 90 | 125 | 170 | 240 |
| >25~40 | 10 | 16 | 25 | 40 | 56 | 71 | 100 | 140 | 190 | 265 |

**6. 齿轮的综合测量**

齿轮综合检测仪检测齿轮的原理是将被测齿轮与标准齿轮互相啮合进行检测的（标准齿轮和仪器转动的不均匀很小，可认为没有误差）。当啮合传动时，被测齿轮的综合性误差，就会被仪器记录下来。

**7. 齿面表面粗糙度的检测**

齿轮的表面粗糙度受设备和刀具的影响较大。检测方法一般用比较法，就是用标准块与被测齿轮齿面表面粗糙度比较，凭眼力来评定表面粗糙度等级。此外，也可用表面粗糙度测量仪测量。

**8. 噪声的检测**

噪声的检测是在齿轮噪声试验机上进行的。检测时成对进行，通过啮合传动，在较高转速下旋转（>500r/min）而发出声音，凭主观听觉或仪器测定。

# 12.8 锥齿轮类零件的检测

锥齿轮检测可分为几何检测、综合检测和滚动接触检测。

**1. 锥齿轮的几何检测**

GB/T 11365—1989《锥齿轮和准双曲面齿轮精度》中对于中点法向模数≥1mm的锥齿轮，规定了12个精度等级。根据齿轮误差对齿轮传动性能的主要影响，将齿轮各项公差项目分为运动精度、工作平稳性和接触精度三方面。

锥齿轮公差项目的分类见表12-7。为了控制齿轮的制造质量，不必对所有项目都进行测量，除了考虑被加工齿轮的精度外，还要根据齿轮传动的用途、工作条件和技术要求进行分析，选择合适的公差相组合。锥齿轮误差常用的检验组见表12-8。

表 12-7 锥齿轮公差项目的分类

| 公差类别 | 公差项目 |
|---|---|
| 齿坯公差 | 轴径尺寸、孔径尺寸、外径尺寸、面锥母线跳动、基准轴向圆跳动、轮冠距、面锥角 |
| 齿轮公差 | 切向综合公差 $F_i'$、一齿切向综合公差 $f_i'$、轴交角综合公差 $F_{i\Sigma}''$、一齿轴交角综合公差 $f_{i\Sigma}''$、齿距累积公差 $F_p$、$k$ 个齿距累积公差 $F_{pk}$、齿距公差 $f_{pt}$、齿圈径向圆跳动公差 $F_r$、齿厚公差 $E_S$、齿形相对公差 $f_c$ |
| 齿轮副公差 | 齿轮副切向综合公差 $F_{ic}'$、齿轮副切向一齿综合公差 $f_{ic}''$、齿轮副轴交角综合公差 $F_{i\Sigma c}''$、齿轮副一齿轴交角综合公差 $f_{i\Sigma c}''$、齿轮副周期公差 $f_{zkc}'$、接触斑点、齿轮副侧隙 $j_t$、齿轮副侧隙变动量 $F_{vj}$ |
| 轮齿安装公差 | 齿圈轴向位移 $f_{AM}$、齿轮副轴间轴向距公差 $f_a$、齿轮副轴交角公差 $E_{\Sigma}$ |

表 12-8　锥齿轮误差常用的检验组

| 序号 | 组　别 | | | 使用的精度等级 |
| --- | --- | --- | --- | --- |
| | Ⅰ（运动准确性） | Ⅱ（运动平稳性） | Ⅲ（接触精度） | |
| 1 | 切向综合公差 $\Delta F_i'$ | 一齿切向综合公差 $\Delta f_i'$ | 接触区 | 4~8 |
| 2 | 齿距累积公差 $\Delta F_p$ | 周期误差 $\Delta f_{zk}'$ | 接触区 | 4~8 |
| 3 | 齿圈径向圆跳动公差 $\Delta F_r$ | 齿形相对误差 $\Delta f_c$<br>齿距偏差 $\Delta f_{pt}$ | 接触区 | 4~8 |
| 4 | 齿轮副切向综合公差 $\Delta F_{ic}'$ | 齿轮副一齿切向综合误差 $\Delta f_{ic}'$ | 接触区 | 4~8 |
| 5 | 齿距累积公差 $\Delta F_p$ | 齿距偏差 $\Delta f_{pt}$ | 接触区 | 7~12 |

（1）齿距误差的测量　齿距误差包括齿距的偏差、齿距累积误差。齿距偏差影响被测齿轮的轮齿相对回转轴分布的不均匀性，而齿距最大累积误差则反映了齿轮传递运动的准确性。齿距误差的测量是在齿宽中部靠近节锥的位置，以齿轮旋转轴心为轴心的圆周上测量的。锥齿轮的齿距测量可以采用与圆柱齿轮齿距测量相同的仪器和方法。

（2）齿圈径向圆跳动的测量　齿圈径向圆跳动是指位于节锥面上的齿宽中点处齿廓表面相对于齿轮轴线的最大变动量。测量时测头在节锥上与齿面中部接触，且垂直于节锥母线；测量仪器常用与测量圆柱齿轮测量相同且结构简单的齿圈径向圆跳动测量仪（俗称偏差仪）。

（3）齿厚的测量　齿厚误差直接影响齿轮中啮合的齿侧间隙。锥齿轮齿厚的测量最常用的是齿厚卡尺，可直接测量给定弦齿高处的弦齿厚。

另一种测量齿厚的方法是用标准的锥齿轮与被测齿轮比较，测量时先使球形测头垂直于标准锥齿轮节锥母线，测头与两侧齿面同时接触，将表针对零，然后换上被测齿轮，由读数变化可得到被测齿轮的齿厚差。

（4）齿面形貌的测量　弧齿锥齿轮齿面是空间三维曲面，进行齿貌测量需要根据机床调整参数计算出齿面各点的坐标，利用齿轮测量中心仪器进行测量，如图 12-20 所示。齿轮测量中心仪器不仅可以准确测量大小齿轮的齿面形貌，同时也可利用相关的软件（克林贝格或格里森软件）对齿轮的加工精度进行全面测量，如齿距偏差、齿圈径向圆跳动、螺旋角、压力角、齿厚、全齿高、面锥角、根锥角等项目。图 12-21 与图 12-22 所示为齿距及齿轮形貌的测量结果。需要说明的是，齿轮测量中心在检测锥齿轮的齿面形貌前，需要有轮齿的名义数据，该数据是轮齿上网络位置点的坐标值，名义数据一般由齿轮的计算分析软件产生；齿轮测量中心测量这些网格点的实际坐标值（网格点多少自己定），并将测量结果同名义数据相比较，输出差值，配合修正软件可计算出机床调整参数修正量。

图 12-20 用齿轮测量中心仪器测量锥齿轮

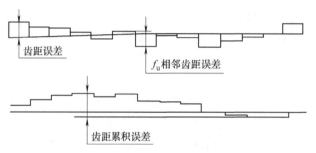

图 12-21 齿距测量结果

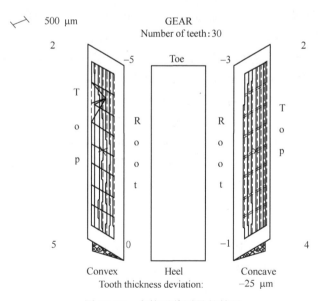

图 12-22 齿轮形貌测量的结果

GEAR—齿轮 Number of teeth—齿数 Toe—小端 Heel—大端 Top—齿顶 Root—齿根

Convex—凸面 Concave—凹面 Tooth thickness deviation—齿厚余量

（5）齿面表面粗糙度的测量　齿面表面粗糙度测量可用表面粗糙度量块目测比较法，也可用便携式表面粗糙度度量仪和通用轮廓仪对齿面表面粗糙度进行定量评价。

**2. 锥齿轮综合测量**

综合测量指滚动一对齿轮副进行测量，可以是一个被测齿轮与一个标准齿轮对滚，也可以两个被测齿轮对滚。齿轮副的综合测量有双面啮合测量和单面啮合测量两种。

（1）双面啮合测量　齿轮副无间隙下啮合径向变化量的测量，是将齿轮安装在轴上后在弹簧的作用下使双面侧齿面接触，测量齿轮旋转时安装距的变化。双啮合测量是一种高效率、低成本的综合测量。

（2）单面啮合测量　齿轮以理论安装距安装在检验机上，在只有一侧齿面接触的情况下进行有侧隙的滚动，测量零件实际回转角度同理论回转角度的差值。

（3）传动误差产生的原因　当齿轮完全啮合时，运动过程中产生相对角位移，为了补偿加载变形以及装配、加工误差，齿轮副常常需要设计出一定的修形。当在齿根和齿顶有修形时，就产生相对角位移，节线附近为零，齿根和齿顶处最大为负值。

在实际运转中，主、从动齿轮的转速传递并不是均匀不变的，主要原因如下：①齿轮副设计的误差；②齿轮副的各种加工误差、齿距误差、跳动误差等；③齿轮副装配误差；④加载后系统变形。

**3. 锥齿轮噪声检测**

齿轮空转时，声音必须平滑而无敲击声；齿轮加载时，允许有比空载时高的噪声，但仍应连续和平滑。齿轮噪声检测，根据不同要求可以利用标准声级计或专用声学测试分析仪进行检测并做频谱分析。

齿轮产生噪声的主要原因如下：

1）齿面接触区不好，特别是边缘接触、干涉等，易产生较大的噪声。

2）主、从动锥齿轮的齿圈径向圆跳动误差过大，出现周期性噪声。

3）齿轮齿距误差大，应检查机床分度机构和铣齿夹具、检验夹具的跳动和间隙等。齿面表面粗糙度达不到要求，齿面有碰伤及毛刺等，容易产生频率较高的噪声。

# 12.9　端齿盘类零件的检测

**1. 几何尺寸的检测**

1）端齿盘零件内孔的检测一般用百分表、千分表测量，批量较大的零件内孔用光滑塞规检测。

2）外圆用千分尺、专用量具或三坐标测量仪测量。

**2. 基准面、孔的检测**

（1）基准面的平面度 将齿盘副放在平板上的三个均匀分布的支承上，平板上放一指示器，使其测头触及齿盘的基面。调整支承，使基准面上相距最远的三点对平板等高。移动指示器进行测量，以指示器读数的最大差值计算。

（2）基准面的圆跳动 将齿盘副和指示器放在平板上，指示器的测头触及齿盘齿长中点的基准面上。使齿盘副与指示器相对回转一周，进行检验。误差以指示器读数的最大差值计。将上齿盘抬起，每转60°落下、定位，重复上述检验，直至齿分度一周。以各分度位置上误差的最大值作为测定值。

（3）定心孔对齿盘回转定位中心的圆跳动 将齿盘副的下齿盘固定在专用检验台上，上齿盘装在检验台的转轴上。在检验台上固定指示器，并使测头触及上齿盘内孔。将上齿盘抬起，每转60°落下、定位，进行检验，直至分度回转一周。误差以指示器的最大差值计。

**3. 分度检测**

（1）分度精度 将齿盘副的下齿盘固定在专用检验台上，上齿盘装在检验台的转轴上，并在其上加一个约等于上齿盘重量的负荷；然后，对准齿盘的中心固定一个面数等于测量工位数或其整数倍的正多面棱体，在齿盘副的外侧放一台自准直仪，并调整到零位；使上齿盘抬起、回转，并在每个工位上停止、落下、定位，用自准直仪测量上齿盘的实际回转角，误差以自准直仪读数的最大代数差值计。

（2）重复位精度 将齿盘副的下齿盘固定在专用检验台上，上齿盘装在检验台的转轴上，并在其上加一个约等于上齿盘重量的负荷；然后，对准齿盘的中心固定一个面数等于测量工位数或其整数倍的正多面棱体，在齿盘副的外侧放一台自准直仪；再使上齿盘抬起，再落下定位，用自准直仪测量，连续进行五次。误差以自准直仪五次读数的最大代数差值计；再使上齿盘分别回转到任选的三个分度位置上，进行同样检验，以四个分度位置上测得的重复定位误差中的最大者作为测定值。

**4. 齿的接触精度检验**

齿盘牙齿的工作面上涂一薄层检查用色，将上、下齿盘合在一起，用木锤（或尼龙棒）均匀地敲击齿盘的端面。将齿盘分开，检查牙齿工作面的接触痕迹。接触面积比小于规定值的齿，按不接触计。

# 12.10 蜗杆蜗轮类零件的检测

**1. 蜗杆的检测**

蜗杆各误差项目的测量，除专用仪器外，由于其形成原理与螺纹类似，因而螺纹误差的测量方法和测量仪器也适用于蜗杆相应误差项目的测量。对于多头蜗杆，应分别测量每个头的误差和各头之间的相对误差，取其中最大值作为测量结果。

（1）蜗杆螺旋线误差的测量　蜗杆螺旋线误差是较重要的综合误差指标。它综合反映蜗杆轴向齿距偏差、齿廓偏差、齿槽径向圆跳动等误差的影响。考虑到蜗杆传动的特征，一般规定该项误差由蜗杆一转范围内螺旋线误差和在蜗杆齿的工作长度内螺旋线误差两部分组成。测量蜗杆螺旋线误差的仪器要具有被测蜗杆相对于测量头的旋转运动和与旋转运动相联系的、精确的轴向移动两个基本运动。目前，测量蜗杆螺旋线误差的方法有相对法和坐标法两种。

（2）蜗杆齿形误差的测量　蜗杆齿形误差是压力角偏差和齿面形状误差的综合。

1）在专用仪器上测量蜗杆齿形误差。这类专用仪器有滚刀检查仪、蜗杆检查仪、导程仪等。用专用仪器测量蜗杆齿形误差时，仪器上应具有能按蜗杆形成原理、保证测头在齿廓为直线的截面上进行测量的装置。

2）在万能工具显微镜上测量蜗杆齿形误差。这种方法主要适用于测量小的、一般精度的蜗杆。根据被测蜗杆螺旋角的不同，可选用影像法或光学灵敏杠杆接触法测量。

（3）蜗杆轴向齿距偏差的测量　蜗杆轴向齿距偏差和蜗杆轴向齿距累积误差都是在与蜗杆轴线平行的直线上测量的。能够测量蜗杆螺旋线误差的仪器均可测量蜗杆轴向齿距偏差，其测量方法与螺纹螺距或斜齿轮轴向齿距的测量方法基本相同。

（4）蜗杆齿槽径向圆跳动的测量　蜗杆齿槽径向圆跳动的测量可以使用径向圆跳动检查仪和滚刀检查仪，也可以在万能工具显微镜上用测量仪测量。测量蜗杆齿槽径向圆跳动时，蜗杆转动，测量头随蜗杆沿蜗杆轴线方向相对移动。被测蜗杆安装于两顶尖间，测微仪球形测头的轴线应位于和蜗杆轴线相垂直的轴截面上，测量头与两齿廓接触，转动蜗杆并移动滑板，测微仪的变化即为蜗杆齿槽的径向圆跳动。

（5）蜗杆齿厚偏差的测量

1）蜗杆齿厚偏差的测量应以蜗杆工作轴线为基准，可以直接测量和间接测量。

2）对于大尺寸、低精度蜗杆，可用齿厚游标卡尺与蜗杆顶圆为基准直接测量蜗杆实际齿厚，求其与公称值之差，获得齿厚偏差。必要时可按顶圆实际尺寸和顶圆径向圆跳动来校正测量结果。

3）对于精度高，或尺寸小、导程角大的蜗杆，可采用量柱测量距 $M$ 值来间接地评定齿厚偏差。当蜗杆头数为偶数时，用两根量柱测量即可；当蜗杆头数为奇数时，需用三根量柱测量。对于一般的蜗杆，$M$ 值可用千分尺或指示千分尺测量；而对于精度较高的蜗杆，则在测长仪或光学计上测量。

**2. 蜗轮的检测**

蜗轮的检测主要用啮合法测量其综合误差，即与精确测量蜗杆用单面啮合测量切向综合误差和相邻切向综合误差，用双面啮合测量径向综合误差和相邻齿径向综合误差；也可以用测量单项误差（齿距累积误差、齿圈径向圆跳动和齿距偏差）来代替各项综合误差的测量。由于蜗轮轮齿的加工方法基本上与渐开线齿轮相同，评定蜗轮质量的各误差项目的含义与渐开线圆柱齿轮精度标准中各项误差项目的含义基本一致，因而蜗轮各项误差项目的测量方法和仪器也基本上与渐开线圆柱齿轮相应误差的测量相同，应注意的是蜗轮各项误差项目的测量应在中央截面上进行。

蜗轮的切向综合误差和切向一齿综合误差的测量必须在蜗杆式单面啮合仪上精确测量。蜗轮的径向综合误差和径向一齿综合误差的测量一般在备有蜗杆副测量专用附件的双面啮合综合检查仪上测量。其他在单双啮测量中的方法、评价等，都与渐开线圆柱齿轮相同。

蜗轮轮齿齿廓误差的测量也与渐开线圆柱齿轮基本相同，所不同的是，应该根据相配蜗杆的类型正确地选择蜗轮齿廓误差的测量截面。蜗轮轮齿齿廓误差一般应在齿廓为渐开线的截面上测量。

蜗轮齿厚的测量可用两根精确测量过的蜗杆平行放置在蜗轮直径方向，并与其紧密啮合，测量尺寸 $M$，其公称值为

$$M = d_2 + d_1 + \bar{d}$$

式中　　$d_2$——蜗轮分度圆直径（mm）；

　　　　$d_1$——两测量蜗杆分度圆直径平均值（mm）；

　　　　$\bar{d}$——两测量蜗杆齿顶圆直径平均值（mm）。

也可用两个钢球放在蜗轮对径方向的齿槽内测得尺寸 $M$。对于精度不高的蜗轮，还可以用游标卡尺直接测量分度圆的法向齿厚。

同蜗杆的测量一样，蜗轮的各项误差也可以在齿轮测量中心上一次完成。

**3. 蜗杆副和蜗杆传动的检测**

蜗杆副和蜗杆传动的检测都是配对的蜗杆和蜗轮综合误差和接触斑点的测量。其不同点是蜗杆副的测量是在蜗杆式单面仪上进行的一对蜗杆副的配对测量；而蜗杆传动的测量是蜗杆副安装好后进行啮合传动，且在蜗轮和蜗杆相对位置变化一个整周期内测量，它直接反映了蜗杆传动装置的传动精度。

蜗杆副的切向综合公差和相邻齿切向综合公差分别按蜗轮的切向综合公差和相邻齿切向综合公差确定。蜗杆副的接触斑点面积的百分比要求则按传动接触斑

点要求增加 5%确定。

蜗杆副的侧隙一般在蜗杆副安装好后进行检查。测量时，蜗杆不动，自由地转动蜗轮，通过蜗轮轮齿齿面上的测微仪读出的最大圆周摆动量就是蜗杆副的侧隙。

## 12.11 箱体类零件的检测

箱体类零件（见图 12-23）属于较复杂零件，是机械设备的基础，其他零件的相互位置由箱体来保证。箱体零件主要检测项目是平面度误差、同轴度误差、平行度误差和垂直度误差等。

图 12-23 箱体实物图片

**1. 平面度误差的检测**

箱体类零件有平面度要求的表面通常是基准面，是必须控制的要素。箱体结构尺寸小于 500mm 的可以使用刀口形直尺，用光隙法检测，也可使用平板、塞尺在平板上检测。

当被测箱体结构尺寸大于 500mm 时，推荐采用三坐标测量机或电子水平仪检测平面度。这两种方法的特点是采集数据后可以使用仪器软件自行快速处理，生成检测结果。不推荐使用准直仪和水平仪，此两种仪器检测平面度时需人工处理数据，把采集的数据逐一记录下来，按照一定的计算方法运算，费时费力，效率很低，且处理结果不如前两种仪器准确，易产生分歧。

**2. 同轴度误差的检测**

箱体类零件的同轴度要求，就是控制支撑轴、轴承的孔之间中心误差，这项误差直接影响零部件工作质量，这些孔多是加工在箱体壁上的。

（1）三坐标测量机检测　这种检测方法属专业检测，一般由专职计量检测人员操作。将被测零件放置在仪器工作台上，按图样要求采集数据建立坐标系，使用测量程序完成检测，即可输出检测结果。

（2）专用检具检测　实际工作中通常选择专用检具，特别是批量生产时，使用专用检具检测快捷方便，效率高。由于箱体类零件具有结构尺寸较大且薄壁（轴向尺寸小）的特点，使用三坐标测量机检测时，可能会因为采集基准要素的数据太少（轴向尺寸小）产生测量误差，不能真实反映零件实际状态。使用专用检具检测时，专用检具代替实际装配零件（轴），实际穿过箱体的被测孔，可以真实准确地反映箱体的同轴度。

**3. 平行度误差的检测**

（1）三坐标测量机检测　这种检测方法属专业检测，一般由专职计量检测人员操作。将被测零件放置在仪器工作台上，按图样要求采集数据建立坐标系，使用测量程序完成检测，即可输出检测结果。

（2）现场平板指示表法　现场平板指示表法检测如图12-24所示。检测平行度应在零件平面度合格条件下进行。操作时应选择技术条件满足检测要求的平板，使用三个可调支撑，支在被测零件的一个平面上（通常选较好的那个面），先调整可调支撑使三个支点位置示值相同（根据公差值确定允许偏离量）。此时测量的是底面，使用杠杆表或指示表反向安装（测头向上），调整完成后，分别检测三个支撑上方，三个点的读数差可判定为零件的平行度误差，可变换几个位置重复测量，取最大值。

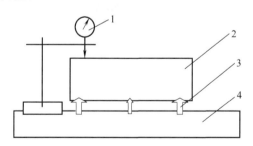

图12-24　现场平板指示表法检测

1—指示表　2—被测零件　3—可调支撑　4—平板

**4. 垂直度误差的检测**

（1）三坐标测量机检测　三坐标测量机检测属专业检测，一般由专职计量检测人员操作。将被测零件放置在仪器工作台上，按图样要求采集数据建立坐标系，使用测量程序完成检测，即可输出检测结果。

（2）现场检测　当被测箱体结构尺寸小于500mm，几何误差要求不高时，可以在平板上检测垂直度，如图 12-25 所示。

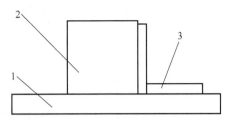

图 12-25　在平板上检测垂直度

1—平板　2—被测箱体　3—标准器

把箱体的基准平面放置在平板上，也可选三点支撑，调整基准面与平板平行。用一个直角标准器（可以是直角尺、刀口形直角尺、圆器）配合辅助装置，用光隙法、塞尺法检测出垂直度误差。

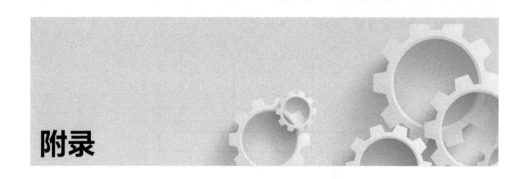

# 附录

## 附录 A 车轴类工件的留磨余量 （单位：mm）

### 一、外圆的留磨余量

| 轴的直径 | 性质 | 零件长度 | | | | |
|---|---|---|---|---|---|---|
| | | ≤100 | >100~250 | >250~500 | >500~800 | >800~1200 |
| | | 直径余量 | | | | |
| ≤10 | 不淬火 | 0.2 | 0.2 | 0.3 | 0.4 | 0.5 |
| | 淬火 | 0.3 | 0.3 | 0.4 | 0.5 | 0.6 |
| >10~18 | 不淬火 | 0.2 | 0.2 | 0.3 | 0.4 | 0.5 |
| | 淬火 | 0.3 | 0.3 | 0.4 | 0.5 | 0.6 |
| >18~30 | 不淬火 | 0.3 | 0.3 | 0.3 | 0.4 | 0.4 |
| | 淬火 | 0.3 | 0.4 | 0.4 | 0.5 | 0.6 |
| >30~50 | 不淬火 | 0.3 | 0.3 | 0.4 | 0.5 | 0.6 |
| | 淬火 | 0.4 | 0.4 | 0.5 | 0.6 | 0.7 |
| >50~80 | 不淬火 | 0.3 | 0.4 | 0.4 | 0.5 | 0.6 |
| | 淬火 | 0.4 | 0.5 | 0.5 | 0.6 | 0.8 |
| >80~120 | 不淬火 | 0.4 | 0.4 | 0.5 | 0.5 | 0.6 |
| | 淬火 | 0.5 | 0.5 | 0.6 | 0.6 | 0.8 |
| >120~180 | 不淬火 | 0.5 | 0.5 | 0.6 | 0.8 | 0.7 |
| | 淬火 | 0.6 | 0.6 | 0.7 | 0.8 | 0.9 |
| >180~260 | 不淬火 | 0.5 | 0.6 | 0.6 | 0.7 | 0.8 |
| | 淬火 | 0.6 | 0.7 | 0.7 | 0.8 | 0.9 |

### 二、内孔的留磨余量

| 孔的直径 | 性质 | 孔的长度 | | | | |
|---|---|---|---|---|---|---|
| | | ≤30 | >30~50 | >50~100 | >100~120 | >200~300 |
| | | 直径余量 | | | | |
| >5~12 | 不淬火 | 0.1 | 0.1 | 0.1 | | |
| | 淬火 | 0.1 | 0.1 | 0.1 | | |

（续）

| 孔的直径 | 性质 | 孔的长度 | | | | |
| --- | --- | --- | --- | --- | --- | --- |
| | | ≤30 | >30~50 | >50~100 | >100~120 | >200~300 |
| | | 直径余量 | | | | |
| >12~18 | 不淬火 | 0.2 | 0.2 | 0.2 | 0.2 | |
| | 淬火 | 0.3 | 0.3 | 0.3 | 0.3 | |
| >18~30 | 不淬火 | 0.3 | 0.3 | 0.3 | 0.3 | |
| | 淬火 | 0.4 | 0.4 | 0.5 | 0.55 | |
| >30~50 | 不淬火 | 0.3 | 0.4 | 0.4 | 0.4 | |
| | 淬火 | 0.5 | 0.5 | 0.5 | 0.5 | |
| >50~80 | 不淬火 | 0.3 | 0.4 | 0.4 | 0.5 | 0.5 |
| | 淬火 | 0.5 | 0.5 | 0.6 | 0.6 | 0.6 |
| >80~120 | 不淬火 | 0.4 | 0.4 | 0.5 | 0.5 | 0.6 |
| | 淬火 | 0.5 | 0.5 | 0.6 | 0.6 | 0.6 |
| >120~180 | 不淬火 | 0.5 | 0.5 | 0.5 | 0.6 | 0.6 |
| | 淬火 | 0.7 | 0.7 | 0.8 | 0.8 | 0.8 |
| >180~260 | 不淬火 | 0.6 | 0.6 | 0.6 | 0.6 | 0.6 |
| | 淬火 | 0.8 | 0.8 | 0.8 | 0.85 | 0.9 |

注：1. 选用时应根据热处理变形程度不同，适当增减表中数值。

2. 留磨表面粗糙度不大于 $Ra6.3\mu m$。

### 附录 B　精车和磨端面的加工余量　　　　　　（单位：mm）

| 零件直径 d | 零件全长 L | | | | | |
| --- | --- | --- | --- | --- | --- | --- |
| | ≤18 | >18~50 | >50~120 | >120~260 | >260~500 | >500 |
| | 精车端面的加工余量 | | | | | |
| ≤30 | 0.5 | 0.6 | 0.7 | 0.8 | 1.0 | 1.2 |
| >30~50 | 0.5 | 0.6 | 0.7 | 0.8 | 1.0 | 1.2 |
| >50~120 | 0.7 | 0.7 | 0.8 | 1.0 | 1.2 | 1.2 |
| >120~260 | 0.8 | 0.8 | 1.0 | 1.0 | 1.2 | 1.4 |
| >260~500 | 1.0 | 1.0 | 1.2 | 1.2 | 1.4 | 1.5 |
| >500 | 1.2 | 1.2 | 1.4 | 1.4 | 1.5 | 1.7 |
| 长度公差 | -0.2 | -0.3 | -0.4 | -0.5 | -0.6 | -0.8 |

| 零件直径 d | 零件全长 L | | | | | |
| --- | --- | --- | --- | --- | --- | --- |
| | ≤18 | >18~50 | >50~120 | >120~260 | >260~500 | >500 |
| | 磨端面的加工余量 | | | | | |
| ≤30 | 0.2 | 0.3 | 0.3 | 0.4 | 0.5 | 0.6 |
| >30~50 | 0.3 | 0.3 | 0.4 | 0.4 | 0.5 | 0.6 |
| >50~120 | 0.3 | 0.3 | 0.4 | 0.5 | 0.6 | 0.6 |
| >120~260 | 0.4 | 0.4 | 0.5 | 0.5 | 0.6 | 0.7 |
| >260~500 | 0.5 | 0.5 | 0.5 | 0.6 | 0.7 | 0.7 |
| >500 | 0.6 | 0.6 | 0.6 | 0.7 | 0.8 | 0.8 |

注：加工有台阶的轴时，每个台阶的加工余量应根据该台阶直径及零件全长分别选用。

### 附录 C  粗镗孔的进给量

| 工件材料 | 车刀圆截面的直径 $d$/mm | 刀杆伸出长度 $L$/mm | 背吃刀量 $a_p$/mm | | |
|---|---|---|---|---|---|
| | | | 2 | 3 | 5 |
| | | | 进给量 $f$/(mm/r) | | |
| 钢及铸钢 | 10 | 50 | <0.08 | — | — |
| | 12 | 60 | ≤0.10 | <0.08 | — |
| | 16 | 80 | 0.08~0.20 | ≤0.12 | ≤0.08 |
| | 20 | 100 | 0.15~0.40 | 0.10~0.25 | ≤0.10 |
| | 25 | 125 | 0.25~0.70 | 0.15~0.40 | 0.08~0.20 |
| | 35 | 150 | 0.5~1.0 | 0.20~0.50 | 0.12~0.30 |
| | 40 | 200 | — | 0.25~0.60 | 0.13~0.40 |
| 铸铁 | 10 | 50 | 0.08~0.12 | ≤0.08 | — |
| | 12 | 60 | 0.12~0.20 | 0.08~0.12 | ≤0.08 |
| | 16 | 80 | 0.25~0.40 | 0.15~0.25 | 0.08~0.12 |
| | 20 | 100 | 0.50~0.80 | 0.30~0.50 | 0.15~0.25 |
| | 25 | 125 | 0.90~1.50 | 0.50~0.80 | 0.25~0.50 |
| | 35 | 150 | — | 0.90~1.20 | 0.50~0.70 |
| | 40 | 200 | | | 0.60~1.0 |

### 附录 D  攻普通米制螺纹前钻底孔用钻头的直径

| 螺纹规格 | 螺距 $P$/mm | | 螺纹小径 $D_1$/mm | | 钻头直径 $d$/mm | 螺纹规格 | 螺距 $P$/mm | | 螺纹小径 $D_1$/mm | | 钻头直径 $d$/mm |
|---|---|---|---|---|---|---|---|---|---|---|---|
| | | | 最大 | 最小 | | | | | 最大 | 最小 | |
| M2 | 粗 | 0.4 | 1.677 | 1.567 | 1.60 | M8 | 粗 | 1.25 | 6.887 | 6.647 | 6.70 |
| | 细 | 0.25 | 1.809 | 1.729 | 1.75 | | 细 | 1.0 | 7.118 | 6.918 | 7.00 |
| M3 | 粗 | 0.4 | 2.599 | 2.459 | 2.50 | | | 0.75 | 7.378 | 7.118 | 7.20 |
| | 细 | 0.35 | 2.721 | 2.621 | 2.65 | M10 | 粗 | 1.5 | 8.626 | 8.336 | 8.50 |
| M4 | 粗 | 0.7 | 3.422 | 3.242 | 3.30 | | 细 | 1.25 | 8.867 | 8.647 | 8.70 |
| | 细 | 0.5 | 3.599 | 3.459 | 3.50 | | | 1.0 | 9.118 | 8.918 | 9.00 |
| M5 | 粗 | 0.8 | 4.334 | 4.134 | 4.20 | | | 0.75 | 9.378 | 9.118 | 9.20 |
| | 细 | 0.5 | 4.599 | 4.459 | 4.50 | M12 | 粗 | 1.75 | 10.386 | 10.106 | 10.20 |
| M6 | 粗 | 1.0 | 5.118 | 4.918 | 5.00 | | 细 | 1.50 | 10.626 | 10.376 | 10.50 |
| | | | | | | | | 1.25 | 10.867 | 10.647 | 10.70 |
| | 细 | 0.75 | 5.378 | 5.118 | 5.20 | | | 1.0 | 11.118 | 10.918 | 11.00 |

（续）

| 螺纹规格 | 螺距P/mm | | 螺纹小径 $D_1$/mm | | 钻头直径 | 螺纹规格 | 螺距P/mm | | 螺纹小径 $D_1$/mm | | 钻头直径 |
|---|---|---|---|---|---|---|---|---|---|---|---|
| | | | 最大 | 最小 | d/mm | | | | 最大 | 最小 | d/mm |
| M16 | 粗 | 2.0 | 14.135 | 13.835 | 13.90 | M30 | 粗 | 3.5 | 26.631 | 26.211 | 26.30 |
| | 细 | 1.5 | 14.626 | 14.376 | 14.50 | | 细 | 3 | 26.90 | 26.88 | 26.70 |
| | | 1.0 | 15.118 | 14.918 | 15.00 | | | 2 | 28.135 | 27.835 | 27.90 |
| M20 | 粗 | 2.5 | 17.634 | 17.294 | 17.40 | | | 1.5 | 28.626 | 28.376 | 28.50 |
| | 细 | 2.0 | 18.135 | 17.835 | 17.90 | | | 1 | 29.118 | 28.918 | 29.00 |
| | | 1.5 | 18.626 | 18.376 | 18.50 | M33 | 粗 | 3.5 | 29.631 | 29.211 | 29.30 |
| | | 1 | 19.118 | 18.918 | 19.00 | | 细 | 2 | 31.135 | 30.835 | 30.90 |
| M24 | 粗 | 3 | 21.132 | 20.752 | 20.90 | | | 1.5 | 31.626 | 31.376 | 31.50 |
| | 细 | 2 | 22.135 | 21.835 | 21.90 | M36 | 粗 | 4 | 32.150 | 31.670 | 31.80 |
| | | 1.5 | 22.626 | 22.376 | 22.50 | | 细 | 3 | 33.132 | 32.752 | 32.90 |
| | | 1 | 23.118 | 22.918 | 23.0 | | | 2 | 34.135 | 33.835 | 33.90 |
| M27 | 粗 | 3 | 24.132 | 23.752 | 23.90 | | | 1.5 | 34.626 | 34.376 | 34.50 |
| | 细 | 2 | 25.135 | 24.835 | 24.90 | M39 | 粗 | 4 | 35.150 | 34.670 | 34.80 |
| | | 1.5 | 25.626 | 25.376 | 25.50 | | 细 | 3 | 36.132 | 35.752 | 35.90 |
| | | 1 | 26.118 | 25.918 | 26.00 | | | 2 | 37.135 | 36.835 | 36.90 |
| | | | | | | | | 1.5 | 37.626 | 37.376 | 37.50 |

注：本表为钻钢或黄铜时选用，当钻铸铁或青铜时可减小 0.1~0.2mm。

### 附录 E   A 型中心孔的尺寸　　　　　（单位：mm）

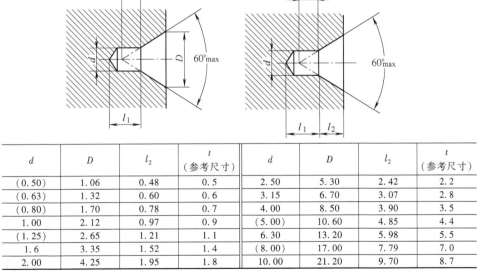

| d | D | $l_2$ | t（参考尺寸） | d | D | $l_2$ | t（参考尺寸） |
|---|---|---|---|---|---|---|---|
| (0.50) | 1.06 | 0.48 | 0.5 | 2.50 | 5.30 | 2.42 | 2.2 |
| (0.63) | 1.32 | 0.60 | 0.6 | 3.15 | 6.70 | 3.07 | 2.8 |
| (0.80) | 1.70 | 0.78 | 0.7 | 4.00 | 8.50 | 3.90 | 3.5 |
| 1.00 | 2.12 | 0.97 | 0.9 | (5.00) | 10.60 | 4.85 | 4.4 |
| (1.25) | 2.65 | 1.21 | 1.1 | 6.30 | 13.20 | 5.98 | 5.5 |
| 1.6 | 3.35 | 1.52 | 1.4 | (8.00) | 17.00 | 7.79 | 7.0 |
| 2.00 | 4.25 | 1.95 | 1.8 | 10.00 | 21.20 | 9.70 | 8.7 |

注：1. 尺寸 $l_1$ 取决于中心钻的长度 $l_1$，即使中心钻重磨后再使用，此值也不应小于 t 值。
　　2. 表中同时列出了 D 和 $l_2$ 尺寸，制造厂可任选其中一个尺寸。
　　3. 括号内的尺寸尽量不采用。

## 附录 F　B 型中心孔的尺寸　　　　　　　（单位：mm）

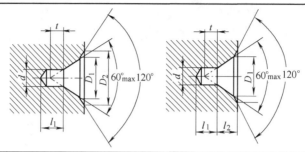

| $d$ | $D_1$ | $D_2$ | $l_2$ | $t$ （参考尺寸） | $d$ | $D_1$ | $D_2$ | $l_2$ | $t$ （参考尺寸） |
|---|---|---|---|---|---|---|---|---|---|
| 1.00 | 2.12 | 3.15 | 1.27 | 0.9 | 4.00 | 8.50 | 12.50 | 5.05 | 3.5 |
| (1.25) | 2.65 | 4.00 | 1.60 | 1.1 | (5.00) | 10.60 | 16.00 | 6.41 | 4.4 |
| 1.60 | 3.35 | 5.00 | 1.99 | 1.4 | 6.30 | 13.20 | 18.00 | 7.36 | 5.5 |
| 2.00 | 4.25 | 6.30 | 2.54 | 1.8 | (8.00) | 17.00 | 22.40 | 9.36 | 7.0 |
| 2.50 | 5.30 | 8.00 | 3.20 | 2.2 | 10.00 | 21.20 | 28.00 | 11.66 | 8.7 |
| 3.15 | 6.70 | 10.00 | 4.03 | 2.8 | | | | | |

注：1. 尺寸 $l_1$ 取决于中心钻的长度 $l_1$，即使中心钻重磨后再使用，此值也不应小于 $t$ 值。
　　2. 表中同时列出了 $D_2$ 和 $l_2$ 尺寸，制造厂可任选其中一个尺寸。
　　3. 尺寸 $d$ 和 $D_1$ 与中心钻的尺寸一致。
　　4. 括号内的尺寸尽量不采用。

## 附录 G　C 型中心孔的尺寸　　　　　　　（单位：mm）

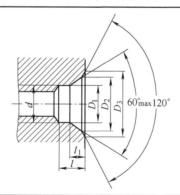

| $d$ | $D_1$ | $D_2$ | $D_3$ | $l$ | $l_1$ （参考尺寸） | $d$ | $D_1$ | $D_2$ | $D_3$ | $l$ | $l_1$ （参考尺寸） |
|---|---|---|---|---|---|---|---|---|---|---|---|
| M3 | 3.2 | 5.3 | 5.8 | 2.6 | 1.8 | M10 | 10.5 | 14.9 | 16.3 | 7.5 | 3.8 |
| M4 | 4.3 | 6.7 | 7.4 | 3.2 | 2.1 | M12 | 13.0 | 18.1 | 19.8 | 9.5 | 4.4 |
| M5 | 5.3 | 8.1 | 8.8 | 4.0 | 2.4 | M16 | 17.0 | 23.0 | 25.3 | 12.0 | 5.2 |
| M6 | 6.4 | 9.6 | 10.5 | 5.0 | 2.8 | M20 | 21.0 | 28.4 | 31.3 | 15.0 | 6.4 |
| M8 | 8.4 | 12.2 | 13.2 | 6.0 | 3.3 | M24 | 26.0 | 34.2 | 38.0 | 18.0 | 8.0 |

## 附录 H　测量齿轮用的圆柱直径　　　　　　（单位：mm）

| 模数 m | 圆柱直径 $d_c$ | | 模数 m | 圆柱直径 $d_c$ | |
|---|---|---|---|---|---|
| | 测量外径 1.728m | 测量内径 1.440m | | 测量外径 1.728m | 测量内径 1.440m |
| 0.3 | 0.518 | 0.432 | 7 | 12.096 | 10.080 |
| 0.4 | 0.691 | 0.576 | 8 | 13.824 | 11.520 |
| 0.5 | 0.864 | 0.720 | 9 | 15.552 | 12.960 |
| 0.6 | 1.037 | 0.864 | 10 | 17.280 | 14.400 |
| 0.7 | 1.210 | 1.008 | 12 | 20.736 | 17.280 |
| 0.8 | 1.382 | 1.152 | 14 | 24.192 | 20.160 |
| 1 | 1.728 | 1.440 | 16 | 27.648 | 23.040 |
| 1.25 | 2.160 | 1.800 | 18 | 31.104 | 25.920 |
| 1.5 | 2.592 | 2.160 | 20 | 34.560 | 28.800 |
| 1.75 | 3.024 | 2.520 | 22 | 38.016 | 31.680 |
| 2 | 3.456 | 2.880 | 25 | 43.200 | 36.000 |
| 2.25 | 3.888 | 3.240 | 28 | 48.384 | 40.320 |
| 2.5 | 4.320 | 3.600 | 30 | 51.840 | 43.200 |
| 3 | 5.184 | 4.320 | 33 | 57.024 | 47.520 |
| 3.5 | 6.048 | 5.040 | 36 | 62.208 | 51.840 |
| 4 | 6.912 | 5.760 | 40 | 69.120 | 57.600 |
| 4.5 | 7.776 | 6.480 | 45 | 77.760 | 64.800 |
| 5 | 8.640 | 7.200 | 50 | 86.400 | 72.000 |
| 6 | 10.368 | 8.640 | | | |

## 附录 I　公法线长度及跨齿数表（$m=1\text{mm}$，$\alpha_0=20°$）

| 齿轮齿数 z | 跨齿数 k | 公法线长度 $W_k$/mm | 齿轮齿数 z | 跨齿数 k | 公法线长度 $W_k$/mm | 齿轮齿数 z | 跨齿数 k | 公法线长度 $W_k$/mm | 齿轮齿数 z | 跨齿数 k | 公法线长度 $W_k$/mm |
|---|---|---|---|---|---|---|---|---|---|---|---|
| 4 | 2 | 4.4842 | 14 | 2 | 4.6243 | 24 | 3 | 7.7165 | 34 | 4 | 10.8086 |
| 5 | 2 | 4.4982 | 15 | 2 | 4.6383 | 25 | 3 | 7.7305 | 35 | 4 | 10.8227 |
| 6 | 2 | 4.5122 | 16 | 2 | 4.6523 | 26 | 3 | 7.7445 | 36 | 5 | 13.7888 |
| 7 | 2 | 4.5262 | 17 | 2 | 4.6663 | 27 | 4 | 10.7106 | 37 | 5 | 13.8028 |
| 8 | 2 | 4.5402 | 18 | 2 | 7.6324 | 28 | 4 | 10.7246 | 38 | 5 | 13.8168 |
| 9 | 2 | 4.5542 | 19 | 3 | 7.6464 | 29 | 4 | 10.7386 | 39 | 5 | 13.8308 |
| 10 | 2 | 4.5683 | 20 | 3 | 7.6604 | 30 | 4 | 10.7526 | 40 | 5 | 13.8448 |
| 11 | 2 | 4.5823 | 21 | 3 | 7.6744 | 31 | 4 | 10.7666 | 41 | 5 | 13.8588 |
| 12 | 2 | 4.5963 | 22 | 3 | 7.6885 | 32 | 4 | 10.7806 | 42 | 5 | 13.8728 |
| 13 | 2 | 4.6103 | 23 | 3 | 7.7025 | 33 | 4 | 10.7946 | 43 | 5 | 13.8868 |

（续）

| 齿轮<br>齿数 z | 跨齿<br>数 k | 公法线<br>长度<br>$W_k$/mm | 齿轮<br>齿数 z | 跨齿<br>数 k | 公法线<br>长度<br>$W_k$/mm | 齿轮<br>齿数 z | 跨齿<br>数 k | 公法线<br>长度<br>$W_k$/mm | 齿轮<br>齿数 z | 跨齿<br>数 k | 公法线<br>长度<br>$W_k$/mm |
|---|---|---|---|---|---|---|---|---|---|---|---|
| 44 | 5 | 13.9008 | 74 | 9 | 26.1295 | 104 | 12 | 35.4061 | 134 | 15 | 44.6826 |
| 45 | 6 | 16.8670 | 75 | 9 | 26.1435 | 105 | 12 | 35.4201 | 135 | 16 | 47.6488 |
| 46 | 6 | 16.8810 | 76 | 9 | 26.1575 | 106 | 12 | 35.4341 | 136 | 16 | 47.6628 |
| 47 | 6 | 16.8950 | 77 | 9 | 26.1715 | 107 | 12 | 35.4481 | 137 | 16 | 47.6768 |
| 48 | 6 | 16.9090 | 78 | 9 | 26.1855 | 108 | 13 | 38.4142 | 138 | 16 | 47.6908 |
| 49 | 6 | 16.9230 | 79 | 9 | 26.1996 | 109 | 13 | 38.4282 | 139 | 16 | 47.7048 |
| 50 | 6 | 16.9370 | 80 | 9 | 26.2136 | 110 | 13 | 38.4423 | 140 | 16 | 47.7188 |
| 51 | 6 | 16.9510 | 81 | 10 | 29.1797 | 111 | 13 | 38.4563 | 141 | 16 | 47.7328 |
| 52 | 6 | 16.9650 | 82 | 10 | 29.1937 | 112 | 13 | 38.4703 | 142 | 16 | 47.7468 |
| 53 | 6 | 16.9790 | 83 | 10 | 29.2077 | 113 | 13 | 38.4843 | 143 | 16 | 47.7608 |
| 54 | 7 | 19.9452 | 84 | 10 | 29.2217 | 114 | 13 | 38.4983 | 144 | 17 | 50.7270 |
| 55 | 7 | 19.9592 | 85 | 10 | 29.2357 | 115 | 13 | 38.5123 | 145 | 17 | 50.7410 |
| 56 | 7 | 19.9732 | 86 | 10 | 29.2497 | 116 | 13 | 38.5263 | 146 | 17 | 50.7550 |
| 57 | 7 | 19.9872 | 87 | 10 | 29.2637 | 117 | 14 | 41.4924 | 147 | 17 | 50.7690 |
| 58 | 7 | 20.0012 | 88 | 10 | 29.2777 | 118 | 14 | 41.5064 | 148 | 17 | 50.7830 |
| 59 | 7 | 20.0152 | 89 | 10 | 29.2917 | 119 | 14 | 41.5204 | 149 | 17 | 50.7970 |
| 60 | 7 | 20.0292 | 90 | 11 | 32.2579 | 120 | 14 | 41.5344 | 150 | 17 | 50.8110 |
| 61 | 7 | 20.0432 | 91 | 11 | 32.2719 | 121 | 14 | 41.5484 | 151 | 17 | 50.8250 |
| 62 | 7 | 20.0572 | 92 | 11 | 32.2859 | 122 | 14 | 41.5625 | 152 | 17 | 50.8390 |
| 63 | 8 | 23.0233 | 93 | 11 | 32.2999 | 123 | 14 | 41.5765 | 153 | 18 | 53.8051 |
| 64 | 8 | 23.0373 | 94 | 11 | 32.3139 | 124 | 14 | 41.5905 | 154 | 18 | 53.8192 |
| 65 | 8 | 23.0513 | 95 | 11 | 32.3279 | 125 | 14 | 41.6045 | 155 | 18 | 53.8332 |
| 66 | 8 | 23.0654 | 96 | 11 | 32.3419 | 126 | 15 | 44.5706 | 156 | 18 | 53.8472 |
| 67 | 8 | 23.0794 | 97 | 11 | 32.3559 | 127 | 15 | 44.5846 | 157 | 18 | 53.8612 |
| 68 | 8 | 23.0934 | 98 | 11 | 32.3699 | 128 | 15 | 44.5986 | 158 | 18 | 53.8752 |
| 69 | 8 | 23.1074 | 99 | 12 | 35.3361 | 129 | 15 | 44.6126 | 159 | 18 | 53.8892 |
| 70 | 8 | 23.1214 | 100 | 12 | 35.3501 | 130 | 15 | 44.6266 | 160 | 18 | 53.9032 |
| 71 | 8 | 23.1354 | 101 | 12 | 35.3641 | 131 | 15 | 44.6406 | 161 | 18 | 53.9172 |
| 72 | 9 | 26.1015 | 102 | 12 | 35.3781 | 132 | 15 | 44.6546 | 162 | 19 | 56.8833 |
| 73 | 9 | 26.1155 | 103 | 12 | 35.3921 | 133 | 15 | 44.6686 | 163 | 19 | 56.8973 |

（续）

| 齿轮齿数 z | 跨齿数 k | 公法线长度 $W_k/mm$ | 齿轮齿数 z | 跨齿数 k | 公法线长度 $W_k/mm$ | 齿轮齿数 z | 跨齿数 k | 公法线长度 $W_k/mm$ | 齿轮齿数 z | 跨齿数 k | 公法线长度 $W_k/mm$ |
|---|---|---|---|---|---|---|---|---|---|---|---|
| 164 | 19 | 56.9113 | 174 | 20 | 60.0035 | 184 | 21 | 63.0957 | 194 | 22 | 66.1879 |
| 165 | 19 | 56.9253 | 175 | 20 | 60.0175 | 185 | 21 | 63.1097 | 195 | 22 | 66.2019 |
| 166 | 19 | 56.9394 | 176 | 20 | 60.0315 | 186 | 21 | 63.1237 | 196 | 22 | 66.2159 |
| 167 | 19 | 56.9534 | 177 | 20 | 60.0455 | 187 | 21 | 63.1377 | 197 | 22 | 66.2299 |
| 168 | 19 | 56.9674 | 178 | 20 | 60.0595 | 188 | 21 | 63.1517 | 198 | 23 | 69.1961 |
| 169 | 19 | 56.9814 | 179 | 20 | 60.0736 | 189 | 22 | 66.1179 | 199 | 23 | 69.2101 |
| 170 | 19 | 56.9954 | 180 | 21 | 63.0397 | 190 | 22 | 66.1319 | 200 | 23 | 69.2241 |
| 171 | 20 | 59.9615 | 181 | 21 | 63.0537 | 191 | 22 | 66.1459 | | | |
| 172 | 20 | 59.9755 | 182 | 21 | 63.0677 | 192 | 22 | 66.1599 | | | |
| 173 | 20 | 59.9895 | 183 | 21 | 63.0817 | 193 | 22 | 66.1739 | | | |

### 附录 J  常用热处理工艺方法和技术要求的表示方法

| 热处理工艺方法 | | 热处理技术要求表示举例 | |
|---|---|---|---|
| 名称 | 字母 | 汉字表示 | 代号表示 |
| 退火 | Th | 退火 | Th |
| 正火 | Z | 正火 | Z |
| 调质 | T | 调质 200~230HBW | T215 |
| 淬火 | C | 淬火 42~47HRC | C42 |
| 感应淬火 | G | 感应淬火 48~53HRC | G48 |
| | | 感应淬火深度 0.8~1.6mm,48~53HRC | G0.8-48 |
| 调质、感应淬火 | T-G | 调质 220~250HBW,感应淬火 48~53HRC | T235-G48 |
| 火焰淬火 | H | 火焰淬火 42~47HRC | H42 |
| | | 火焰淬火深度 1.6~3.6mm,42~47HRC | H1.6-42 |
| 渗碳、淬火 | S-C | 渗碳层深度 0.8~1.2mm,58~63HRC | S0.8-C58 |
| 渗碳、感应淬火 | S-G | 渗碳感应淬火深度 1.0~2.0mm,58~63HRC | S1.0-G58 |
| 碳氮共渗、淬火 | Td-C | 碳氮共渗淬火深度 0.50~0.80mm,淬火 58~63HRC | Td0.5-C58 |
| 渗氮 | D | 渗碳层深度 0.25~0.40mm,≥850HV | D0.30-850 |
| 调质、渗氮 | T-D | 调质 250~280HBW,渗氮层深度 0.25~0.4mm,≥850 | T265-D0.3-850 |
| 氮碳共渗 | Dt | 氮碳共渗 ≥480HV | Dt480 |

# 参 考 文 献

［1］ 陈宏钧. 典型零件机械加工生产实例［M］. 3 版. 北京：机械工业出版社，2016.

［2］ 董庆华. 车削工艺分析及操作案例［M］. 北京：化学工业出版社，2009.

［3］ 徐鸿本. 磨削工艺技术［M］. 沈阳：辽宁科学技术出版社，2009.

［4］ 支道光. 机械零件材料与热处理工艺选择［M］. 北京：机械工业出版社，2008.

［5］ 叶玉驹，焦永和，张彤. 机械制图手册［M］. 5 版. 北京：机械工业出版社，2016.

［6］ 张宝珠. 齿轮加工速查手册［M］. 2 版. 北京：机械工业出版社，2016.